AF500747

VOYAGE

PITTORESQUE ET HISTORIQUE

AU BRÉSIL,

OU

  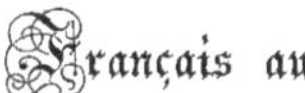 

Séjour d'un Artiste Français au Brésil,

DEPUIS 1816 JUSQU'EN 1831 INCLUSIVEMENT,

Époques de l'Avènement et de l'Abdication de S. M. D. Pedro 1er,
Fondateur de l'Empire brésilien.

Dédié à l'Académie des Beaux-Arts de l'Institut de France,

PAR J. B. DEBRET,

PREMIER PEINTRE ET PROFESSEUR DE L'ACADÉMIE IMPÉRIALE BRÉSILIENNE DES BEAUX-ARTS DE RIO-JANEIRO, PEINTRE PARTICULIER DE LA MAISON IMPÉRIALE, MEMBRE CORRESPONDANT DE LA CLASSE DES BEAUX-ARTS DE L'INSTITUT DE FRANCE, ET CHEVALIER DE L'ORDRE DU CHRIST.

TOME DEUXIÈME.

PARIS,

FIRMIN DIDOT FRÈRES, IMPRIMEURS DE L'INSTITUT DE FRANCE,

LIBRAIRES, RUE JACOB, N° 24.

M DCCC XXXV.

INTRODUCTION.

Je me suis proposé de suivre dans cet ouvrage le plan que me traçait la logique, c'est-à-dire, *la marche progressive de la civilisation au Brésil.* Dès lors j'ai dû commencer par reproduire *les tendances instinctives de l'indigène sauvage,* et rechercher pas à pas ses progrès dans l'imitation *de l'industrie du colon brésilien,* héritier lui-même des traditions de sa mère-patrie.

La fusion de *ces deux êtres* commence avec défiance, et déja elle s'opère par la réciprocité des services, lorsqu'elle est lâchement arrêtée par l'emploi de la force; mais elle doit s'achever, plus tard, sous l'empire des lois.

Jeté, en effet, sur la côte du Brésil, *le Portugais* se retire d'abord timidement dans les bois voisins de la plage, et s'y fortifie.

De son côté, *l'indigène,* effrayé de l'apparition d'un homme inconnu, l'observe de loin, retranché derrière les épais réseaux de ses forêts vierges. Mais une secrète sympathie les attire l'un vers l'autre, et bientôt *la bonhomie de l'indigène* succombe *à la séduction de l'Européen.* Les présents, les services réciproques forment les premiers liens; et la reconnaissance les avait presque confondus, lorsque l'avidité des souverains d'Europe lance au milieu d'eux des forces militaires qui détruisent, en un instant, plusieurs années de liaisons sociales.

A cette trahison, toute la population indigène se retranche dans ses positions inexpugnables, et après une lutte repoussante à décrire, *le Portugais,* enfin *établi au Brésil,* renonce pour quelque temps *à soumettre l'indigène.* Il fait acheter sur la côte d'Afrique des esclaves soumis, qu'on lui amène pour l'aider à défricher, tout en combattant, le sol qui lui promet, plus tard, des mines d'or et de diamant, découvertes à la faveur des indices donnés par ses prisonniers, confondus avec ses esclaves. *Travaux du Pauliste, habitant de la province de Saint-Paul,* auquel on dut *l'exploitation régulière des mines au Brésil.*

Tout pèse donc, *au Brésil,* sur l'*esclave nègre :* à la *roça* (bien de campagne) il arrose de ses sueurs les plantations du cultivateur; *à la ville,* le négociant lui fait charrier de pesants fardeaux; appartient-il au rentier, c'est comme ouvrier, ou en qualité de commissionnaire banal, qu'il augmente le revenu de son maître. Mais, toujours médiocrement nourri, et maltraité, il contracte parfois les vices de nos domestiques, et s'expose à un châtiment public, révoltant pour l'Européen; châtiment bientôt suivi de la vente du coupable à l'habitant de l'intérieur des terres, et le malheureux va mourir, ainsi, au service *du mineur* (habitant de la province des mines).

Sans passé qui le console, sans avenir qui le soutienne, l'*Africain* se distrait du présent, en savourant à l'ombre des cotonniers le jus de la canne à sucre; et comme eux, fatigué de produire, il s'anéantit à deux mille lieues de sa patrie, sans récompense de son utilité méconnue.

La civilisation était donc stationnaire *au Brésil,* lorsqu'en 1808 on vit arriver *la cour de Portugal* dans cette colonie, jusqu'alors abandonnée aux soins d'un vice-roi. 1816 vit se réunir sur la tête *de Jean VI* la triple couronne du royaume uni *du Brésil, du Portugal et des Algarves.* Mais le dernier élan devait être donné six ans après, quand *le prince royal, don Pedro*, échangea son titre contre celui de *Défenseur perpétuel du Brésil*, et, quelques mois plus tard, y réunit celui *d'empereur* de sa patrie adoptive, délivrée désormais de l'influence portugaise.

Rio-Janeiro devint alors la capitale de l'empire, et le centre d'où *la civilisation* devait rayonner sur toutes les parties du territoire. Et en effet, bientôt le luxe y crée des artisans habiles; les sciences y forment des sociétés d'encouragement; les arts, des élèves; et la tribune, des orateurs.

Quittant, à son tour, sa patrie, *le jeune Brésilien* visite aujourd'hui l'Europe, y rassemble des notes sur les sciences et l'industrie; et, riche de ces précieux documents, il deviendra, à son tour, l'un des plus précieux soutiens *de sa patrie régénérée.*

Mais il n'emprunte pas à l'*Europe* seule toutes ses innovations; il va lui-même les demander à l'*Asie;* et le chameau, ce portefaix de l'Arabe, y propage sa race depuis 1834, après un an d'importation.

Déja même à cette époque, on projetait des chemins de fer dans l'intérieur, et les villes maritimes rivalisaient de zèle pour la prospérité du Brésil.

Mœurs et usages des Brésiliens civilisés.

Ce n'est pas sans justice que les voyageurs qui ont parcouru le nouveau monde citent le Brésilien comme l'habitant le plus doux de l'Amérique du Sud.

Cette douceur, il la doit, en partie, à l'influence d'un climat délicieux, qui, fécondant ses belles plantations, ne lui laisse qu'à en surveiller paisiblement les abondantes récoltes, dont l'importation fait la base de son commerce maritime.

Reconnu aujourd'hui par les puissances européennes comme indépendant et régulateur des intérêts de son territoire, il vit heureux de son industrie, et conserve une attitude paisible, environné des commotions populaires qui ensanglantent l'Amérique espagnole; commotions qui, sans doute, contribuent à lui faire sentir tout le prix d'un gouvernement stable, fondant la gloire et le repos de sa patrie sur une législation moderne, fille de l'Europe, et qu'une judicieuse expérience lui a fait adopter.

Ajoutez à ces éléments de tranquillité que le Brésil possède le rare avantage de ne pas compter, pour ainsi dire, de classe intermédiaire entre le riche cultivateur, propriétaire d'une nombreuse population d'esclaves soumis à une vie régulière, et le négociant intéressé, par calcul, au maintien de l'ordre protecteur de ses spéculations étendues, et garant du retour périodique de leurs résultats lucratifs. Aussi, quand finit la journée consacrée tout entière à l'accroissement de sa fortune, le voyez-vous, fidèle à ses anciens usages, chercher dans la fraîcheur de la soirée et d'une partie de la nuit un délassement voluptueux au sein des plaisirs tranquilles.

Population brésilienne.

Le gouvernement portugais a déterminé, par onze dénominations usitées dans le langage vulgaire, la classification générale de la population brésilienne, d'après leur degré de civilisation.

1re Le Portugais d'Europe, *Portugez legitimo*, ou fils du royaume, *filhio do Reino*. 2e Le Portugais, né au Brésil, de génération plus ou moins ancienne, Brésilien, *Brazilieiro*. 3e Le mulâtre, né d'un blanc et d'une négresse, *mulato*. 4e Le métis, mélange de la race blanche et indienne, *mamalucco*. 5e L'Indien pur, habitant primitif, *Indio;* femme, *china*. 6e L'Indien civilisé, *caboclo, Indio manço* (Indien doux). 7e L'Indien sauvage, dans l'état primitif, *gentio tapuya, bugré*. 8e Le nègre d'Afrique, *nègro de Nâção*; *molèké*, négrillon. 9e Le nègre né au Brésil, *créolo*. 10e Le métis de la race nègre et mulâtre, *bodè;* femme, *cabra*. 11e Le métis de la race nègre et indienne, *ariboco* (*).

(*) Cette population, d'après les rapports authentiques transmis par le véridique M. Ferdinand Denis, se monte aujourd'hui à 4,741,558 individus, dont 2,534,889 hommes libres, 1,136,669 esclaves, et 800,000 Indiens sauvages connus.

Découverte du Brésil.

Le *Brésil*, ou mieux *Brazil*, situé entre les 4° 18', 34° 55' de latitude sud, comprend le tiers de l'Amérique méridionale.

La partie septentrionale de cette contrée fut découverte le 26 janvier 1500 par *don Vincent Yanez Pinzon*, et ce fut seulement à la pointe méridionale qu'aborda *Pedro Alvarès Cabral*, qui débarqua sous le 17° de latitude dans la baie de *Porto Seguro*, le 24 avril de la même année. Ce navigateur portugais planta une croix dans une île encore appelée aujourd'hui *la Croix-Rouge*, prit ainsi possession du pays au nom du roi de Portugal, et y laissa des déportés sans autre secours que leur industrie (*).

La côte découverte par *Cabral* fut d'abord appelée *Terre de Sainte-Croix*, nom bientôt remplacé par celui du Brésil, *Brazil*, corruption du mot portugais *braza* (braise), et employé pour exprimer la couleur vive du *brésillet* ou bois de Brésil (cesalpina), *ibirapitanga*, langue indienne.

Baie de Rio-Janeiro.

La baie de *Guanabara* (*pierre brute*, en langue indienne), ainsi appelée par les *Tupinambas*, peuple sauvage qui dominait sur une grande partie de cette côte, fut découverte en 1515 par *Juan Dias de Solis*, navigateur castillan, qui lui donna d'abord le nom de *Sainte-Lucie*. Plus tard, *Alfonzo de Souza*, capitaine portugais envoyé par Jean III au Brésil, y aborda le 1er janvier 1532, et la nomma *Rio de Janeiro* (fleuve de janvier), ayant pris faussement l'entrée de cette baie pour l'embouchure d'un grand fleuve.

A gauche de l'entrée de la baie, s'élève l'aride rocher granitique, de forme conique, appelé *le Pain de sucre*. Cette partie gauche de la côte, dominée par des montagnes sur des plans différents, représente dans son ensemble une figure d'homme couchée sur le dos, dont *le Pain de sucre* forme les pieds; aussi les navigateurs l'appellent-ils le *Géant couché*. (Voir la planche 2.)

Ce fut seulement en 1566 que *Men de Sà*, troisième gouverneur du Brésil, jeta les fondements d'une ville qui, empruntant son nom à la baie au fond de laquelle elle s'élève, s'appela *Rio-Janeiro;* ville protégée d'avance par des fortifications établies sur divers points dans l'in-

(*) Ce fut surtout de 1532 à 1536 que se multiplièrent les découvertes sur les différents points de la côte du Brésil, où les Portugais avaient eu soin de laisser aussitôt un certain nombre de déportés qui, à la fois, servaient à former un commencement d'établissement, et à préparer des interprètes entre les Portugais et les sauvages.

Les jésuites qui, quinze ans après la découverte du Brésil, y avaient déja des missionnaires, sentirent la nécessité, et surtout les avantages de ce système de colonisation, car, plus adroits que le gouvernement portugais, ils parvinrent, en régularisant la langue *gouaranis*, à donner une éducation à ces peuples sauvages, dont ils se firent des vassaux que, plus tard, ils espéraient soustraire à leur souverain légitime.

L'or et les diamants recueillis par ces naturels ne leur coûtaient que quelques chapelets, et ces riches produits, envoyés directement en Italie, donnaient une nouvelle puissance à l'ordre redoutable de Saint-Ignace, dont les membres crurent peut-être aussi de leur devoir d'inspirer aux sauvages convertis un sentiment de haine contre les Portugais.

Dans les premiers temps, ces missionnaires choisissaient des frères lais parmi les déportés, et aidés de leur concours, ils s'avançaient peu à peu dans l'intérieur des terres, où leur génie adroit finissait par obtenir, même chez les *Botocoudos*, quelques points d'appui, payés, il est vrai, chaque année, par un certain nombre de confrères moins adroits ou plus indiscrètement audacieux, qui devenaient la proie des sauvages.

térieur de la baie, telles que les forts de *Santa-Cruz*, de *l'Age*, de *San-João*, de *Ville-gagnon*, fondé en 1554 par *Durand de Villegagnon*.

Enlevée au Portugal par la Hollande, elle rentra le 27 janvier 1654 sous la domination de *Jean* IV (*).

En 1671, *Dugay-Trouin*, passant sous le feu de tous ces forts qui le foudroyaient, pénétra dans la baie jusqu'à l'extrémité la plus reculée de la ville, et s'arrêta à la pointe de l'île *das Cobras* (des serpents), dont il s'empara malgré ses fortifications, pour faire son point d'attaque et de débarquement.

L'accroissement de la ville de *Rio-Janeiro* fut rapide.

Sous le ministère de *Pombal*, *Saint-Sébastien de Rio-Janeiro* devint une des villes les plus importantes de l'Amérique portugaise; en 1753 le ministre y envoya son frère *Carvalho* en qualité de gouverneur. La population s'élevait alors à plus de quarante mille ames. Déja en 1773 elle était la capitale de la colonie brésilienne, lorsque, en 1808, *la cour de Portugal* vint s'y établir, pour lui conférer, le 16 décembre 1815, le titre de *capitale du royaume du Brésil*, uni à celui *du Portugal et des Algarves*.

La cour de Portugal quitta *Rio-Janeiro* le 22 avril 1821, et le roi y laissa son fils aîné *don Pédro*, avec le titre de *prince régent;* enfin, le 12 octobre 1822, elle devint la capitale de l'empire brésilien, et résidence de *S. M. don Pédro* Ier, *empereur du Brésil*, jusqu'au 7 avril 1831, époque à laquelle il abdiqua en faveur de son fils, qui lui succéda sous le nom de *don Pedro segundo, empereur du Brésil*, et qui y règne aujourd'hui.

Rio-Janeiro, située à trois quarts de lieue de l'entrée de sa baie, est bâtie sur le bord oriental de l'intérieur de sa rade, au milieu de trois montagnes qui la commandent. Les divers plans élevés dont elle est environnée ont été généralement utilisés par l'établissement de forts, de redoutes, ou bien d'églises ou de couvents. Au pied des collines qui la bornent du côté de la terre, depuis *Botta-Fogo* jusqu'à l'extrémité de *Matta-Porcos*, il y a une longue et magnifique suite de nouvelles maisons rivalisant d'élégance, et dont l'ensemble se divise en six faubourgs nommés *Botta-Fogo, Catète, la Gloire, Mata-Cavallos, Catumbi*, et *Mata-Porcos;* résidences ordinaires de la noblesse et des gens riches, nationaux ou étrangers; mais ce sont surtout les maisons les mieux situées sur les hauteurs qui environnent l'église *Notre-Dame de la Gloire*, qu'affectionnent nos riches voisins d'outre-mer.

Le sol de la ville est assez irrégulier; trois de ses côtés s'ouvrent sur le port, le quatrième est abrité des vents d'ouest par des montagnes boisées.

Les rues sont un peu étroites, mais bien alignées; les principales ont des trottoirs, et se continuent jusqu'à l'extrémité de *la ville neuve*, comprise entre la place du *Campo de Santa-Anna* (aujourd'hui *Champ d'honneur*), et la moitié du nouveau chemin de *Saint-Christophe*. Ses nouvelles maisons couvrent une grande partie des montagnes de *la Saudé*, du *Val Longo*, du *Sacco d'Alférès*, et continuent à former la *Prahia-formosa*, qui borde la mer dans l'intérieur de la rade jusqu'au pont de bois qui conduit à l'ancien chemin de *Saint-Christophe* par *Mata-Porcos*.

La place *du Palais* est fermée d'un côté par un beau quai construit en maçonnerie, et le *Palais*, d'un style fort simple, est bâti en pierre de granit; une fontaine en obélisque orne le milieu de ce quai, où se trouvent deux points de débarquement. Les rues *Droite* et *d'Aquitanaia* se font remarquer par la hauteur de leurs maisons, composées de trois ou quatre étages. Le nombre des églises y est considérable : on y remarque la nouvelle cathédrale *Nossa-Senhora da Candelaria*, celle de *Saint-François de Paule*, etc.

(*) Ce fut le 27 janvier 1654, au port du Récif, dans la ville de Saint-Maurice, aujourd'hui *Pernambouc*, que le général en chef *Baretto* vainqueur signa, avec les Hollandais, le traité qui les soumettait à évacuer le territoire brésilien. Ainsi finit la guerre de l'insurrection, et tout le Brésil rentra sous la domination de João IV, roi de Portugal.

Parmi les monuments de *Rio-Janeiro, la Douane* est digne d'être remarquée par ses belles et vastes distributions. Son point de débarquement offre l'avantage de pouvoir, en même temps, opérer le déchargement de trois navires réunis, d'une manière sûre et commode. La salle du milieu se distingue par la pureté du style de son architecture : elle fut construite isolément pour servir de *Bourse* (*); mais un événement politique (**) la fit prendre tellement en aversion, que les négociants n'y voulurent plus retourner.

Ainsi devenue inutile, le gouvernement en fit le point central d'une douane nouvelle, digne de l'admiration des étrangers (***).

Rio-Janeiro est approvisionnée d'eau par différents aqueducs; mais c'est surtout sur la montagne et près du couvent de Sainte-Thérèse que l'on commence à voir le principal aqueduc, construit sous le règne de *Jean V:* il a le grandiose du style romain. Il se compose de deux rangs d'arcades superposés l'un à l'autre; l'étage supérieur en contient quarante-deux; l'eau qu'il apporte au xdiverses fontaines de la ville vient des hauteurs du pic le *Corcovado* (le bossu), montagne qui domine la chaîne naissante de montagnes, rejoignant celles de *Tyjuka,* qui bordent la ville jusqu'à *l'Ingenho velho.*

Cette ville possède deux arsenaux, l'un pour l'armée de terre, et l'autre pour la marine; un beau théâtre où l'on entretient une troupe italienne; une promenade publique très-fréquentée les dimanches et fêtes: la diversité de ses plantations, et la belle situation de sa terrasse élevée au bord de la mer, la rendent d'autant plus agréable, que l'on y découvre l'entrée de la Barre, située, à trois quarts de lieue, directement en face.

En parcourant les rues, on est étonné de la prodigieuse quantité de nègres que l'on rencontre: ces nègres, à moitié nus, font les ouvrages pénibles et portent tous les fardeaux. Ils sont plus rares dans les jours de fête, presque tous solennisés par des processions, et par la singulière coutume de tirer des feux d'artifice devant les églises, en plein jour aussi bien que le soir.

Quant aux marchés, ils sont abondamment fournis de fruits, légumes, volailles et poissons.

Rio-Janeiro est le principal entrepôt du commerce du Brésil. Sa population en 1816 était évaluée à cent cinquante mille ames, dont les trois cinquièmes sont esclaves. En 1831, elle était presque doublée, en grande partie par des Français, des Allemands et des Anglais. On pense généralement que, pour le commerce, son port est le mieux situé de tous ceux de l'Amérique, et passe, à juste titre, pour une des premières stations navales, en raison de la sûreté et des autres avantages qu'y trouvent les bâtiments et les flottes. Les divers établissements qui utilisent une grande partie des îles de son immense rade la rendent extrêmement pittoresque.

(*) En effet, en 1816, on n'avait point encore construit de salle pour la Bourse; les négociants se réunissaient, comme aujourd'hui, devant la porte de la Douane, quoiqu'en 1808 le gouvernement eût demandé des projets à ce sujet. Mais un architecte portugais venu à la suite de la cour, ayant présenté des plans dont l'exécution parut trop dispendieuse, les travaux furent indéfiniment ajournés. Ce ne fut qu'en 1829 que le gouvernement fit élever le monument de la *Bourse*, situé sur le rivage près de l'ancienne Douane. M. Targini, baron de Saint-Lourenz, alors ministre des finances, protégea l'exécution de ce monument, achevé très-rapidement, et qui fait beaucoup d'honneur à l'intelligence et au talent de M. Grandjean, qui en fut l'architecte; il se trouvait à Rio-Janeiro depuis trois ans, comme l'un des membres et l'un des professeurs de l'Académie des beaux-arts brésilienne.

L'inauguration de cet important édifice fut embellie par une fête donnée par le commerce et honorée de la présence de la cour. Le bal qui la termina offrit la réunion des familles les plus riches et les plus distinguées de la ville.

(**) Comme cette note se rattache aux événements politiques, elle se trouvera rangée par ordre de date dans le troisième volume.

(***) Les travaux de la nouvelle Douane furent exécutés d'après les ordres et sous la direction de M. *José Domingos Monteiro*, architecte-ingénieur, sous le ministère de M. *Calmon Dupin*, alors chargé du portefeuille des finances.

Les nombreux magasins de la ville sont journellement approvisionnes par les provinces de *Minas-Geraës*, de *San Paulo,* de *Goyas*, de *Cuyaba,* et de *Corritiva.* C'est ce qui fait que, continuellement, on rencontre, dans les rues, des convois de mulets qui se croisent et se succèdent, entrant ou sortant, chargés de poids énormes qu'ils transportent à une distance souvent de six à sept cents lieues.

Au sortir de la ville, en prenant la route de *Minas*, par le chemin de Saint-Christophe, sur lequel se trouve le palais impérial de *Boa-Vista* (résidence habituelle de la cour), on parcourt une distance de neuf lieues, presque entièrement bordée de belles maisons de campagne et de riches établissements ruraux, pour arriver jusqu'au palais de *Santa Cruz* (maison de campagne de S. M. I.); à ce point la route change d'aspect, et l'on traverse d'immenses plaines coupées de distances à autres par des forêts.

En face de *Rio-Janeiro,* au côté opposé de la baie, on voit la ville neuve royale de *Prahia-Grande,* considérablement augmentée depuis 1819, époque de sa fondation.

Ce n'étaient, avant 1816, que quelques maisons éparses, un grand village commencé près d'une petite église consacrée à *San Domingo,* et située près de la plage.

Son extension, du côté de l'entrée de la baie, joint *Prahia-Grande* au fort *Gravata*, tandis que son extrémité opposée se termine par l'*Armaçaõ*, établissement propre au dépècement des baleines et à l'extraction de leur huile.

En tournant derrière cette petite église, on trouve un chemin très-pittoresque et sablonneux, qui conduit jusqu'au bord *do Sacco de Jurujuba,* petite baie qui s'enfonce dans les montagnes; au milieu de son embouchure s'élève un petit rocher, sur lequel est construite l'église de *Nossa-Senhora* de *bom viagem* (Notre-Dame de bon voyage). On y monte par un pont de bois.

Ce rocher était fortifié du temps de Duguay-Trouin. Cette redoute fut restaurée en 1823.

La famille impériale possède une petite maison de plaisance à *Prahia-Grande.* C'est à la salubrité de son exposition que cette ville a dû son accroissement; beaucoup de propriétaires de terrains ont fait bâtir sur la plage une suite de petites habitations, dans lesquelles on trouve toutes les commodités désirables pour y passer la saison des grandes chaleurs, et prendre des bains de mer. Les convalescents vont s'y rétablir, en respirant l'air pur qui y vient sans obstacle de l'entrée de la baie.

Son marché est abondamment fourni, et l'on a, de plus, à toute heure, les ressources variées que procurent les jardins potagers.

La verdure constante de ses environs pittoresques invite à les parcourir, et donne un but agréable aux promenades à cheval recommandées comme exercice sanitaire.

Les dimanches et fêtes les réunions y sont très-nombreuses; la musique et la danse font le divertissement de la soirée; un an avant mon départ, on y avait construit une assez jolie salle pour un théâtre de société.

On comptait déja à *Rio-Janeiro* plus de cinq réunions de ce genre, formées de jeunes Brésiliens doués des plus brillantes dispositions naturelles pour la poésie, la musique ou la danse, et qui se plaisaient à les développer d'une manière très-satisfaisante, au milieu des applaudissements de leurs spectateurs, amis zélés des beaux-arts et de la gloire brésilienne.

Notes géographiques.

Le *Brésil* comprend une grande partie de l'Amérique méridionale; il s'étend depuis l'embouchure de l'*Oyapok*, par les 4° 18′ de latitude nord, jusqu'au-delà de l'embouchure de *Rio-Grande* du sud, par les 34° 35′ de latitude australe; et du *cap Saint-Roch*, sur l'océan Atlantique, par 37°, jusqu'à la rive droite de l'*Yavari*, un des affluents du fleuve des Amazones, par 71° 30′ de longitude ouest.

Cette belle partie du nouveau monde a neuf cent vingt-cinq lieues dans sa plus grande longueur, et huit cent vingt-cinq dans sa plus grande largeur (*).

L'étendue *des côtes de cet empire* est, dit-on, de mille trois cents lieues.

Ses baies les plus remarquables sont, du nord au sud : celles de *San Marcos*, de *San José*, de *Bahia*, de *Rio-Janeiro*, et de *Santos*.

Les limites politiques du Brésil sont : au nord, la république de *Colombia*, les *Guyanes* française et espagnole; à l'est, l'*Océan*; au sud, la république de *Buenos-Ayres*; et à l'ouest, le *Paranaguay*, le *Pérou*, et la *Colombia*.

Les limites naturelles sont : l'*Océan*, les fleuves de *la Plata*, de l'*Uruguay*, du *Paranà*, du *Paraguay*, du *Guaporé*, du *Mamoré*, de *Madeira*, du *Javary*, des *Amazonas*, du *Japura*, et du *Gyapock*.

Son gouvernement est monarchique héréditaire, pur, lors de l'élévation de la colonie au rang de royaume en 1815, et constitutionnel représentatif, lorsqu'elle devint empire, en 1822.

Sa religion dominante est le catholicisme apostolique et romain. L'empire du Brésil possède un archevêché, deux évêchés, et deux vicaires généraux.

Il se divise en dix-huit provinces qui reçoivent les noms de *Parà*, de *Maranhão*, de *Piauhy*, de *Céara*, de *Rio-Grande*, de *Parahyba*, de *Pernambuco*, des *Alagoas*, de *Sergipe*, de *Bahia*, de *Espirito-Santo*, de *Rio-Janeiro*, de *San Paulo*, de *Santa Catharina*, de *San Pedro*, de *Goyaz*, de *Matto-Grosso*, et de *Minas Geraës*.

Province de Para.

Cette province touche, au nord, à la *Colombia*, aux *Guyanes* française et espagnole, et à l'*Océan*; à l'orient, au *Maranhão*; au sud, à celle de *Goyas*, de *Matto-Grosso*, et au Pérou; à l'occident, au *Pérou* et à la *Colombia*.

La ville épiscopale de *Bélem* en est la capitale; elle est située sur le bord oriental du *Rio-Tocantins*, sous le 1° 27′ de latitude sud, et sous le 5° 52′ de longitude ouest.

Cette province se divise en trois *comarques*.

La première, celle de *Parà*, se compose de la ville de *Bélem* et de celles de *Bragança*, *Santarem*, *Collares*, *Souzel*, *Macapá*, *Villa-Viçosa*, *Melgaço*, *Gurupá*, *Rebordelo*, *Ourens*, *Obidos*, et *Pombal*.

La seconde est la *comarque de Marajó*; sa ville principale est *Monforte*, ou autrement ville de *Joanes*; les autres villes sont *Monçarás*, *Salvaterra*, *Soure*, et *Chaves*.

(*) M. Denis, dont je respecte les recherches, indique 950 lieues de longueur et 925 de largeur.

La troisième est la *comarque* de *Rio-Negro ;* elle comprend les villes de *Barcellos*, *Borba*, *Moura*, *Serpa*, *Silves*, et *Tomar ;* celle de la *Barra* est la résidence de l'*ouvidor* (*).

Les produits principaux de cette province sont, malgré les marécages qui la couvrent en partie : le cacao, les bois de teinture, le coton, le riz, et certaines herbes employées par la médecine.

La mer qui baigne ses côtes est doublement dangereuse, et par son agitation continuelle et par les bas-fonds qu'elle cache à l'œil du navigateur.

Province de Maranhao.

Elle tient, au nord, à l'*Océan ;* à l'est, au *Piauhy ;* au sud, à *Goyas ;* et à l'ouest, à *Goyas* et au *Parà.*

Sa capitale est la ville épiscopale de *San Luiz*, située dans la partie occidentale de l'île de *Maranhão*, sous le 2° 29′ de latitude méridionale, et le 1° 19′ de longitude occidentale.

La province de *Maranhão* n'a qu'une *comarque ;* elle se compose des villes de *Maranhão*, *Alcantara*, *San Bernardo*, *Caxias*, *Guimaraens*, *Itapicurù-Mirim*, *Icatú*, *Monção*, *Paço de lumiar*, *Pastos-Bons*, *Jutoia*, *Vianna*, *Vinhaes*, et *Julgado de Miarim.*

Cette province, dont les produits sont les mêmes que ceux de la précédente, y ajoute de plus la fabrication de la gomme élastique.

Province de Piauhy.

Elle est bornée, au nord, par l'*Océan ;* à l'est, par la *Céara*, *Pernambuco* et *Minas ;* au sud, par *Minas* et *Goyas ;* à l'ouest, par la *Maranhão*, de l'archevêché duquel elle dépend.

Parmi ses produits, on compte particulièrement les bois de teinture et le coton.

La ville capitale est *Oeiras*, située sur le bord d'une petite rivière qui, à une lieue de là, va se jeter dans le *Canindé ;* elle est comprise entre le 7° 5′ de latitude, et les 39′ 30 secondes de longitude orientale.

Cette province n'a qu'une *comarque*, composée des villes de *Piauhy*, *Parahyba*, *Valença*, *Marvão*, *Jerumenha*, *Campo-Maior*, et *Paranaguà.*

Province de Ceara.

Elle est comprise entre l'*Océan*, au nord ; la *Rio-Grande* et le *Parahiba*, à l'est ; *Pernambuco*, au sud ; et le *Piauhy*, à l'ouest.

Sa capitale est la ville *da Fortaleza*, située au bord de l'Océan ; elle est sous le 3° 28′ de latitude, et le 2° 32′ de longitude orientale.

(*) « L'*ouvidor* est un magistrat nommé par le gouvernement et payé par lui ; il fait sa résidence dans le chef-lieu d'une *comarca*. On appelle en seconde instance devant lui d'un jugement prononcé par le juge ordinaire (magistrat nommé par le peuple entre les citoyens les plus recommandables.) (M. Denis, p. 75.)

Cette province se divise en deux *comarques*.

La première *comarque*, celle du *Céará*, comprend les villes *da Fortaleza*, d'*Arecaty*, *Arronches*, *Aquiraz*, *Granja*, *Monte-Mor-o-Novo*, *San Bernardo*, *Sobral*, *Souré*, *Villa de Jmperatriz*, *Villa Visçoza Real*, *Villa Nova del Rey*, *Mecejana*.

Riche des mêmes produits que les provinces dont nous avons parlé, elle a, depuis six à sept ans, su tirer encore partie d'une résine, espèce de cire extraite d'un cocotier, avec laquelle on fabrique des bougies remarquables par leur blancheur, et ajoute ainsi une nouvelle branche d'industrie à son commerce déja fort étendu.

La seconde *comarque* est celle de *Crato*; elle renferme les villes de *Crato*, *San João do Principé*, *Campo maior de Queixéramobim*, *Icó*, *San Antonio do Jardim*, *San Vicente das Lavras*, et *San Matheos*.

Province de Rio-Grande.

Cette partie du Brésil, dont le commerce principal repose sur le sucre et le coton, a pour limites, au nord et à l'est, l'*Océan*; au sud, la *Parahyba*; et à l'ouest, le *Céará*.

Sa capitale est *Natal*, très-avantageusement placée sur la rive droite du *Rio-Grande*, à une demi-lieue de son embouchure, sous les 5° 26' de latitude, et 7° 24' de longitude orientale.

Elle a une seule *comarque*, composée des villes de *Natal*, *Arez*, *Estremoz*, *Portalegre*, *San José*, *Villa Nova da Princeza*, *Villa Nova do Principe*, et de *Villa Flór*.

Province de Parahyba.

Le sucre, les planches pour ses caissons, et le bois de construction forment les productions les plus importantes de cette province, resserrée par le *Rio-Grande*, au nord; l'*Océan*, à l'est; *Pernambouc*, au sud, et la *Céará*, à l'ouest.

Sa capitale, *Parahyba*, située sur la rive droite de la rivière de ce nom, et à trois lieues au-dessous de son embouchure, est sous le 6° 47' de latitude, et le 8° 2' de longitude orientale.

Elle n'a qu'une *comarque*, contenant les villes de *Parahyba*, *do Pilar*, d'*Alhandra*, de *San Miguel*, de *Monte-Mor*, de *Villa Real*, de *Pombal*, de *Villa do Conde*, de *Villa Nova de Souza*, de *Villa da Rainha*, de *Villa Real do Brejo da Areia*.

Province de Pernambuco.

Remarquable par la beauté de son sucre et de ses cotons, réputés de première qualité, la province de *Pernambouc* est renfermée entre le *Céará* et la *Parahyba*, au nord; l'*Océan* à l'est; les *Alagoas* et *Minas Geraës*, au sud; le *Piauhy*, à l'ouest.

Elle a pour capitale la ville *do Récife*, située au bord de la mer, sous les 8° 16' de latitude, et 8° 13' de longitude orientale, et divisée en trois quartiers, sous les noms du *Récife*, de *San Antonio*, et de *Boa-Vista*.

Cette province se divise en trois *comarques*.

La première est celle d'*Olinda*, et comprend la ville du même nom, qui possède un siége épiscopal, et les autres, *Iguarussù*, *Limoerio*, et *Pao do Alho*.

La seconde, du *Récife*, se forme de la ville du même nom, et de celles de *San Antão*, *Serinhem*, *San Antonio do Cabo*, et de *San Agostinho*.

La troisième, *do Sertão*, se compose des villes de *Guarabey*, *Flores*, *Symbres*, et des villes indiennes *Real de Santa Maria*, et *Assumpção*.

Province des Alagoas.

Elle touche, au nord, à *Pernambouc*; à l'est, à l'*Océan*; au sud, à *Sergipe*; et à l'ouest, à *Goyaz*.

Sa capitale est la ville *das Alagoas*, située sur le côté méridional, *da Lagoa-Manguaba*, sous les 10° 19′ de latitude, et 6° 20′ de longitude orientale.

Cette province n'a qu'une seule *comarque*, qui renferme les villes des *Alagoas*, *do Rio*, de *San José*, de *Poxim*, de *Porto-Calao*, de *Penedo*, de *San João*, d'*Anadia*, de *Masseyó*, de *Villa Real da Atalaya*, et de *Porto de Pedras*.

Des sucres et des cotons, moins beaux que ceux de *Pernambuco*, sont ses productions principales.

Province de Sergipe.

Elle a pour confins, au nord, les *Alagoas*; à l'est, l'*Océan*; au sud, *Bahia*; et à l'ouest, *Goyas*.

Sa capitale est *San Christovão*, située près du fleuve *Paramopanà*, à cinq lieues de distance de la mer; par les 11° 46′ de latitude, et par les 5° 34′ de longitude orientale.

Elle se compose d'une seule *comarque*, qui contient les villes de *San Amaro das Brotas*, de *Lagarto*, de *Santa Luzia*, de *Thomar*, de *Itabàyana*, de *Propria*, et de *Villa Nova do Rio de San Francisco*.

Ses productions sont les mêmes que celles des *Alagoas*.

Province de Bahia.

Elle tient, au nord, à *Sergipe*; à l'est, à l'*Océan*; au sud, à *Espirito-Santo*, et *Minas Geraës*; et à l'ouest, à *Goyaz*.

Sa capitale, *San Salvador*, possède un archevêché; elle est située sur la partie orientale de la *Baie de tous les saints*, sous le 12° 58′ de latitude, et le 5° 15′ de longitude orientale.

Elle se divise en quatre *comarques*.

La première est celle de *Bahia*; elle se compose des villes de *San Salvador*, *Abbadia*, *Mirandella*, *Abrantes*, *Pedra-Branca*, *Agoa-Fria*, *Pombal*, *San Amaro da Purificacão*, *Soure*, *San Francisco da Barra*, *de Sergipe da Conde*, *Nasso Senhora do Nazareth*,

Jaguaripe, *Itapicurù de Cima*, *Inhambupe de Cima*, *villa do Conde*, *Maragogipe*, *Villa Nova de San Antonio del Rey*, et *Caxoeira*.

La seconde *comarque*, celle de *Porto-Seguro*, contient la ville du même nom, et celles de *Alcobaça*, *Villa Verde*, *Caravellas*, *Belmonte*, *Villa Viçosa*, *Trancoso*, *Portalegre*, *Prado*, *San Matheos*.

La troisième *comarque*, *Dosilheos*, renferme les villes de *San Jorge*, *San Miguel de Barra*, *Rio das Contas*, *San Sebastião de Marahù*, *Nova Olivença*, *Valença*, *Camamù*, *Igrapiapunha*, *Cayrù*, *Serinhaem*, *Boypeba*, et *San Andre de Santarem*.

La quatrième *comarque*, celle de *Jacobina*, a pour villes, *Jacobina*, *San Antonio de Urubù da Cima*, *Villa Nova da Rainha*, *Rio de Contas*, *Villa Nova do Principe*.

La nature semble avoir donné à cette province tous les éléments de prospérité ; les cotons, la verrerie, les cordages, la poterie; enfin, le manioc, le café, les cocos, le tabac, branches de commerce qui concourent à sa richesse.

Ajoutez à cela les ananas exquis, les huileux cocos d'indè, les oranges nombrils, et les celètes, que l'on envoyait à *Rio-Janeiro*, exprès pour la table du souverain; de plus, pour débouché à tous ses produits, un port de mer pour capitale, qui devient l'entrepôt général de toute la province, et vous concevrez sans peine toute l'importance de la florissante province de *Bahia*.

Province de Espirito Santo.

Moins fertile que la précédente, peut-être, mais riche d'autres produits, tels que sucre, soie, poissons séchés, cette province se fait remarquer par son activité; elle est bornée, au nord, par celle de *Bahia*; à l'est, par l'*Océan*; au sud, par *Rio-Janeiro*; et à l'ouest, par *Minas Geraës*.

Sa capitale est la ville *da Victoria*, située sur la côte occidentale de l'île du même nom, dans la baie *do Espirito Santo*; sous les 20° 18′ de latitude sud, et 2° 46′ de longitude orientale.

Cette province se forme des villes de *San Salvador dos Campos*, *Benevente*, *San Joaõ da Barra*, *Almeida*, *Guaraperim*, *EspiritoSanto*, et *Jtapemirim*.

Province de Rio-Janeiro.

Cette province est comprise entre celle *do Spirito Santo*, au nord; *l'Océan*, à l'est; *San Paulo*, au sud; et *Minas Geraës*, à l'ouest.

Elle produit du café de première qualité, du sucre, de l'eau-de-vie de cannes, du manioc, de blé de Turquie, et possède de nombreuses fabriques de tuiles et de briques.

La ville épiscopale de *Rio-Janeiro*, située à trois quarts de lieue de l'ouverture de sa superbe baie qui lui sert de rade, sous les 22° 45′ de latitude, et par les 343° 25′ de longitude, (comptés de la pointe occidentale de l'île de Fer), est la capitale de la province et de l'empire ; elle est la résidence de la cour et celle des tribunaux supérieurs.

La province de ce nom comprend, dans une seule *comarque*, les villes de *San Sebastião*, *Cabo-Frio*, *San Antonio de Sà*, *Résende*, *Magé*, *San Joaõ do Principe*, *Villa Nova de San José*, *Villa Real de Prahia-Grande*, *Santa Maria de Marica*, *Paty dos Alferes*, *San Joaõ de Macahé*, *Angra dos Reis da Ilha-Grande*, *San Pedro de Canta-Gallo*, *Novo Friburgo*, *San Francisco Xavier de Itaguahy*, et *Valença*.

Province de San Paul.

Elle a pour limites, au nord, *Goyaz* et *Minas ;* à l'est, *Minas Geraës*, *Rio-Janeiro* et l'*Océan ;* au sud, *Santa Catharina ;* et à l'ouest, le *Paraguay*, *Goyaz* et *Matto-Grosso*.

Ses produits principaux sont : le café, le vin, le manioc, le maïs, le tabac; ses bestiaux et ses mules sont fort recherchés; on les trouve dans les vastes plaines de la *Corityba*, où s'en fait le plus grand commerce.

Sa capitale est la ville de *San Paulo*, située sous les 23° 33′ de latitude et 3° 28′ de longitude occidentale, et qui possède un siége épiscopal.

Cette province se divise en trois *comarques*.

La première se compose des villes de *San Paulo, Santos* qui produit le riz le plus estimé du Brésil, et est l'entrepôt de la capitainerie de *San Paulo* , favorisée pour les communications par une superbe route pavée, creusée à vif dans le roc, à travers la haute chaîne de montagnes nommée la *Serra de Paranagua :* ses autres villes sont: *Itanhaem* , *San Sebastião*, *Cunha*, *Villa Bella da Princeza*, *Parnahiba*, *Ubatuba*, *Iundiahy*, *San Vicente*, *San João Atibaya*, *Nova Bragança*, *Jacarehy*, *Lorena*, *San José Guaratinguita*, *Pindaminhangaba*, *Magi das Cruzes*, *Taubaté*, *San Miguel das Areias*.

La seconde *comarque* celle d'*Ytù*, contient les villes d'*Ytù*, *Itapeteninga*, *Sorocaba*, *Apeahy*, *San Carlos*, *Itapeava*, et *Porto Feliz*.

La troisième *comarque*, celle de *Paranaguá* et *Coritiba*, renferme les villes de *Paranaguá*, *Iguape*, *Guaratiba*, *San José*, *Corityba*, *Antonina*, *Castro*, *Cananea*, et *Villa Nova do Principe*.

Province de Santa Catherina.

Elle est renfermée entre *San Paulo*, au nord ; l'*Océan* à l'est; *San Pedro* au sud; et le *Paraguay* à l'ouest.

Sa capitale est la ville de *Nossa Senhora do Desterro ;* elle est située dans l'île de *Sainte-Catherine*, sous les 27° 35′ de latitude, et 5° 28′ de longitude occidentale.

Le manioc, le blé de Turquie, la poterie favorisée par une excellente argile, les poissons salés, la culture du lin qui approvisionne une riche fabrique de linge, alimentent le commerce de cette province, formée d'une seule *comarque*, contenant les villes de *San Francisco*, de *Laguna* et de *Lages*.

Province de San Pedro.

Elle touche, au nord, à *Santa Catharina ;* à l'est, à l'*Océan ;* au sud, à la province *Cisplatina ;* à l'ouest, à *Buenos-Ayres*.

Sa capitale est la ville de *Porto-Alegre*, située sur le bord méridional *da Lagoa-dos-Patos*, sous les 30° 2′ de latitude et sous les 8° 27′ de longitude occidentale.

Elle forme une seule *comarque*, composée des villes de *San Pedro*, de *Rio Grande*, *Rio Pardo*, *San Antonio da Patrulha*, *Villa Nova da Caxoeira* et *San Luiz da Leal Bragança*.

Son commerce est partagé entre les bestiaux, les chevaux, généralement beaux, le blé, le vin, le manioc, la faïence, la toile de coton propre au vêtement des nègres, et les viandes sèches; les cornes, les queues et les cuirs de bœufs, qui se dirigent spécialement vers le midi de la France.

Province de Goyas.

Elle est bornée, au nord, par le *Parà* et le *Maranhão;* à l'est, par *Minas Geraës;* au sud, par *San Paulo;* et à l'ouest par *Matto Grosso.*

Sa capitale est la ville de *Goyaz,* située sur la rive du *Rio Vermelho,* sous les 16° 20′ de latitude, et sous les 5° 41′ de longitude occidentale.

Elle se divise en deux *comarques.*

La première *comarque* est celle de *Goyaz,* nom de sa capitale.

La seconde est celle de *San João das duas Barras,* dans lesquelles on a fondé les villes de *San Joao da Palma* et *San João das duas Barras.*

Cette province ne doit presque rien à la culture; ses richesses consistent dans des mines de diamant, d'or, et le commerce des pierres de couleur.

Province de Matto Grosso.

Elle tient, au nord, au *Pará;* à l'est, à *Goyaz;* au sud, au *Paraguay,* et à l'ouest au *Perù* (Pérou).

Sa capitale est la ville de *Matto Grosso,* située sur la rive du *Guaporé,* sous les 15° de latitude, et les 17° 10′ de longitude occidentale.

Elle ne forme qu'une seule *comarque,* contenant les villes de *Matto Grosso, Cuiabá,* ou du *Paraguay Diamentino.*

Inculte comme celle de *Goyaz,* l'or et les pierreries forment sa richesse.

Province de Minas Geraës.

Elle a pour limites, au nord, *Bahia;* à l'est, *Espirito Santo* et *Rio-Janeiro;* au sud, *Rio-Janeiro* et *San Paulo;* à l'ouest, *San Paulo* et *Goyaz.*

Sa capitale est la ville *d'Ouro Preto,* située sur le côté méridional de la chaîne de montagnes de *Ouro Preto,* sous les 20° 25′ de latitude, et les 32° 18′ de longitude occidentale.

Elle se divise en six *comarques.*

La première celle de *Ouro Preto,* contient la ville de *Ouro Preto,* et celle épiscopale de *Marianna.*

La seconde, celle de *Rio dos Mortes,* renferme les villes de *San João del Rei, Campanha da Princeza, Santa Maria de Baependi, Saint José del Rei, Queluz, Barbacena, San Carlos de Jacahy, Tamanduà.*

La troisième, *do Serro Frio,* comprend les villes *do Fanado* et *do Principe.*

La quatrième, *do Rio das Velhas,* contient les villes de *Sabarà, Pitangui* et de *Cahité.*

La cinquième, de *Paracatù*, possède la ville de *Paracatù* et les bourgs de *San Romão*, *Brejo do Salgado*, *Araxá* et *Desemboquè*.

La sixième, *do Rio de San Francisco*, se compose des villes de *Campo Largo*, de *San Francisco das Chagas*, et *do Pilão Arcado*.

Plus heureuse que *Goyaz* et *Matto Grosso*, cette province voit l'industrie augmenter les secours de la nature. Riche, comme elles, par les mines d'or et de pierreries, elle cultive le coton et le lin, élève des bestiaux, des volailles, approvisionne de fromages *Rio-Janeiro*, et fabrique du drap, des chapeaux et du linge.

Famille impériale du Brésil.

S. M. don Pédro d'Alcantara, Ier empereur constitutionnel du Brésil, naquit le	12 octobre	1798.
Proclamé empereur du Brésil le	12 septembre	1822.
Couronné le	1er décembre	
Don Pédro d'Alcantara, prince impérial du Brésil, naquit le	2 décembre	1825.
Couronné empereur sous le nom de *Pedro segundo*, comme successeur de son père, le	7 avril	1831.
S. M. Très-fidèle dona Maria segunda, reine de Portugal, née le	4 avril	1819.
La princesse dona Januaria, 2e fille, née le	11 mars	1821.
La princesse dona Paula Marianna, 3e fille, née le	17 février	1823.
La princesse dona Francisca-Carolina, 4e fille, née le	2 août	1824.

Colonie de Saint-Paul.

Paulistes, habitants de la province de Saint-Paul, et Mineiros, habitants de la province des Mines.

Composée dans son origine d'une centaine de familles issues du mélange de *race indienne et portugaise, la Colonie de Saint-Paul* produisit un nouveau peuple turbulent et belliqueux, entouré de toutes parts de sauvages, et sans cesse occupé à braver et à repousser la haine de ses voisins. Du reste, cette guerre continuelle était devenue pour lui une spéculation, parce que, faisant des prisonniers ennemis autant d'esclaves, il savait en utiliser les services.

Les premiers *Paulistes* devenus ainsi redoutables, durent à leur valeur le nom de *Mamelucks*, tant illustré par cette milice égyptienne; et nous verrons que plus tard cette valeur fut appelée à de plus nobles services.

A la même époque, les jésuites portugais avaient déjà civilisé une multitude de bourgades sauvages dont ils tempéraient la barbarie par la tolérance et la charité de la doctrine chrétienne, et le succès leur avait rendu précieuse la conservation de ces peuplades.

Dans les possessions espagnoles aussi, les missionnaires voyaient avec indignation les *Paulistes* attaquer et massacrer, contre le droit des gens, les bourgades civilisées du *Paraguay* et du *Parana*.

Par suite de ces désordres, on vit, en 1611, arriver à *Rio-Janeiro* le P. *Toguo*, missionnaire espagnol, porteur d'un bref du pape Urbain VIII, qui menaçait d'excommunication tout *Pauliste* ou autre Brésilien qui réduirait à l'esclavage des Indiens catholiques.

Munis de cette loi redoutable et qui accordait un si grand privilége à leurs néophytes, les jésuites essayèrent de la promulguer à *Saint-Paul;* mais elle décida leur ruine : en effet, les *Paulistes,* vivant du commerce d'esclaves qui faisait toute leur richesse, chassèrent à coups de fusil ces ennemis de leur lucrative industrie : non contents d'être soustraits à l'influence physique des jésuites, les habitants de *Saint-Paul,* pour paralyser l'influence morale du bref, offrirent une autre religion aux Indiens *Cariges* et *Ibiagiares,* en substituant au christianisme la croyance aux oracles et aux devins du Brésil.

La population de *Saint-Paul* s'élevait alors à plus de vingt mille personnes, sans compter les esclaves; aussi n'hésitèrent-ils pas dans cette circonstance à se qualifier de peuple libre et indépendant de la puissance espagnole.

Combattants aguerris, ils marchaient en corps d'armée, retranchés derrière des rochers inaccessibles, ou fortifiant encore d'impénétrables défilés.

Pendant le cours de la domination espagnole, l'entrée de leur pays était interdite aux étrangers, à moins qu'ils ne voulussent s'y établir : et dans ce cas, ils étaient encore soumis à de longues et pénibles épreuves. Ils devaient, comme gage de leur utile coopération, faire des excursions dans l'intérieur du pays et enlever au moins deux individus sauvages, que l'on employait ensuite à la recherche de l'or. La peine de mort était prononcée contre tout adepte reconnu traître ou parjure.

Ils parvinrent par la force des armes à forcer à l'émigration la population civilisée du *Guayra,* et prirent possession des *mines d'or* de *Guayba* et de *Matto-Grosso.*

Formés en république militaire, pendant la domination espagnole, les *Paulistes* légitimèrent leurs hostilités à l'explosion de la révolution de Bragance, en combattant comme partisans portugais. Organisés, à cet effet, en corps d'armée régulière, ils s'avancèrent contre le *Paraguay* et le *Parana,* propriétés espagnoles; mais ils furent repoussés et reçurent des échecs réitérés dans plusieurs batailles rangées, soutenues contre des Indiens catholiques exercés aux armes à feu et commandés par des jésuites en personne.

Dégoûtés par ces nouvelles difficultés, ils cessèrent leurs attaques contre les établissements du *Paraguay;* mais toujours actifs, bientôt leur génie entreprenant leur suggéra la spéculation d'employer leurs esclaves à la recherche et à l'exploitation des *mines d'or* (*).

Inspirés du même projet, quatre *Paulistes,* vénérés par la fermeté de leur caractère et leur courage, nommés *Antonio Diaz, Bartholomè Rocinho, Antonio Ferrera Filhio,* et *Garcia Ruis,* accompagnés de leurs amis et d'un certain nombre d'esclaves indiens et nègres, quittent leur ville natale et se dirigent vers le nord, où ils s'enfoncent dans une immense chaîne de montagnes; bravant les difficultés du terrain, et la férocité des *Botocoudos* qui le défendaient avec opiniâtreté, ils parvinrent enfin à se tracer au hasard une pénible route sur le flanc des montagnes à travers les forêts vierges; heureusement, munis de provisions, et de

(*) « A la distance de vingt-quatre milles de Saint-Paul, les naturels du pays trouvèrent la montagne aurifère « d'*Iaragua*, la plus *ancienne mine* de l'Amérique portugaise, assez féconde pour avoir été exploitée pendant « plus de deux siècles. Le pays est inégal et montagneux, le roc d'un granit primitif; le sol est rougeâtre et « ferrugineux; l'or est, en grande partie, renfermé dans une couche de cailloux ronds et de gravois nommés « *Cascalhão*, en contact immédiat avec le roc solide. Après les pluies et les crues d'eaux on trouvait de la « poudre d'or accumulée dans les ravins; ce qui en rendait la recherche facile, en détournant le cours des « eaux. Cette recherche était confiée aux esclaves nègres, qui avaient l'obligation d'en rapporter, chaque soir, « à leur maître un huitième d'once, et le surplus leur appartenait.

« En 1667, les Paulistes seuls connaissaient la nature des parties centrales du Brésil, situées au nord de « Saint-Paul. Libres encore, ils ne reconnaissaient en Portugal qu'une autorité nominale, et exploitaient déja « en secret des mines d'or qu'ils avaient trouvées dans la direction du sud, sur des traditions indiennes que « les jésuites avaient recueillies et données avant leur expulsion de Saint-Paul.

« En 1690, les Paulistes, formés en caravanes, s'acheminèrent vers le nord, à travers un pays sauvage et « montagneux; arrivés à la distance de plus de cent lieues, ils y découvrirent de nouvelles mines d'or, près « desquelles ils fondèrent la nouvelle ville de Sabarà, la première du Brésil qui ait dû son nom à la découverte « des mines. Elle est aujourd'hui la capitale du district de ce nom. (Voy. de Beauchamp.)

plus, cultivant, de distance en distance, des portions de terre pour se ménager une subsistance assurée en cas de retraite, et une communication avec *Saint-Paul*.

Toujours sur le qui-vive, environnés d'embûches que leur tendent les sauvages, ils s'engagent successivement chaque jour dans de nouveaux combats, à la suite desquels ils ont quelquefois la douleur d'apprendre que leurs camarades faits prisonniers ont été la proie des anthropophages; bientôt ils en acquièrent l'affligeante certitude, en retrouvant à quelque distance de là leurs ossements exposés à l'entrée des bois. Par représailles, les *Paulistes* à leur tour fusillent impitoyablement les *Botocoudos*, et ceux qui échappent fuient épouvantés de la détonation des armes à feu qui, intimidant enfin leur audace, les rendent moins entreprenants.

Ayant ainsi parcouru un espace de près de cent lieues au nord, à force de courage et de persévérance, ils arrivent à la fameuse montagne de *Villa Rica* tant désirée.

Il ne fallut qu'effleurer le sol pour se convaincre de la richesse de cette montagne, qui n'était en quelque sorte qu'un monceau d'or. *Les quatre chefs*, au comble de la joie et du bonheur, régularisèrent les fouilles, firent construire auprès d'elles quelques cabanes, afin d'être à portée de surveiller les travaux, et fondèrent ainsi la fameuse *Villa Rica* qui, au bout de vingt années d'existence, fut réputée la plus riche du monde (*).

Sa position resta ainsi déterminée; on la voit encore aujourd'hui placée sur le flanc de sa haute montagne située au milieu d'une plaine inculte : cette ancienne *Villa Rica* n'en conserve plus que le nom. On y remarque ses beaux jardins en terrasse, arrosés par de jolies fontaines, mais qui n'offrent, pour y arriver, que des rues escarpées, mal pavées et irrégulières. Le climat y est doux; le thermomètre, en été, se tient généralement entre 14° et 21°, et l'hiver entre 10° et 17°. Sa population est de vingt mille ames. La race noire n'y surpasse pas en nombre celle des blancs.

La fabrication de l'orfévrerie y est interdite expressément, et le *mineur* est aussi obligé d'apporter tout son or à la Monnaie, où le gouvernement prélève un cinquième du métal.

Les bois immenses qui couvraient autrefois le pays situé entre *Villa Rica* et celle *do Principe* se trouvent en grande partie transformés en pâturages (*Capim gordura*) (**)

On ne rencontre donc plus de population que sur les frontières de ce vaste pays, autrefois si florissant par ses richesses, où il reste à peine un vestige du grand nombre de jolis villages, aujourd'hui effacés de ces vastes déserts (***).

(*) En 1711, *Antonio* d'*Albuquerque*, premier gouverneur du district des mines, jeta les fondements d'une ville régulière à *Villa Rica*, en y établissant un *palais du gouvernement*, un *hôtel des monnaies* et *un arsenal;* il rédigea un code sur l'exploitation des mines, qui enjoignait aux mineurs d'apporter leur or à la fonderie du gouvernement pour y être converti en lingots marqués suivant le titre de leur valeur, moyennant la retenue du cinquième de leur poids.

Ces lingots, munis de leurs certificats qui en autorisaient le cours, pouvaient être mis en circulation. La poudre d'or était admise pour les petits paiements. Cette loi est encore en vigueur aujourd'hui.

Les brillantes années de prospérité des mines d'or du Brésil sont de 1730 à 1750.

(**) Dans les capitaineries de Rio-Janeiro, Minas Geraes, Goyaz, etc., voici le mode de défrichement. On commence, s'il est nécessaire, par couper le meilleur du bois vierge, on y met ensuite le feu; et il succède au premier bois gigantesque, un second bois composé d'espèces différentes et beaucoup moins vigoureuses nommées *Capoeiros*. On incendie, alors, plusieurs fois ces bois nouveaux, remplacés bientôt par une grande *fougère :* enfin, après avoir brûlé successivement les arbres et les arbrisseaux, le terrain se trouve entièrement couvert d'un graminée grisâtre, appelé *Capim melado*, ou *Capim gordura*, propre à engraisser les chevaux et les bestiaux, mais non à les fortifier. Dans plusieurs provinces, on distingue ces premiers pâturages nommés *Campos artificiaes*, des autres formés naturellement qu'ils appellent *Campos naturaes*. Parfois aussi, sans attendre ce *graminée*, on fait des plantations dans cette cendre refroidie.

(***) Cependant une compagnie de *mineurs*, partie de *Villa Rica*, et longeant par un chemin affreux et presque impraticable une chaîne de montagnes qui borde, au nord, la capitainerie de Rio-Janeiro, attirée par la richesse d'une rivière aurifère (nommée *Rio del Carmen*), qui serpente au pied d'une montagne, s'arrêta sur ses bords, et les heureux résultats des premières fouilles que l'on y fit la déterminèrent à y fonder une ville qu'elle nomma *Villa de Mariana*, en l'honneur du nom de la reine *Maria*, souveraine régnante

Plus loin, on trouve *la Villa do Principe* au milieu d'un sol fertile. Elle possède aussi une fonderie d'or; elle touche au district *des Diamants :* aussi fouille-t-on rigoureusement tout voyageur à son passage, et ne peut-il pas non plus s'écarter de la grande route, sans risquer d'être arrêté comme contrebandier.

En se dirigeant au nord de *Villa do Principe,* et s'avançant dans le *Serro Frio,* on entre dans le district *des Diamants,* qui peut être considéré comme le plus élevé dans la *Capitainerie des Mines.*

Il fut découvert au commencement du dix-huitième siècle par des mineurs de *Villa do Principe,* qui allaient à la découverte de nouvelles mines d'or. Son territoire dépourvu de végétation offre l'aspect de la misère et de la stérilité; sa surface est recouverte de gravier et de galets de quartz. Il peut avoir douze lieues de circonférence.

On voyage à travers des exploitations, parmi lesquelles on trouve différents postes occupés par des soldats toujours en activité pour empêcher la contrebande des diamants. *Les mines de diamants* produisent à l'État près de vingt mille carats par an.

La ville de *Tejouco* est située sur le flanc d'une montagne; elle est, comme capitale, la résidence de l'intendant général des mines de diamant, et chaque mois, on vient apporter au trésor de l'intendance tout l'or et les diamants trouvés dans le district. La ville, quoique dominant un sol triste et aride, est assez jolie; on y retrouve le luxe de nos villes dans la richesse de ses marchands, dont les boutiques offrent un choix très-varié des plus belles productions de l'industrie européenne. La société y est brillante et aimable : elle est formée de la réunion des employés du gouvernement, dont les traitements sont considérables.

Comme au milieu d'un semblable désert on ne peut tirer les provisions que de loin, et à prix d'argent, une grande partie des habitants de la ville languit honteusement dans la misère, réclamant l'assistance de la charité publique.

Les premiers *lavages* eurent lieu dans les ruisseaux sortis de la montagne sur laquelle est située la ville de *Tejouco*; mais sa principale exploitation se fait dans le lit du *Jiqui-Tonhonba,* rivière qui court au nord-est.

Le *diamant* ne se trouve plus dans sa matrice; ce sont des cailloux brillants qui roulent dans le lit et successivement sur les bords des ruisseaux, où d'ailleurs ils sont beaucoup plus rares aujourd'hui.

Des forêts vierges impénétrables se prolongent vers les limites orientales de la *Capitainerie des Mines.* Ces frontières boisées recèlent des restes de *peuplades indigènes* qui se sont rapprochées, pour se soustraire à la fureur des *Botocoudos,* qui tyrannisent toutes les autres familles sauvages.

La ville de *Pessonha,* dépendant de cette province, est un point de la frontière d'où partent les détachements armés pour repousser les invasions des *naturels sauvages.* Au delà de cette ville, on n'ose plus pénétrer dans les immenses forêts habitées par les féroces *Botocoudos,* continuellement en guerre avec les Portugais.

La ville *do Fanado* est la capitale du district de *Minas Novas*, qui se trouve à l'est de la *Capitainerie des Mines :* cette *Comarca* (district) est exclusivement renommée par l'extraction d'une immense quantité de pierres de couleur, telles que les *topazes blanches* et *jaunes*, les *améthystes*, les *chrysolithes* et les *aigues-marines.* Le sol, comme celui de *Minas*, offre communément de larges plateaux recouverts de forêts naines, nommées par les habitants

alors. La ville est petite, mais bien bâtie; elle possède un collége de jeunes séminaristes, et fut dotée d'un siége épiscopal en 1715.

En 1718, une autre caravane, partie de *Saint-Paul,* et se dirigeant à l'ouest, découvrit les mines d'or de *Cuïaba*, situées vers la rivière du *Paraguay;* elle fonda la ville de *Cuïaba,* nom emprunté de la rivière au bord de laquelle elle est située; le sol en est fertile et bien cultivé. C'est à cette rivière que le district qu'elle arrose doit son nom.

Carascos. En s'avançant davantage dans cette province, le sol s'abaisse; devenu plus égal, il change de couleur, offrant une terre végétale noire et friable, mêlée d'un sable très-fin; alors la végétation prend un autre caractère : ce sont de petits bois nommés *Cattingas* (*).

La capitainerie de *Minas-Novas* est précieuse encore par ses *mines de fer*, que ses habitants ont la permission d'exploiter depuis la présence de Jean VI au Brésil. On cite aussi la richesse de plusieurs *villages de ce district*, dont les habitants ont abandonné la recherche des *mines d'or* et de *pierres précieuses*, pour se livrer à la culture (tout aussi lucrative) du *cotonnier*.

A l'ouest de cette province, se trouve la partie de la *Capitainerie des Mines* nommée le *Certão* (c'est-à-dire Désert). La plus grande portion des plateaux de ce vaste pays offre d'excellents pâturages pour les chevaux et les bestiaux, qui en font la richesse. Les bêtes à cornes s'y plaisent d'autant mieux, que l'herbe qui couvre cette terre salpêtrée entretient en eux une force naturelle qu'ils ne peuvent conserver dans aucune des autres prairies du *district de Minas* et de *San-Paulo* (**).

On voit ces vigoureux quadrupèdes se désaltérant paisiblement au milieu du peuple innombrable d'oiseaux aquatiques constamment fixés autour du bassin du *Rio de San-Francisco*.

D'autres, circulant parmi les groupes de palmiers *buritis*, partagent avec eux la fraîcheur du marais qui en baigne le pied. Près de là se trouvent les *Cattingas* (petits bois) qui garnissent les bas-fonds du territoire du *Certão* de *Minas-Novas* : là, différentes espèces d'arbres tortueux et rabougris végètent disséminés sur la surface onduleuse de ce terrain, entrecoupé de montagnes.

Villa Boa (ville belle) est le chef-lieu de la capitainerie de *Goyaz*, située également à l'ouest de *Minas Geraes*.

Le *Rio de San-Francisco* prend sa source vers l'une des extrémités du plateau qui le sépare de la capitainerie du *Certão*.

L'or y abondait autrefois, et, dans cet heureux temps, la *ville* possédait une riche administration, ainsi qu'une fonderie d'or; mais les *mines* s'épuisèrent, et avec elles la prospérité du pays, dont il ne reste que le souvenir, et sa population actuelle plongée dans la misère!

En vain on donne à ces ruines le nom de *Cidade de Goyaz*, celui de *Villa Boa* survit toujours dans le pays, quoique ses malheureux habitants, n'ayant plus de *lavages* organisés, profitent encore des grandes chaleurs pour aller recueillir *l'or* et les *diamants* dans le lit desséché du *Rio Claro*, qui coule à l'ouest. Pendant ces jours de travail, ils construisent pour un temps, sur ses bords, des cabanes, où ils vivent de leur chasse lorsqu'ils ont épuisé les premières provisions dont ils s'étaient munis.

Enfin, à l'ouest de *Goyaz*, se trouve la capitainerie de *Matto-Grosso*, dans laquelle s'enclave une partie du *Paraguay* et du pays des *Amazones*, dont les gouverneurs espagnols, depuis leur émancipation, ont défendu, politiquement, l'entrée aux étrangers. Les Portugais, cependant, y possèdent quelques portions du territoire dans l'ouest et dans le sud.

(*) Les Cattingas tiennent le milieu entre les *forêts vierges* et les *Carascos*. Cette espèce de végétation mixte se compose d'arbres de moyenne grandeur qui s'élèvent comme des baliveaux, au milieu d'épaisses broussailles, de plantes grimpantes et d'arbrisseaux. Ils commencent à perdre leurs feuilles à la fin de la saison pluvieuse; mais ils conservent plus long-temps leur verdure sur le bord des fontaines et des rivières.

Les *Carascos* sont de véritables forêts naines, formées par le rapprochement d'une multitude d'arbustes, dont la hauteur inégale n'excède pas quatre ou cinq pieds de haut.

(**) Dans les capitaineries de *Minas* et *San-Paulo*, les pâturages sont si peu substantiels que l'on est obligé d'y remédier, en donnant, une fois ou deux par semaine, du sel à manger aux bestiaux : sans cette précaution, les animaux dépérissent et meurent en peu de temps.

Aussi le sel s'y vend-il très-cher Le *Pauliste*, conducteur de troupeaux, ne marche jamais sans sa provision faite; et le simple cavalier voyageur porte avec lui du sel pour sa monture.

En 1826, l'Assemblée législative décréta la réorganisation d'une *École de droit*, à *San-Paulo*. L'affluence des élèves fut considérable, même dès le principe, et donna successivement de très-heureux résultats : plus exigeant que celui de France, le gouvernement a fixé la durée du cours à cinq années.

Ce n'est pas la seule prérogative utile qui honore les habitants de *San-Paulo*. Tout récemment, en 1831, année à jamais mémorable dans les fastes de l'empire brésilien, par l'avénement au trône de *D. Pedro secondo,* ils ont créé chez eux des sociétés savantes et patriotiques, dignes de la plus grande considération, parmi lesquelles on distingue, en faveur *des habitants de San-Paulo,* la fondation d'une société philanthropique dévouée au secours des prisonniers et des indigents : déjà au mois d'octobre de la même année, les papiers publics signalaient de nombreux bienfaits, œuvres de cette société *toute pauliste.*

La valeur militaire des habitants de Saint-Paul, qui se rattache à toutes les époques remarquables où la ville de Rio-Janeiro put avoir besoin de secours, s'est montrée encore avec éclat au mois d'octobre de l'année 1831. *Quatorze cent quinze cavaliers paulistes*, tout équipés, et accompagnés d'une caisse militaire, formée par une souscription volontaire, s'élevant à quatre-vingt-cinq mille francs, vinrent dans la capitale du Brésil, se joindre à la garde municipale (garde nationale), pour y soutenir l'ordre et la puissance du gouvernement légal et constitutionnel, attaqué par un parti se disant républicain.

C'est ainsi qu'une colonie, dont les commencements eussent fait craindre un peuple de déprédateurs, devint, avec le temps, une des puissances de l'ordre et de la civilisation.

Caractère du Mulâtre.

Le mulâtre, dit homme de couleur, engendré d'une négresse et d'un blanc.

Le *mulâtre* est, à *Rio-Janeiro,* l'homme dont l'organisation physique peut être considérée comme la plus robuste : cet indigène, demi-Africain, privilégié d'un tempérament en harmonie avec le climat, résiste, de plus, à l'extrême chaleur.

Il a plus d'énergie que le nègre, et la portion d'intelligence dont il hérite de la *race blanche*, lui sert à diriger, avec plus de raison, les avantages physiques et moraux qui le mettent au-dessus du *noir.*

Il est naturellement présomptueux et libidineux ; également irascible et vindicatif, journellement comprimé, à cause de sa couleur, par la *race blanche* qui le méprise, et la *race noire* qui déteste la supériorité dont il se prévaut sur elle.

La *race nègre*, en effet, prétend que le *mulâtre* est un *monstre* (ou race maudite), parce que, selon sa croyance, Dieu, dans le principe, ne créa que *l'homme blanc* et *l'homme noir.*

Ce raisonnement, tout-à-fait matériel, retrouve cependant ses conséquences dans la société politique du Brésil, où le mulâtre, plus ou moins civilisé, tend toujours à secouer le joug de l'état mixte que *l'homme blanc* lui assigne, à son tour, dans l'ordre social.

La scission causée par l'orgueil américain du *mulâtre* d'une part, et la fierté portugaise du Brésilien *blanc* de l'autre, devient le motif d'une guerre à mort qui se manifestera longtemps encore, dans les troubles politiques, entre ces *deux races*, rivales par vanité.

Un troisième motif de dissentiment vient encore désunir les hommes blancs au Brésil ; c'est la présomption nationale du Portugais d'Europe, toujours infatué de son pays, qui dédaigne d'admettre une différence de couleur dans la génération brésilienne, et la traite ironiquement de *mulâtre*, sans distinction d'origine. Ce fut l'abus de cette expression impolitique qui servit de prétexte aux mouvements révolutionnaires qui précédèrent l'abdication de don Pédro Ier.

La civilisation seule pourra détruire ces éléments désorganisateurs : elle le pourra, matériellement, par le mélange moins fréquent des *deux sangs;* et, moralement, par le progrès des lumières, qui rectifie l'opinion publique, et la porte à honorer le vrai mérite partout où il se trouve.

La classe *mulâtre,* bien au-dessus de celle *nègre* par ses moyens naturels, trouve, par cela même, plus d'occasions de sortir de l'esclavage : c'est elle, en effet, qui fournit la majeure partie des ouvriers recherchés pour leur habileté; c'est elle aussi qui est la plus turbulente, et, par conséquent, la plus facile à influencer pour fomenter les troubles populaires, où, un jour, elle cessera de n'être qu'un instrument; car, en examinant ces *demi-blancs* dans leur état de parfaite civilisation, particulièrement dans les principales villes de l'empire, vous en rencontrez déja un grand nombre honorés de l'estime générale, qu'ils doivent à leurs succès dans la culture des sciences et des arts, tels que la médecine ou la musique, les mathématiques ou la poésie, la chirurgie ou la peinture : connaissances dont l'agrément ou l'utilité devraient être un titre de plus à l'oubli prochain de cette ligne de démarcation que l'amour-propre a tracée, mais que la raison doit effacer un jour.

Caractère du Brésilien.

Le sol varié du Brésil offre successivement les différentes températures européennes, dont l'influence se fait sentir sur le caractère moral et physique de l'habitant qui y fut soumis dès sa naissance. Cette variété de température explique donc aussi la variété bien remarquable qui existe entre les Brésiliens naturels de chaque province de ce vaste empire.

Le Brésilien, généralement bon, est doué d'une conception dont la vivacité se décèle dans ses yeux noirs et expressifs; heureuse facilité naturelle, qu'il applique avec succès à la culture des sciences et des arts. Son penchant inné pour la poésie lui inspire le goût du beau idéal, du surnaturel dans ses narrations, surtout lorsqu'il parle de son pays : son amour-propre, qui s'y complaît, le rend généralement conteur, cherchant toujours à produire de l'effet, en provoquant l'étonnement et l'admiration de son auditoire. Ses facultés naturelles déclinent en proportion de l'abaissement du sol qu'il habite. D'une complexion, alors, plus faible, et ne conservant, de l'esprit brésilien, que la vivacité, chez d'autres réunie à la force, ce n'est plus qu'un homme fertile en projets, subjugué par ses désirs qui se succèdent trop rapidement, et dont il abandonne l'entière exécution, qu'il regarde frivolement comme pénible ou ennuyeuse. Il n'en est pas moins exigeant pour la perfection des objets soumis à sa critique; mais il suffit à son amour-propre d'en découvrir les défauts : il est cependant patient pour les ouvrages manuels. Du reste, il aime assez le repos, surtout pendant la chaleur du jour, s'excusant sans cesse sur le mauvais état de sa santé, dont il paraît affligé pour le moment, mais qu'il oublie bientôt en s'égayant par une saillie ou une médisance ingénieuse, dont il vous recommande le secret pour la forme. Mon raisonnement, je le répète, est entièrement fondé sur les variations de l'atmosphère, et l'on croira sans peine qu'un climat constamment chaud et humide, débilitant les forces physiques, rend l'homme paresseux à exécuter sa volonté, quoique doué d'un esprit vif et pénétrant.

Le vieillard brésilien, toujours retiré dans son habitation rurale, a le ton dur par habitude, et le conserve criard par nécessité, passant sa vie à surveiller des agents qui cherchent à le tromper, et des esclaves paresseux et indolents qui ne cherchent qu'à ne rien faire. Son cœur, du reste, ne souffre pas de cette tendance de son esprit, on le trouve toujours généreux et hospitalier.

L'habitant du Brésil est bien fait; il porte sa tête droite, laissant voir ainsi sa physionomie expressive; ses sourcils sont bien marqués, noirs comme ses cheveux, ses yeux grands et animés, ses traits mobiles, et son sourire agréable. Sa taille, généralement peu élevée, permet une grande souplesse et une grande agilité. Sa mise, à la ville, est toujours d'une propreté recherchée; il soigne surtout sa chaussure, parce qu'il n'ignore pas qu'il a le pied petit et bien fait.

Le luxe européen le séduit : il se plaît à l'adopter; aussi dans toutes les capitales des provinces n'est-il plus étranger à nos mœurs : on voit, dans les réunions brésiliennes, briller la danse et la musique, au milieu des élégantes toilettes imitées de la mode française la plus moderne.

Plus sérieux, à Rio-Janeiro, comme membre de la Chambre des représentants du peuple, on le voit orateur fin et brillant, déja orgueilleux de son érudition, citer jusqu'aux moindres incidents de la révolution française depuis 1789. Prodigue de subtilités logiques, qu'il affectionne, il l'est aussi, incontestablement, du temps précieux consacré à une discussion; mais le lendemain, revenu au sang-froid, son cœur sincèrement patriote reproche à son esprit la perte de temps que la veille son entraînement a dépensé sans avantage pour le bien public.

Tel est l'homme qui a parcouru, en trois siècles, toute la civilisation de l'Europe, et qui, instruit à ses leçons, pourra, bientôt peut-être, lui offrir des rivaux en talents, comme l'Amérique du nord lui montre des modèles de vertu.

Description du Voyage.

Impatients de nous embarquer, et bravant les chances redoutables d'un vent contraire qui nous retenait depuis six semaines, nous partîmes du Hâvre le 22 janvier 1816 à bord du *Calpé,* petit trois-mâts américain de New-York, frété pour nous conduire au Brésil : cette témérité nous fit d'abord employer douze jours d'une navigation pénible et ennuyeuse à doubler le cap du Finistère. Préparés par un pareil début, nous supportâmes plus patiemment la constante influence d'un assez mauvais temps prolongé jusqu'au 11 février, premier jour heureux, éclairé enfin par un rayon de soleil qui ranima en nous l'espoir d'atteindre bientôt les *Iles Canaries ;* nous les aperçûmes en effet, deux jours après, et le 14, à quatre heures après midi, par un temps superbe, nous distinguâmes parfaitement le sommet du fameux *Pic de Ténériffe*, qui s'élève à 3,710 mètres au-dessus du niveau de la mer. Il nous parut coupé à sa base par les terres situées en avant de lui, et qui semblaient ne former qu'une seule masse; effet produit par une distance de six lieues au large de cette possession espagnole, également célèbre dans les deux hémisphères par l'excellence de son vin.

Cette vue, prise à bord, m'a fourni le sujet du *premier dessin de la Planche n°* 1.

Le lendemain, une seconde nouveauté signala notre *entrée sous le tropique,* et provoqua notre étonnement; ce fut l'apparition d'une multitude de polypes navigateurs, rassemblés en petites flottilles, dont les voiles brillantes argentaient la surface des eaux. Chacune de ces barques vivantes portait une seule voile, haute de cinq à six pouces, transparente, bordée d'une ligne cannelée rose, et qui n'était autre chose que la partie supérieure du polype élevée au-dessus de l'eau et enflée par le vent. L'animal (espèce de mole), en se ployant légèrement sur sa longueur, la rendait plus ou moins concave, et s'orientait ainsi pour diriger sa marche, généralement assez rapide.

Nous ne fûmes pas moins étonnés de voir s'élever, à peu de distance de notre navire, un nuage brillant, formé par une quantité prodigieuse de poissons volants qui filaient à deux pieds environ de la surface des flots, et s'y replongeaient alternativement, pour humecter les grandes nageoires qui leur servaient d'ailes, reparaissaient ensuite, et continuaient ainsi leur course aérienne et maritime tout à la fois. L'un d'eux, s'étant trop élevé, et passant à travers notre gréement, tomba tout à coup sur le pont, trahi par la sécheresse de ses ailes trop long-temps exposées à l'air. Ce singulier volatile, dont la forme et la grosseur rappelaient le hareng, en rappelait également le goût et la saveur.

Après un mois de navigation, le 22 février, nous vîmes *les îles du Cap-Vert* et abordâmes la première possession portugaise, *l'île de Mai,* infiniment petite à la vérité, mais précieuse par ses salines très-connues et constamment fréquentées par les Américains du nord. Nous y mouillâmes pour renouveler une partie de notre provision d'eau. Cette opération fut aussi prompte que simple : nos matelots, ne trouvant à terre ni fontaine ni source abondante, s'arrêtèrent sur la plage, y creusèrent un trou large de deux à trois pieds et d'une égale profondeur, dans lequel ils placèrent un tonneau défoncé, margelle ordinaire de ces puits improvisés. Quoique établi au milieu d'un sable salin, il se trouva le lendemain abondamment rempli d'une eau douce, un peu blanche et légèrement saumâtre, dont la source abondante suffit à notre approvisionnement.

Sur ces entrefaites, le passager brésilien que nous avions à bord s'empressa d'aller à terre pour visiter le gouverneur de l'île, son compatriote, et lui annoncer avec orgueil qu'il escortait à *Rio-Janeiro* une colonie d'artistes qui se rendaient aux vœux de la cour. Nous le vîmes bientôt revenir avec le gouverneur de l'île, homme d'une petite stature, à la figure basanée mais régulière, d'un abord agréable, mais, par-dessus tout, très sans façons. Nous le reçûmes avec joie, et les compliments réciproques, échangés par l'organe de notre interprète brésilien, soutinrent le charme de cette première visite terminée le verre de liqueur à la main.

En nous quittant, le petit vice-roi nous fit ses offres de service et nous invita à venir le visiter; invitation qui décida presque tous les artistes à s'embarquer pour le suivre. A leur arrivée à terre, ils se divisèrent en plusieurs groupes, prirent des directions différentes, et en un instant le territoire de l'île fut parcouru en tous sens. A la vérité, il n'a guères plus de trois quarts de lieue dans sa plus grande dimension. Nous y trouvâmes quelques fragments de pierres volcaniques disséminées sur un sol rougeâtre, aride et inculte, recouvert d'une herbe rare que broutaient une douzaine de chèvres assez maigres; plus en arrière à l'extrémité de sa pointe allongée, végétaient quatre ou cinq palmiers cocotiers qui semblaient dessécher d'ennui dans cette triste solitude ; et pour toutes constructions, une petite batterie démantelée, auprès de laquelle était un humide rez-de-chaussée, surmonté d'un étage aéré par cinq croisées et une porte, toutes assez mal fermées. C'était l'humble habitation du gouverneur, seul homme blanc de cette île et commandant au nom du roi de Portugal à une vingtaine de nègres travailleurs, propriétaires et habitants des petites cabanes de terre qui forment ce triste hameau dénué de vivres. Cette petite population, occupée à transporter le sel jusqu'au point d'embarquement, entrepôt de ce commerce, tire en effet ses subsistances de *San-Jago*, capitale de ces *îles ;* elle est distante de sept à huit lieues du point où nous étions (*).

Quelques-uns de nos artistes, ainsi que M. Lebreton, passèrent la nuit dans l'île, résignés d'y dormir selon l'usage du pays, c'est-à-dire couchés simplement sur des nattes étendues sur terre. Ils s'en dédommagèrent, du reste, par le bonheur de s'y régaler de quelques fruits et de lait de chèvre, si délicieux après les privations inséparables d'un mois de traversée.

Nous repartîmes le 24, enchantés d'emporter des *cocos* et quelques *bananes*.

(*) La nourriture de ces insulaires se compose de petits haricots noirs de farine, de manioc, de bananes et d'oranges.

Continuant à naviguer sous une température qui devenait progressivement plus chaude, nous nous aperçûmes le douzième jour que l'ardeur des rayons du soleil devenait presque insupportable, et que le lever ainsi que le coucher de cet astre s'enveloppaient de plus en plus d'un brouillard gris jaunâtre, indication certaine de l'approche du passage sous la ligne équinoxiale, que nous atteignîmes en effet le lendemain 6 mars, à 6 heures et demie de l'après-midi.

Presque aussitôt après, nous fûmes surpris par un calme plat, inconvénient ordinaire qui se prolonge quelquefois plus d'un mois dans ces parages, mais dont nous fûmes délivrés au bout d'une demi-heure, favorisés par quelques grains; heureux effet de l'équinoxe qui nous permit de continuer notre route aussi promptement.

Préparé à franchir pour la première fois ce point intermédiaire entre les deux tropiques, et déja entouré des phénomènes précurseurs, mon imagination exaltée se perdait dans le vague des suppositions, exagérant d'avance mille effets atmosphériques présumables ou non dans cette circonstance, lorsque enfin, m'imaginant devoir ressentir une chaleur insupportable au moment du passage sous l'équateur, je montai le jour même sur le pont vers onze heures du matin, résolu de m'en convaince en m'efforçant d'y résister le plus possible; mais quelle fut ma surprise, lorsqu'à midi je ne vis qu'un soleil blanchâtre dont on pouvait regarder fixement le disque pâli et voilé par une épaisse vapeur qui participait de sa teinte jaune clair légèrement souffrée : effet qui se prolongea depuis le matin jusqu'au coucher du soleil pendant cette singulière journée, triste par sa demi-obscurité, et soporifique par sa chaleur tout à la fois excessivement humide, et par cela même d'autant plus absorbante. Heureusement, pour faire diversion, nos marins surent l'égayer par la cérémonie du baptême, épisode bien propre à nous délivrer de cet état d'apathie, si peu naturelle à des voyageurs français, artistes surtout.

Depuis deux jours l'équipage s'occupait en silence des préparatifs de la cérémonie du baptême; divertissante spéculation, d'autant plus lucrative pour lui que nous étions assez nombreux. Ce fut seulement la veille, après le coucher du soleil, lorsque tous les passagers étaient réunis sur le pont, qu'un prétendu messager *du bonhomme Tropique*, masqué et grotesquement costumé, monté sur la hune du grand mât, emboucha le porte-voix, annonçant d'un ton rauque et majestueux la visite de son maître qui devait le lendemain présider au baptême des passagers non encore initiés.

Cette allocution inattendue interrompit toutes les conversations; et pendant ce silence spontané, le capitaine, prenant la parole, accorda très-intelligiblement la permission demandée; l'ambassadeur satisfait, oubliant bientôt la dignité de son rôle, se hâta de descendre avec la rapidité habituelle d'un véritable matelot déguisé, et rentra dans l'écoutille de l'avant, accompagné de quelques-uns des camarades qui n'étaient pas de service.

Une semblable nouveauté devint, comme vous le pensez, le motif d'un entretien général prolongé très-avant dans la nuit, grace à la douceur de la température, qui permit de l'alimenter de toutes les narrations variées des personnes initiées, dont le passager brésilien ne fut pas le moins conteur.

L'auditoire attentif se composait des enfants, qui dissimulaient leur épouvante par des efforts de rire nerveux que les mamans et les bonnes s'empressaient de calmer, et des hommes plus ou moins résignés à se faire mouiller le lendemain, mais conservant assez de sang-froid, cependant, pour déterminer enfin leurs familles à regagner leur lit. Dirai-je, pendant cette nuit, combien de fois les enfants, agités par des rêves effrayants, réveillèrent leurs mères et leurs bonnes? En un mot, le nom de *bonhomme Tropique* fut mêlé aux rires ou aux larmes jusqu'à l'apparition du jour suivant.

Tout l'équipage, avec la permission du capitaine, s'occupa, pendant le commencement de la matinée du 6, des préparatifs de cette cérémonie mystérieuse, et les passagers, renfermés dans l'intérieur jusqu'après le déjeuner, attendirent le signal de leur délivrance, donné vers les dix heures du matin.

A ce moment, les dames et leurs enfants, privilégiés ce jour-là, furent introduits sur le pont et occupèrent leurs places réservées sur l'arrière, à peu près hors de la portée des éclaboussures; tandis que les hommes, toujours consignés dans la chambre, restèrent soumis à l'appel pour paraître sur le pont à tour de rôle.

Le lieu de la scène, établi au pied du grand mât, était abrité par une banne; quelques accessoires indispensables en faisaient l'unique ameublement : c'étaient un petit billot sur lequel devait s'asseoir le patient pendant son interrogatoire, et une grande tine remplie d'eau, sur laquelle était une planche malicieusement placée en bascule, et qui, recouverte proprement d'une nappe, formait le second siége destiné au néophyte pour la *cérémonie de la barbe*. Un peu en arrière, tout près du bastingage, une autre grande tine pleine d'eau servait de réservoir que l'on pouvait alimenter au besoin à l'aide des seaux rangés autour de lui, et munis de longues cordes, qui servent ainsi à puiser dans la mer; enfin, la grande chaloupe, dominant la scène par sa position, recélait une grande quantité de vases de toutes dimensions, également destinés à compléter l'inondation générale.

Passagers à bord d'un petit navire marchand, peu dignes de fixer l'attention des grandes divinités protectrices de l'Océan, nous dûmes nous contenter de la simple visite du *bonhomme Tropique*, de *madame son épouse*, de *leur barbier* (car elle avait aussi de la barbe) et de *leur capitaine des gardes*, le tout pompeusement escorté du reste des matelots, qui paraissaient être de leur connaissance.

Le moment tant désiré de l'apparition de nos illustres visiteurs fut annoncé naturellement par le bruit du *char*, mauvaise planche montée sur deux roulettes, et sur laquelle se pelotonnait le *bonhomme Tropique*, que l'on roulait brusquement sur le pont de l'avant à l'arrière. Cet effet de tonnerre théâtral, exécuté au-dessus de la chambre des passagers, leur transmit le signal de leur délivrance prochaine. Effectivement, quelques minutes après, notre *trivial Neptune*, fatigué de lutter contre les rudes secousses qui interrompaient l'égalité de sa marche rapide, se trouva très-heureux de prendre sa place, marquée au pied du grand mât; il s'y posa sans façon, mais majestueusement et constamment debout; *madame*, immobile et muette, fut placée immédiatement auprès de lui; *le barbier*, plus farceur, était armé d'un énorme rasoir de bois qu'il portait sur son épaule comme un fusil; *le capitaine des gardes*, les manches de chemise retroussées, se mêlant de tout, voltigeait pour donner ses ordres au milieu du désordre renaissant causé par le zèle trop actif de ses satellites.

Tout enfin est préparé, les personnages sont en place; *le capitaine des gardes* paraît avec dignité à l'entrée supérieure de l'escalier de la chambre et appelle à haute voix le premier passager inscrit sur la liste des catéchumènes de circonstance. Ce premier élu, déja chrétien, sachant comme tous les autres que l'on ne baptisait pas sans eau, s'était prudemment vêtu à la légère, et n'avait que sa chemise, un pantalon de nankin et un petit gilet sans manches, le tout facile à retirer après son immersion.

Monté sur le pont, il fut escorté par les *satellites du capitaine des gardes*, et présenté par ce *commandant* aux *autorités grotesquement barbouillées* qui l'attendaient. Assis assez mal commodément sur une espèce de billot très-exigu, il répondit aux questions faites par le *gros bonhomme Tropique ;* interrogatoire dont la formule invariable et concise se composait des demandes suivantes : Votre nom? votre âge? votre pays natal? votre profession? Avez-vous déja passé sous la ligne? A la réponse négative de l'interpellé, suivait le commandement *Il faut recevoir le baptême. Barbier, faites la barbe à monsieur.* A cet ordre, le *capitaine des gardes* fit lever le passager et le conduisit au grand siége recouvert d'une nappe, sur lequel étaient déja assis deux personnages distingués, réservant la place du milieu pour celui que l'on devait *raser*. Aussitôt assis, *le barbier* s'avança, ouvrant son énorme rasoir long de deux à trois pieds, le déposa un moment à terre, pour se mettre en devoir, premièrement, de *savonner le visage* de sa nouvelle pratique, qu'il barbouilla de noir mêlé de quelque substance grasse en guise de savon, le tout avec dextérité et prestesse. Reprenant ensuite son rasoir, qu'il feignait d'affiler sur sa manche, il commença à torturer le patient, en lui faisant outrer les mouvements analogues à cette opération; et enfin, lui renversant la tête en arrière, il finit par lui repasser le rasoir sous le menton; dernière posture qu'il saisit pour dire: *Monsieur est rasé:* mot d'ordre auquel se levèrent précipitamment les deux acolytes, dont le poids maintenait la planche en équilibre, et firent ainsi basculer le *pauvre barbifié*.

Précipité aussitôt dans la cuve, enfoncé jusqu'aux reins dans deux pieds d'eau et arrosé de tous côtés par des assaillants armés de seaux remplis d'eau, il ne put leur échapper qu'après avoir lutté par des efforts souvent entravés pour sortir de cet énorme bain de siége et s'enfuir à toutes jambes, poursuivi encore par les jets croisés des nombreuses cascades dirigées sur sa personne.

Les éclats de rire de tous les spectateurs pendant cette dernière disgrace avertirent son successeur de se préparer à un pareil sort, qui, en effet, fut le même pour tous les autres. Le peu d'intervalle qui séparait chaque cérémonie était employé à refaire promptement les provisions d'eau.

Ayant brigué l'avantage de passer un des premiers, je fus à même de reparaître assez promptement sur le pont, quoique encore à demi barbouillé, pour enrichir ma collection de quelques détails tracés d'après nature sur mon livre de croquis, souvent mouillé par les éclaboussures inévitables pour tous les assistants pendant ces deux heures d'agitation continuelle.

Tout le monde séché, on ne se livra qu'avec plus d'appétit aux délices d'un repas plus splendide qu'à l'ordinaire, scrupuleusement réservé pour ce jour sans pareil; et la soirée se termina par le souvenir plaisant des caricatures variées qui se succédèrent si rapidement pendant cette mémorable matinée.

A mesure que nous nous éloignions de la *ligne*, nous trouvions un ciel plus pur, et en peu de jours, passés sous une température douce et égale, si favorable au libre développement des facultés humaines, chacun de nous se fit par instinct une occupation journalière; constamment sur le pont, savourant le bonheur de profiter d'un beau temps continuel, entouré de sa famille, abrité comme elle par une banne, pendant les heures les plus chaudes, il s'y retrouvait encore le soir, agréablement distrait par des conversations qui devenaient presque générales, ou des jeux qui se prolongeaient très-avant dans la nuit.

Ainsi se passèrent douze jours délicieux, et le 23 on annonça le *cap Frio*. Le 24, contrarié par le vent et de fréquentes bonasses, le capitaine employa une partie de la journée à faire tirer des bordées au large, pour éviter les courants qui nous auraient portés sur les points rocailleux d'un îlot situé en avant du cap; cependant nous le doublâmes vers les cinq heures de l'après-midi, à peu près à la distance de six lieues; distance qui ne me permit que d'en dessiner la masse, représentée au n° 2 *de la planche* 1re, *cap Frio*.

Je l'ai donné comme un point d'autant plus intéressant pour l'observateur, qu'il sépare la *partie méridionale de la partie orientale de la côte du Brésil*.

Le 25, enfin, vers les huit heures et demie du matin, on apercevait sur l'horizon la *côte de Rio-Janeiro*. (Planche 1re, n° 3, *côte de Rio-Janeiro*.)

Après avoir soigneusement évité divers courants qui font souvent dépasser le point de la côte que nous cherchions, nous arrivâmes à l'embouchure de la baie au coucher du soleil (pl. 2). A notre passage entre les petites îles qui l'environnent, nous entendîmes encore les dernières détonations du *coup de canon funèbre* qui rappelait, de cinq minutes en cinq minutes, à la population, la mort récente de la reine de Portugal, inhumée à Rio-Janeiro depuis six jours, et nous mouillâmes à deux portées de fusil du rocher cônique nommé le *Pain-de-Sucre*. A ce moment, le signal de la fermeture du port avait déja fait cesser les *salves*, et l'obscurité de la nuit ne nous laissait apercevoir que la silhouette de la végétation qui couronne les montagnes environnantes. Arrêtés à trois quarts de lieue de la ville, le silence des forêts nous permettait d'entendre, quoique faiblement, le son des cloches, et l'œil pouvait aussi distinguer dans le lointain l'éclat des bouquets d'artifice qui concouraient à solenniser plusieurs fêtes d'église, prolongées assez avant dans la nuit.

Tant de nouveautés à la fois ravivaient spontanément en nous les charmes de l'existence sociale, après un isolement de plus de deux mois; et l'ardeur naturelle aux artistes français réveillait les illusions glorieuses qui devaient utiliser notre premier pas sur une terre inconnue. La mort de la *Reine* donnait déja le programme d'un monument à l'architecte, d'une figure en pied au sculpteur, d'un tableau d'histoire au peintre, d'un portrait au graveur, et leur laissait encore en perspective *l'élévation au trône* du *Prince-Régent,* son fils et son successeur.

On croira sans peine que ce fut le rêve universel qui embellit le sommeil de chacun des artistes passagers, pendant cette dernière nuit de leur voyage.

Nous ne fûmes pas moins heureux, le 26, d'être réveillés à cinq heures du matin, par le coup de canon signal de l'ouverture du port, fidèle indicateur du lever de l'aurore, qui devait éclairer à nos yeux, pour la première fois, l'entrée intérieure de la magnifique baie de Rio-Janeiro, citée par plusieurs voyageurs comme une des merveilles du monde (pl. 3).

Le disque du soleil ne paraissait point encore sur l'horizon, que tous les artistes, déja sur le pont, admiraient avec le prestige de l'enthousiasme les masses singulières d'une végétation inconnue, dont les détails se perdaient encore dans le vague du léger brouillard qui les voilait à demi.

Attentifs à examiner ce précieux tableau, dont les détails et le coloris, absolument neufs pour nous, devenaient plus séduisants à mesure que le soleil nous les rendait plus intelligibles, nous découvrîmes enfin l'ensemble charmant de ce site délicieux, recouvert de toutes parts d'une verdure foncée, généralement luisante, encore resplendissante des gouttes de la rosée, qui avait fécondé pendant la nuit les fruits abondants que leur couleur orangée décelait à travers le feuillage. Du point où nous étions, nous pouvions distinguer des haies de citronniers qui environnaient les plantations de cafiers et d'orangers, placées sur le penchant des collines boisées, défrichées en partie à peu de distance des maisons d'habitation, dont l'enduit de chaux formait de loin autant de points blancs qui émaillaient la verdure des montagnes environnantes. Plus loin, dans les parties élevées, des chutes d'eaux qui coulaient de distance en distance sur quelques parties nues de rochers, produisaient également des points blancs, mais scintillants comme des étoiles. Sur le bord de la mer, les plus petits mamelons étaient recouverts d'une végétation plus basse, à la vérité, mais couronnée de palmiers élancés, dont les branches majestueuses se balançaient mollement sur leur tige; à leur insertion pendaient les grappes de cocos dans leur état de maturité, encore garanties par les enveloppes ligneuses, brunâtres et velues, protectrices constantes de leur floraison naissante. Cet aspect d'abondance universelle nous indiquait assez le motif de la circulation des nombreuses barques chargées qui débouchaient de toutes parts des rivières affluentes, se dirigeant vers le port de la ville que l'on apercevait dans le lointain.

Au premier mouvement d'admiration succéda immédiatement le désir d'en garder le souvenir, et saisissant mon crayon, taillé de la veille, je me mis à tracer avec soin le panorama du site où nous nous trouvions.

C'est un fragment de ce dessin que je donne sous le titre de *Vue de l'entrée de la baie de Rio-Janeiro* (pl. 3, dont la note reparaîtra à son rang.)

La circulation établie dans la *baie* permit à nos marins de s'embarquer pour aller à la ville chercher des vivres frais, et notre passager brésilien, profitant du canot du capitaine, emmena avec lui un de nos compagnons, pour visiter le propriétaire de la plantation la plus voisine, et, en un mot, lui faire toucher enfin les orangers et les cafiers qui nous

BIBLIOTHÈQUE ROYALE

enchantaient de loin. Leur prompt retour fut signalé par les cris d'allégresse des enfants, charmés de voir rapporter des fruits, des feuilles et des fleurs; hommage naïvement rendu à la nature par ces victimes d'une captivité de deux mois! Aussitôt à bord, les branches de cafiers en fleur, et tout à la fois chargées de fruits mûrs, passèrent successivement dans toutes les mains françaises; d'énormes oranges pendantes en groupes au fragment de leur tige natale, et confondant leur couleur encore verte avec celle de leurs feuilles brillantées, furent partagées entre les enfants et les mères, étonnés d'en trouver déja la chair aussi douce et aussi parfumée que celle des oranges que nous mangeons en France avec l'apparence d'une plus parfaite maturité. La seule précaution recommandée dans cette circonstance, fut de préserver avec soin les lèvres de la causticité de l'huile essentielle contenue dans cette écorce verte, et capable de noircir la bouche d'une personne délicate. A ce premier régal succéda un déjeuner composé, cette fois, de toutes provisions fraîches. Enivrés de ce nouveau bonheur, si vivement apprécié par des navigateurs débutants, notre ame était disposée, plus que jamais, à payer bien sincèrement le tribut d'éloges excités par le récit que nous faisait le Brésilien, d'une infinité d'actions hospitalières dues à ses compatriotes, et dont il venait de provoquer le premier exemple; car tout ce qu'il avait rapporté à bord nous avait été adressé à titre de cadeau. Ce repas, délicieux échantillon des fruits de la terre promise, se termina par un épisode non moins agréable.

Accoutumés à entendre, depuis la pointe du jour, le coup de canon funèbre renouvelé de cinq minutes en cinq minutes, nous ne fûmes pas étonnés de nous voir aborder par un homme en grand costume de deuil, coiffé d'un chapeau à trois cornes surmonté d'une énorme cocarde portugaise; il gouvernait lui-même un joli canot fraîchement peint et servi par six rameurs indiens de couleur olivâtre, tous de belle stature et presque de même taille, dont les formes athlétiques et soutenues n'étaient cachées que par un simple pantalon blanc de toile de coton. Ce brave homme, d'un certain âge, aux manières simples et polies, était *un pilote de l'arsenal de marine,* envoyé par ordre du gouvernement, pour introduire notre navire dans l'intérieur de la baie, où nous mouillâmes sous sa direction, à quelque distance du fort de Ville-Gagnon, position où nous devions attendre et recevoir les visites de surveillance des commissions *sanitaire et militaire de la place,* chargées de s'emparer de nos passe-ports, et enfin de *la douane,* qui laissa ses gardes à bord pour empêcher le débarquement de toute espèce d'effets ou marchandises : ces formalités observées, nous eûmes la permission d'aller à terre, et le capitaine prit son ancrage tout près du port, entre *l'Arsenal de marine* et *l'île das Cobras,* station des vaisseaux marchands.

Vers midi, M. *Lebreton* se rendit à la ville pour se présenter chez notre protecteur au Brésil, M. le comte *d'Abarca,* ministre des relations extérieures, qui le reçut de la manière la plus affectueuse et le retint à dîner. A la fin de cette première entrevue, d'un augure si favorable, *S. Ex.* lui recommanda de nous assurer que la cour nous attendait avec impatience; heureuse nouvelle qu'il nous transmit à bord, vers les six heures du soir, accompagné d'un *interprète brésilien,* chargé par ordre supérieur de rester constamment avec nous.

Ce fut pour nous le signal d'un débarquement partiel : en effet, les artistes *déja brésiliens,* mais *toujours français* de cœur, quittèrent seuls le vaisseau, impatients de contempler les nouveautés de cette *nouvelle patrie,* et abordèrent à la *rampe* de la place du *Palais,* le 26 mars 1816, à six heures et demie du soir.

Description des Planches.

La variété des formes et la multiplicité des groupes de montagnes qui composent *la côte de Rio-Janeiro,* bien capable d'inspirer des illusions, ont donné naturellement aux marins l'idée de les personnifier : aussi deux montagnes coniques, qui semblent jumelles, s'appellent-elles *Os dois Irmaës* (les deux Frères.) Une autre, dont la cime planiforme et coupée à angles droits, s'élève à pic sur un soubassement irrégulier, a reçu le nom de *a Meza* (la Table). *O Bico de Papagayo* (le Bec de Perroquet) est une montagne dont l'extrémité supérieure, très-svelte, se termine en pointe un peu recourbée. *Le Bec de Perroquet* fait partie de la petite chaîne de montagnes de *Tijouka,* qu'il domine par son élévation. Une autre, non loin de là, d'une forme moins pyramidale, et un peu recourbée à son extrémité supérieure, porte le nom de (Bossu) *o Corcovado;* puis à l'entrée de *la baie,* on voit le rocher granitique entièrement dépourvu de végétation, connu sous le nom de *Paö d'Assucar* (le Pain de Sucre), à cause de sa forme extrêmement conique : sa cime, élevée de 682 pieds au-dessus du niveau de la mer, sert de point de reconnaissance aux navigateurs qui viennent à Rio-Janeiro.

A partir du *cap Frio* nous n'avons plus perdu de vue *la côte méridionale* du Brésil (pl. 1re). La première *vue des terres de Rio-Janeiro* (n° 3) a été dessinée d'après nature, le 25, à neuf heures et demie du matin. La deuxième (n° 4), à trois heures après midi, et celle qui fait le sujet de *la planche* 2e, à cinq heures et demie du soir. J'ajouterai, en parlant de cette dernière, que toute la partie *sud* de la *côte de Rio-Janeiro*, vue à la distance de trois ou quatre lieues au large, représentant par la réunion de divers plans de montagnes qui la forment, *la configuration d'un homme replet, à nez aquilin, couché sur le dos, les jambes étendues,* et dont les *pieds* sont formés par le *Pain de Sucre* dont j'ai parlé, s'appelle encore aujourd'hui, à cause de cette singularité, *la côte du Géant couché* (pl. 2e).

Les différentes parties des montagnes formant le groupe du *Géant couché,* distinctement séparées dans les dessins nos 2 et 3, s'unissent à l'œil du navigateur, lorsque avançant davantage dans une *direction sud,* il se prépare à franchir les *deux petites îles* situées extérieurement et à peu de distance de *l'entrée de la baie.*

Trois embarcations brésiliennes à deux mâts, nommées *sumaquas* (soumaques), longeant la *côte du sud* et laissant les *deux petites îles* à leur droite, indiquent la manière d'entrer dans la baie, dont *l'embouchure* s'étend depuis le *Pain de Sucre* jusqu'au *premier rocher* à droite, près duquel entrent les autres navires.

PLANCHE 3.

Vue de l'entrée de la baie de Rio-Janeiro.

Cette vue s'arrête à gauche au *Pain de Sucre*, cône granitique, au pied duquel est établie *une batterie* qui défend extérieurement *l'entrée de la baie de Rio-Janeiro*, praticable seulement de ce côté; car, en général, *la barre* n'a pas plus de sept à huit brasses d'eau. Parmi les derniers plans visibles au-dessus de cette *batterie,* on distingue la montagne nommée *a Meza* (la Table), à cause de la forme aplatie de sa sommité; et celle *du Corcovado* (le Bossu), également pour sa forme courbée.

En continuant de suivre la *côte*, toujours couverte de végétation, on trouve l'une des *batteries du fort Saint-Jean*, établie pour repousser les débarquements que l'on tenterait sur cette belle côte, favorable par ses mamelons boisés. Une autre *batterie*, que l'on ne peut apercevoir ici, placée de l'autre côté du mamelon qui la domine, défend l'entrée de la charmante *baie de Botta Fogo*, dont elle forme, d'un côté, l'ouverture qui termine ce premier plan. Le terrain un peu vigoureux d'effet, qui suit immédiatement, est l'extrémité de la *Prahia flaminga*, plage étendue, aujourd'hui garnie de jolies maisons, derrière lesquelles se prolonge le faubourg de *Catèté :* ce beau tapis de sable blanc, au bord de la mer, se prolonge sans interruption jusqu'à la montagne de Notre-Dame de la Gloire, *Nossa-Senhora d'a Gloria*, couronnée par *l'église* dont elle porte le nom (position autrefois fortifiée, selon Sonnerat). La première *montagne* qui paraisse ensuite est celle de *San-Antonio*, surmontée par le *couvent* du même nom, et *la plus élevée* au milieu est celle des Signaux ou *do Castello* (indistinctement), aussi fortifiée, sur laquelle est bâtie *l'église de Saint-Sébastien*, patron de la ville. Au pied de cette montagne se trouve *l'hospice de la Miséricorde*, donnant sur la plage *dom Manuel*, l'un des points de débarquement de *Duguay-Trouin*, encore consigné aujourd'hui par *la petite place des Batailles* et celle *des Quartiers*, entièrement formée par les *casernes*, qui se prolongent jusqu'à la porte de l'Arsenal des armées de terre, et où finissait l'ancienne ville du côté de l'entrée de la baie. La *dernière élévation* à droite est la *montagne de San-Bento* (Saint-Benoît), surmontée par le *couvent* du même nom, appartenant aux bénédictins de l'ordre de Cluny, et au pied de laquelle se trouve *l'arsenal de la marine*, qui termine la *partie de la ville* située du côté du *fond de la baie*.

En avant et au bas *de la ville*, le fort de *l'Ages* se détache par la vigueur de son plan; plus à droite et plus en avant encore, on distingue parfaitement le fort de *Ville-Gagnon*, sur lequel se trouve hissé le pavillon brésilien, qui flotte également sur la forteresse de *Santa-Cruz* (Sainte-Croix), dont les feux se croisent avec ceux *du fort* pour défendre l'entrée du canal resserré, seule entrée de l'intérieur de la baie et du *port de la ville* (*). Le dernier plan de montagnes visible au-dessus de la forteresse, est la chaîne de montagnes des *Orgaës* (des Orgues), suite des Cordilières, qui borne l'extrémité intérieure de la *baie*. Les différents plans de montagnes boisées sur lesquelles se trouvent quelques habitations, et qui forment la droite *de la vue*, sont entrecoupés par plusieurs lacs correspondants aux arrière-plans des terres de *Prahia-Grande*, invisibles ici. Ces petites anses navigables sont fréquentées par les barques qui apportent les produits des habitations situées sur ces parages. Les deux bricks entrants, après avoir suivi une ligne diagonale, prise du devant de la batterie près du *Pain-de-Sucre*, se dirigent vers le *canal* qui sert d'entrée, indiqué ici par le navire qui y passe, au pied de la forteresse de *Sainte-Croix*.

Les *barques* tirent peu d'eau, coupent plus au large, et les *canots pêcheurs* flottent partout.

(*) Les fortifications de *Santa Cruz* s'élèvent en arrière et couronnent la montagne au pied de laquelle on voit les batteries basses. Ce fut au milieu de ces moyens de défense réunis et croisés dans un espace aussi resserré, que l'amiral Duguay-Trouin traversa sans hésiter, pour aller jusqu'au pied de la montagne de *San Bento*, s'emparer des fortifications de l'île *das Cobras*, et y placer son point d'attaque sur la ville.

PLANCHE 4.

Vue générale de la ville de Rio-Janeiro, prise de la baie de Prahia-Grande.

La renommée de la *jolie baie de Prahia-Grande,* décorée aujourd'hui du titre de *Villeneuve-Royale*, date de l'année 1816, marquée par la mort de *Maria Ire*, reine du Portugal, mère de *Jean* VI, après huit années de séjour au Brésil.

Immédiatement après l'achèvement des funérailles royales, les médecins de la cour conseillèrent au prince l'air vif et salutaire de *Prahia-Grande;* aussitôt les habitants de ce beau site saisirent toutes les occasions de fixer sur eux l'attention du souverain, et l'un d'eux, propriétaire de la maison la plus importante, se fit un devoir de l'offrir au prince à titre de présent pour en faire sa résidence. Le cadeau fut accepté, et plus tard récompensé par des honneurs. L'un des médecins de la cour s'empressa d'offrir, dans sa maison de campagne, un logement commode *au comte d'Abarca*, ministre des relations extérieures. Ces exemples trouvèrent des imitateurs, et bientôt tout se trouva prêt pour le campement provisoire de la cour.

Dans l'intention aussi de faire diversion au chagrin du *prince régent*, le général anglais *Beresford*, commandant en chef des troupes portugaises au Brésil, fit camper aux environs de *Prahia-Grande* les régiments amenés de Lisbonne pour soutenir une guerre projetée contre les Américains-Espagnols, qui s'opposaient à l'émancipation de la province de *Monte-Video*, dont le gouvernement portugais voulait faire une barrière entre les possessions *espagnoles* et *brésiliennes*, en en déclarant la neutralité.

En effet, chaque matin à la pointe du jour, des exercices militaires, exécutés sur un site aussi pittoresque, attiraient à *Prahia-Grande* tous les riches négociants de la ville, qui, réunis à la *suite de la cour*, embellissaient encore cette utile distraction permise seule au deuil *du nouveau monarque.*

Le jour indiqué pour la dernière revue devant se terminer par une petite guerre simulée, M. le *comte d'Abarca*, jaloux d'utiliser les artistes français nouvellement arrivés, invita M. Lebreton à s'y rendre la veille avec moi, nous assurant que nous serions reçus à coucher dans la maison occupée par M. le vicomte de *Villa-Nova,* personnage de la cour, vivant dans l'intimité du souverain. Nous pûmes ainsi nous rendre le lendemain, au lever de l'aurore, sur le terrain des manœuvres pour en dessiner les différents points de vue. Nous y trouvâmes déjà quelques étrangers de distinction, attachés à la diplomatie, et là il fut résolu à l'unanimité que je devais, comme peintre d'histoire, en faire un tableau pour le prince. Dès ce moment on m'offrit toutes les facilités pour m'approcher de la cour, afin d'y recueillir sur mon livre de croquis tous les documents relatifs à cette fête militaire. (Voir la composition de ces deux tableaux dans le IIIe volume).

Ce fut de la maison où nous avions couché que je traçai le dessin représenté dans cette lithographie. On le trouva d'autant plus intéressant qu'il donnait une idée générale de l'aspect de la ville, située au pied de trois montagnes et de ses arrière-plans si connus des voyageurs étrangers.

Le spectateur se trouve placé à peu près au milieu de l'étendue générale de la plage de *Prahia-Grande*, directement en face de la ville de *Rio-Janeiro*, à la distance de deux lieues environ.

L'entrée de la *baie*, vue ici de profil, se reconnaît par la sommité du *Pain-de-Sucre*, plus faiblement indiquée derrière le plan de gauche, terminé par la forteresse de *Gravata*, qui défend l'extrémité de la plage de ce côté. Le point le plus élevé de cette partie est couronné par une maison de campagne, dont l'air et la vue sont très-appréciés. Toujours du même côté, en suivant la *plage*, on voit les *premières petites maisons*, alors très-simples et peu nombreuses, qui faisaient partie du *premier hameau*, assez près de l'église, qu'on ne peut apercevoir. Entre les barques, on distingue une petite jetée construite en bois tout nouvellement, et très-près de la maison qu'habitait le roi, pour lui servir de point de débarquement à son arrivée. Cette construction, toujours entretenue depuis, existe encore aujourd'hui; le reste du premier plan se compose du prolongement de la belle *plage* sablée, dont la pente égale et douce favorise les personnes qui viennent l'été prendre des bains de mer.

Continuant à suivre le plan vaporeux du *Pain-de-Sucre*, on découvre, à travers les nuages du matin, la sommité recourbée du *Corcovado* (le bossu), dont la base se termine au bord de la mer par la *Prahia-Flaminga*, autrefois toute nue, et dont les jolies maisons, nouvellement bâties, cachent, aujourd'hui, le faubourg de *Catèté*, qui continue jusqu'à *Bosta-Fogo*, assez belle anse dont l'ouverture est défendue par les batteries du *fort Saint-Jean*. La continuation de cette même chaîne de montagnes vaporeuses offre dans son milieu la *pointe* appelée le *Bec de Perroquet*, appartenant au dernier groupe de montagnes de *Tijouka*. Plus loin encore paraît le commencement de la *Serra-do-Mar*, extrémité du fond *de la Baie*, au pied de laquelle est placé le port *d'Estrella*. Le bâtiment en station sur l'extrême droite indique le point où se tiennent ceux destinés au commerce des Grandes-Indes. La *petite île*, sur le même plan plus à gauche, est celle *dos Frades* (des moines), dont on a transformé le couvent en magasin à poudre. Sur la même ligne, toujours à gauche au pied de la chaîne de montagnes, est le *quai de la Saudè*, où se trouvent les chantiers de radoubage des bâtiments marchands, et autrefois spécialement des navires de la Compagnie des Indes. Cette station se prolonge jusqu'à l'*arsenal de marine*, situé derrière l'*île das Cobras*, premier plan élevé et plus vigoureux, dominé par un autre, la montagne de *Sant-Bento*, couronnée par son église claustrale; sur la troisième éminence placée à gauche, s'aperçoit la maison de l'évêque, derrière laquelle est construite la *forteresse de la Conception* (Conceição), dont s'était emparé Dugay-Trouin, parce qu'elle défend aussi les approches de la ville du côté de la terre. Ce premier groupe de montagnes et le second sur la gauche bornent l'ouverture de la *ville* sur la mer; le *quai de la place du Palais* tient à peu près le milieu; au-dessus se distinguent les deux tours de l'église *da Candellaria*, à droite, commence *la Prahia dos Mineiros*, qui continue jusqu'à l'*arsenal de marine*, et à gauche, *la Prahia don Manoël*, qui se prolonge jusqu'à l'*arsenal des armées de terre*, les deux points extrêmes de la *ville primitive* de ce côté, formés ainsi par des *arsenaux*.

Le second groupe, qui tient ici le milieu, se compose, à bien dire, d'une seule montagne mamelonnée, appelée montagne *du Castel* ou *des Signaux*. A son extrémité gauche sont placés les *signaux maritimes*, dominant une fortification, ancienne habitation du *gouverneur des armes*, du temps du roi; aujourd'hui cet officier supérieur demeurant au quartier général placé dans la ville, on a pu transformer une partie de ce logement militaire en *maison d'arrêt* et *de correction* pour les nègres fugitifs, et qui remplace celle du *Calaboço*, jadis au pied de la même montagne. Le mamelon du milieu est couronné par l'*église de Saint-Sébastien*, patron de la ville; perpendiculairement au-dessous, et tout au bord de la mer, se distingue par sa teinte vigoureuse le monticule de *Santa-Luzia*, sur lequel est bâtie la *petite église de ce nom*. Enfin sur celui de droite, un vaste couvent et une église commencée par les jésuites servent d'hôpital militaire. Au pied de cette même montagne se trouve le grand hôpital civil de la Miséricorde (voir le IIIe volume). En avant de ce groupe de montagnes est la station des vaisseaux de guerre.

En suivant toujours à gauche on voit la ligne des *aqueducs*, qui se lie à la montagne de *Sainte-Thérèse*, surmontée du *couvent* dont elle porte le nom.

Ces *aqueducs* amènent les eaux des différentes sources descendant des montagnes dominées par le *Corcovado*. Sur le même plan à gauche, l'éminence beaucoup plus volumineuse que les deux autres est un des derniers mamelons inférieurs de l'immense base du *Corcovado*. La ligne de maisons prolongée en bas forme le *quai de la Gloire*, correspondant depuis la *Place de l'église de la Lapa* (couvent des carmes) jusqu'à la *montagne da Gloria*, dont le plateau est occupé, à son extrémité vers la ville, par *l'église de Notre-Dame de la Gloire*. La partie opposée de ce plateau très-pittoresque est garnie de charmantes maisons avec jardins occupées par des Anglais; en descendant de ce côté on se trouve sur la *Prahia-Flaminga*, qui se prolonge jusqu'à l'ouverture de la baie de *Botta-Fogo*, à peu de distance du *Pain-de-Sucre*. En avant de cette montagne, on aperçoit le *fort de l'Ages*, dont les batteries peuvent croiser leurs feux avec ceux de la *forteresse de Gravata*.

PLANCHE 5.

Un Employé du gouvernement sortant de chez lui avec sa famille.

Après deux mois de traversée, parcourant pour la première fois les rues de Rio-Janeiro obstruées par une foule continuelle de nègres, porteurs de fardeaux, et de négresses, marchandes de fruits, nous fûmes singulièrement privés, nous Français, de n'y voir aucune dame, soit aux balcons, soit à la promenade. Il fallut cependant nous résigner à attendre jusqu'au lendemain, jour de fête, pour en voir de nombreuses réunions dans les églises. Nous les y trouvâmes, en effet, d'une tenue extrêmement recherchée, et parées des couleurs les plus gaies et les plus éclatantes, mais d'une mise anglo-portugaise rien moins que gracieuse, importation de la cour de Lisbonne, et à laquelle, depuis huit années, on n'avait rien changé par un attachement trop respectueux à la mère patrie. J'en fis aussitôt un croquis dont le résultat, par son exactitude, ne produisit qu'une véritable caricature inutile à retracer, puisqu'elle ne signalait en rien le caractère et le génie brésilien, qui s'est constamment montré depuis tellement appréciateur de l'élégance des nouveautés françaises, que, lors de mon départ, à la fin de 1831, la rue d'*Ouvidor* (rue Vivienne de Paris à Rio-Janeiro) était presque entièrement composée de magasins français de toutes espèces, soutenus par le succès de leur commerce.

La scène dessinée ici représente *le départ pour la promenade* d'une famille de moyenne fortune, dont le *chef* est un employé du gouvernement. Selon l'antique usage encore observé dans cette classe, le *chef* de la famille marche le premier suivi immédiatement de *ses enfants*, placés en file par rang d'âge, *le plus jeune* toujours en avant; vient ensuite la *mère*, encore enceinte; derrière elle sa *femme de chambre*, esclave mulâtresse, infiniment plus distinguée dans le service qu'une négresse; la *nourrice* négresse; l'*esclave de la nourrice*; le *nègre domestique* du maître; un *jeune esclave* qui se forme au service : suit le *nègre neuf* nouvellement acheté, esclave de tous les autres, et dont l'intelligence naturelle plus ou moins active doit se développer peu à peu à force de coups de fouet : le gardien de la maison est le *cuisinier*.

Depuis quelques années, l'imitation des usages français a rendu de *bon ton* que les messieurs, à la promenade, donnent le bras aux dames mariées ou veuves, et les demoiselles, marchant rangées deux à deux, se donnent le bras réciproquement; manière infiniment plus commode d'entretenir une conversation qui se faisait avant sans pouvoir se regarder : dissimulation exigée ou inutile garantie du silence que l'on se plaisait à nommer décence.

Cette *prérogative de marcher la première*, accordée à la plus jeune, était devenue la pomme de discorde pour deux sœurs, presque jumelles, très-vieilles demoiselles que j'avais l'avantage de voir passer, tous les jours, devant mes fenêtres. Bien que conservant dans leur tenue toute la fraîcheur d'une extrême propreté, on s'apercevait, même de loin, que ces deux jeunes filles devaient être plus que sexagénaires. L'*aînée* des deux, que décelait le desir toujours renaissant de tromper les passants, au moins par les apparences, saisissait le moindre obstacle à leur marche pour dépasser sa *cadette*, qui reprenait aussitôt son avantage avec toute l'énergie que lui inspirait cet empiétement offensant.

Enfin un an avant mon départ, la mort d'une des deux sœurs mit fin à cette guerre de soixante ans, au moins, laissant à sa survivante, restée seule, le chagrin de ne plus passer pour la plus jeune, si elle était l'aînée, ou, comme cadette, la privation bien grande de ne plus défendre ses droits naturels d'une manière ostensible aux yeux des passants, dont elle essayait encore à fixer l'attention par les accents désagréables de sa voix enrouée; funeste mais inévitable conséquence pour les charmes dégénérés d'une existence, hélas! trop prolongée.

Planche 6.

Une Dame brésilienne dans son intérieur.

Le système des gouverneurs européens, tendant constamment, dans les colonies portugaises, à laisser la population brésilienne privée de lumières et isolée dans l'esclavage de ses habitudes routinières, avait borné l'éducation des femmes aux simples soins de l'intérieur de leur ménage : aussi, lors de notre arrivée à *Rio-Janeiro*, la timidité, résultat du manque d'éducation, faisait redouter aux femmes les réunions un peu nombreuses, et bien plus encore toute espèce de communication avec les étrangers.

J'ai donc essayé de rendre cette solitude habituelle en dessinant *une mère de famille*, d'une médiocre fortune, *dans son intérieur*; on la trouve assise, comme à l'ordinaire, sur sa *marqueza* (espèce de lit de forme étrusque, fait de bois de *jacarandà*, dont le fond est une peau de bœuf bien tendue), siége qui sert, le jour, de canapé très-frais et commode dans un pays chaud, pour rester, toute la journée, assis les jambes reployées en dessous, à la manière asiatique. Immédiatement à côté d'elle et bien à sa portée, se trouve le *gongà* (panier) destiné à contenir les ouvrages de lingerie; entr'ouvert, il laisse passer l'extrémité de la *chicota*, énorme cravache faite entièrement de cuir, instrument de correction dont les maîtres menacent leurs esclaves à toute heure. Du même côté, le petit *singe lion*, attaché par sa chaînette à l'un des dossiers de ce meuble, sert d'innocente distraction à sa maîtresse; bien qu'esclave privilégié, heureux de son mouvement perpétuel et de ses mignardises, il n'en est pas moins réprimé, de temps en temps, comme les autres, par les menaces de la *chicota*. La *femme de chambre*, négresse, travaille, assise par terre aux pieds de *madame*, *asenhora*; on reconnaît le luxe et les prérogatives de cette première esclave à la longueur de ses cheveux cardés, formant, pour ainsi dire, un corps crépu cylindrique, dénué d'ornements et adhérent à sa tête; coiffure sans goût et caractéristique de l'esclave d'une maison peu opulente. La *fille de la maison*, peu avancée dans la lecture, quoique déja assez grande, conservant la même attitude que sa mère, mais placée sur un siége infiniment moins commode, s'efforce de nommer les premières lettres de l'alphabet tracées sur un papier qu'elle tient à la main. A sa droite, une *autre esclave*, dont les cheveux coupés très-court désignent le rang inférieur, assise un peu plus éloignée de sa maîtresse, est également occupée à un travail d'aiguille. Du même côté s'avance le *molèque* (jeune esclave nègre) apportant l'énorme verre d'eau, redemandé fréquemment pendant le cours de la journée pour étancher la soif constamment provoquée par l'abus des aliments trop poivrés, ou des conserves sucrées. Les deux *petits négrillons* (negrinhos), à peine en âge de se soutenir, et admis à partager les priviléges du petit singe lion, dans la chambre de la maîtresse du logis, essaient leurs forces en liberté, sur la natte de la femme de chambre. Cette petite population naissante, fruit de l'esclavage, devient en grandissant un but de spéculation très-lucrative pour le propriétaire, et dans un inventaire se considère comme un immeuble.

A l'époque où j'ai retracé cette scène silencieuse, elle se retrouvait, plus ou moins nombreuse, dans chaque maison de la ville; je dois ajouter avec justice qu'en 1830, au contraire, il n'était pas rare de voir les filles d'un simple employé se distinguer déja par la danse, la musique et un commencement d'étude de la langue française : éducation qui les faisait briller dans les réunions du soir, et les mettait à même de former des établissements plus avantageux.

PLANCHE 6bis.

Vases en bois.

On devait nécessairement retrouver, chez l'habitant des forêts du Brésil, l'usage des vases de bois empruntés aux troncs de ces arbres qui fournissent encore à l'Indien sauvage son *canot*, son *coxe*, et sa *gamella*, cercueil vénéré chez la race des *Coroados*, tant qu'elle ne posséda pas le secret de la fabrication des vases de terre, employés depuis au même usage sous le nom de *camucis*. Le premier colon européen ne dédaigna pas ces ustensiles; et l'usage des vases de bois, perpétué ainsi depuis trois siècles, au Brésil, se retrouve encore aujourd'hui, et toujours apprécié, au sein même de la capitale de cet empire.

N° 1. — Le *coxe* (coche), mot brésilien dérivé du portugais *coxia* (toute chose légère ou facile à transporter). Le *coxe*, dis-je, est un tronc d'arbre simplement équarri et creusé intérieurement; c'est un bassin de huit palmes de long, destiné dans les fabriques de sucre à recevoir le jus de la canne lorsqu'elle passe au pressoir. Les tablettes rapportées sur sa surface supérieure servent à poser les vases au moment de les remplir de la liqueur exprimée dans le bassin, afin de la transporter au lieu où doit s'en achever la manipulation.

A quelques pas de là, placé en dehors du bâtiment, et exhaussé sur quelques pierres, il sert de mangeoire aux bêtes de somme lorsqu'on leur distribue la ration de *milho* (blé de Turquie). Cette auge, faite d'une seule pièce de bois, n'est pas étrangère aux Européens, et se retrouve employée au même usage dans plusieurs contrées de la France, soit à la porte des auberges, ou, diminuée de proportion, placée dans les basses-cours pour y contenir l'eau destinée aux volailles.

N° 2. — Vase de forme ronde à manche un peu allongé et fait d'une seule pièce de bois. Il peut se comparer, pour la capacité et l'usage, au litre de France, et se nomme au Brésil, *quartilho*, quatrième partie de la *canada* (grande mesure des liquides); diminué de moitié de proportion, il prend le nom de *meio quartilho* (demi-litre). On ajoute à l'emploi de ces mesures en bois celui plus moderne de mesures en verre, correspondantes, non seulement à toutes les divisions de la *canada*, mais encore à une suite de subdivisions qui s'étend jusqu'à la plus petite mesure de liquides en France (le petit verre). L'œil exercé de l'observateur reconnaît facilement à la forme de cette collection de verres généralement oblongs, aussi évasés à leur ouverture que rétrécis à leur base, que l'introduction et l'usage en remontent nécessairement à la domination des Hollandais au Brésil.

Cette réunion de vases en bois et en verre servant à mesurer le vin et l'eau-de-vie figure constamment sur le comptoir du *vendeiro* (épicier-marchand de comestibles), dont les nombreuses boutiques, comme en France celles des marchands de vins, forment généralement tous les coins de rue de la ville.

N° 3. — *Gamella*, baignoire faite d'un seul morceau de bois creusé, de cinq jusqu'à huit palmes de longueur (5 pieds 4 pouces de France), fort pesante à transporter; le plus ordinairement peinte à l'huile intérieurement; maintenant elle est remplacée, chez les gens riches, par une baignoire de fer-blanc fixée sur une planche à roulettes.

Les cercueils indiens déterrés vers l'extrémité de *Minas Geraës* ne sont autre chose que deux *gamellas* jointes ensemble, dont l'une sert de couvercle : le tout fortement attaché avec des lianes, que l'on dit être le *cipò caboclo* à feuilles d'oranger, résistant plus que tout autre à l'humidité.

N° 4. — Mesures de capacité pour les grains. Cette sorte de boîte à manche, faite de bois, et très-simple de construction, varie depuis trois pouces jusqu'à huit. Une seconde espèce, représentée Pl. 21, se trouve comme mesure de *milho secco* (blé de Turquie sec), placée sur *le sac* rempli de cette graine, que la vendeuse porte sur la tête.

Sous le même numéro, la plus petite *des deux boîtes*, de trois pouces carrés de surface, sert à mesurer les graines de *mandobi* (petits tubercules farineux) crues ou rôties, dont les Nègres sont très-friands; ou bien encore de petits haricots noirs, *feijões pretos*, farineux tellement substantiel, que le double de cette mesure suffit pour le dîner d'un journalier. (Voir la description de ce modique repas dans la note correspondante à la Pl. 7, le Dîner brésilien.)

N° 5. — Ce vase de bois de forme ronde, et souvent irrégulière, se nomme *gamella* ou *bassia*. Toujours plus petit que le précédent du même nom, il porte de trois à cinq palmes de largeur, sert à différents lavages, et particulièrement au savonnage de linge fin : contenant souvent de l'eau bouillante, il est plus exposé à se fendre; aussi en trouve-t-on rarement d'intacts, et, au contraire, d'autres presque toujours bordés de larges bandes de fer-blanc clouées sur leurs gerçures. Chez les gens aisés *la bassia* (bassine de bois) est remplacée par *une de cuivre jaune*, portant le même nom et destinée au même usage.

Vases en terre cuite pour contenir de l'eau.

Bien qu'il soit reconnu que la fabrication de la poterie de terre ait été en usage chez les indigènes du Brésil avant la présence des Européens parmi eux, il est remarquable cependant que le perfectionnement de cette industrie ne s'est particulièrement manifesté depuis que sur trois points de l'empire: *Fernambouc, Bahia* et *Sainte-Catherine*, qui en font aujourd'hui une branche spéciale de commerce. Il existe aux environs de *Bahia* plusieurs villages indiens, dont la population se livre exclusivement à ce genre de fabrication. Secondées, dans le transport de ces marchandises, par une facile et prompte navigation, ces deux dernières provinces fournissent exclusivement à la ville de *Rio-Janeiro* son approvisionnement de poterie de terre.

Nous présentons à nos lecteurs cette collection de vases usuels, qui remonte à 1500, et d'autant plus intéressante qu'elle rappelle exactement, dans un grand nombre de ses parties, le goût de l'*antique égyptien*, et celui du *mauresque* apporté chez *les Espagnols*, qui long-temps gouvernèrent *les Portugais*, depuis héritiers de leurs usages et de leurs goûts au Brésil.

Des quatre vases placés sous le N° 1, le troisième, fait de terre rouge et luisante, à ornements repoussés à la main, portant 4 palmes de haut (2 pieds 8 pouces de France), rappelle, sans altération, *le style égyptien*, même dans le système d'enchâssement qui le supporte, pied ou table fait de bois léger, ordinairement découpé sur le contour du vase auquel il appartient; usage d'autant plus nécessaire, que la tablette de support reçoit le suintement continuel du grand volume d'eau contenue dans ce vase de terre trop peu cuite, et qui, se manifestant plus particulièrement à sa base, en dissoudrait promptement le pied.

Le premier, de même matière que les autres, a toute la simplicité égyptienne, et porte trois palmes de haut.

Le second, non moins svelte, rappelle dans toutes ses parties l'élégance du *goût arabe*. On y retrouve, en effet, et les anses délicates et torses, et le col surmonté d'une coupe à couvercle; le caractère bien prononcé des ornements repoussés qui se groupent sur le renflement de sa partie inférieure, et enfin l'agencement trop grêle du large pied qui les supporte, ne laissent aucun doute sur l'origine de ce vase de terre cuite, qui peut avoir trois palmes de hauteur.

Le quatrième, d'une forme moins élégante, mais plus sévère, tient aussi au *style arabe*. Il est également de terre rouge, les ornements sont repoussés à la main, et chacune de ses petites anses, d'une forme singulière, est enrichie d'une tête humaine sculptée, et peinte de couleur verte vernissée.

Le N° 2 (dernier de la ligne), de même matière que les précédents, porte 4 palmes de haut. Ce vase, formé d'une énorme boule couronnée par un large entonnoir, peut être considéré comme un monument de la plus grande simplicité égyptienne. Il rappelle aussi l'utilité d'un support en bois pour donner un point d'appui à sa base arrondie.

Le N° 2 (premier de la ligne). Ce vase de terre cuite, d'une forme oblongue, a plutôt le caractère indien. Sa proportion est ordinairement de 3 palmes de haut; sa destination honteuse le fait toujours reléguer dans un coin caché du jardin, ou de la petite cour contiguë à la maison, placé derrière une treille garnie de quelques plantes grimpantes, ou simplement masqué par deux ou trois planches appuyées contre le mur. Dans les maisons plus soignées, il est tout-à-fait dissimulé sous un siége de bois mobile. C'est dans cette cachette qu'il attend jusqu'à l'heure de l'*Ave Maria* pour s'en aller, mollement balancé, sur la tête du nègre chargé de le vider sur une des plages de la mer. Avant le départ, il est préalablement couronné d'une planchette, ou d'une énorme feuille de chou, couvercle improvisé, supposé capable de comprimer la mauvaise odeur qu'il exhale pendant le trajet. Cette vidange ainsi organisée infecte chaque soir, depuis sept heures jusqu'à huit heures et demie, toutes les rues adjacentes au bord de la mer, en y établissant une innombrable procession des nègres porteurs de ce triste fardeau, et qui dissipent en un instant tous les promeneurs inopinément dirigés sur leurs traces.

Le vieux baril à eau achève aussi sa carrière dans l'emploi du pot à anses dont nous venons de parler, mais avec de graves inconvénients pour le transport, inconvénients qui scandalisent souvent les modistes et les marchandes de nouveautés françaises qui habitent la rue d'*Ouvidor* (rue Vivienne de Paris à Rio-Janeiro). Il arrive, en effet, que le poids énorme supporté par le vieux fond du baril, recevant à chaque pas du porteur une légère secousse qui désunit peu à peu les trois ou quatre planchettes déja pourries et privées d'élasticité dont il se compose, elles cèdent enfin, et laissent échapper son contenu infect qui jaillit de toutes parts. Ce n'est pas tout: dans cette fâcheuse occurrence, les parois du baril, encore liées par un cercle de fer, glissent aussitôt et encaissent le nègre depuis les épaules jusqu'aux poignets. Ainsi subitement cuirassé il s'arrête, souvent même couronné d'une énorme feuille de chou d'une couleur incertaine, et les yeux ne découvrent plus que la tête et les jambes du pauvre esclave, mystifié de la nouvelle teinte dont il se trouve tout à coup bariolé. Cette mésaventure, qui fait la joie de tous ses compagnons, est signalée par mille coups de sifflet aigus et d'innombrables cris poussés à l'instant, et encore accompagnés du claquement de mains de tous ceux qui l'environnent. Réveillé de sa stupéfaction par cette rumeur générale, il fait tranquillement toutes ses dispositions pour sortir de sa boîte et en ramasser les morceaux épars. Après ce mouvement d'allégresse, toute la troupe précipite le pas, et le disgracié, resté dans une espèce d'isolement, devient le point de mire des voisins qui, se bouchant le nez, lancent sur lui leurs nègres armés de fragments d'ustensiles, qu'on lui prête, en le forçant d'enlever peu à peu les restes immondes répandus sur le pavé. Après ce travail pénible et long, on l'oblige de plus à jeter plusieurs barils d'eau, à balayer, souvent même à éponger la devanture de boutique que son fardeau a souillée. Malgré toutes ces précautions, le reste de la nuit suffit à peine à l'entière évaporation des miasmes qui décèlent le lieu de la scène; circonstance fâcheuse qui prive, cette fois, les demoiselles du magasin infecté, des aimables visites qui charment leurs soirées, et d'autant plus affligeante qu'elle donne lieu à mille plaisanteries qui circulent, pendant plus de huit jours, dans tous les autres magasins français de Rio-Janeiro.

Ce pénible travail achevé au bruit des imprécations qui lui sont adressées de toutes parts, l'infortuné porteur regagne la plage pour se laver, ainsi que les planches désunies de son baril. Enfin, après trois heures d'absence, il rentre à la maison de son maître, où, pour comble de malheur, il reçoit le châtiment réservé à la maladresse qu'on lui suppose, châtiment à la faveur duquel l'imprudent propriétaire du vieux baril défoncé espère cacher son avarice.

L'impossibilité de creuser des caves dans un terrain où l'eau se rencontre à dix-huit pouces de profondeur, interdit, à Rio-Janeiro, l'usage des latrines à l'instar de celles de France; aucunes tentatives de ce genre n'avaient encore été faites à l'époque de mon départ. Seulement on s'était procuré quelques siéges à cuvettes inodores, de fabrique anglaise, pour le service du palais et des maisons le mieux tenues. Ainsi tout porte à croire que l'*antique pot à anses* continuera long-temps encore ses humiliantes fonctions.

Les deux vases marqués N° 3, connus sous le nom de *panellas,* sont tout-à-fait du style indien; d'un usage plus commun, et fabriqués à bas prix, ils arrivent avec profusion des villages voisins de *Cabocles.* Ces vases servent alternativement de soupières et de marmites chez les pauvres gens. (On en retrouve d'autres détails dans le Ier volume, donnés comme poterie de terre.)

N° 4 (sur la même ligne). *Joli vase* de terre cuite, de 3 palmes de haut, modèle de grace et de simplicité arabe, et dont les formes graduées offrent un ensemble infiniment agréable. On a placé, sur cette première ligne, tous les vases compris sous la dénomination de *talhia* (jarre), destinés, par leur plus grande dimension, à contenir une plus forte provision d'eau.

Les N°s 4, placés sur la dernière ligne, désignent les vases de terre de petite dimension dont on se sert pour boire à même, et ont l'avantage sur les grands verres de conserver l'eau toujours fraîche.

Ils reçoivent le nom générique de *morinhas* (morignas), empruntant de la bizarrerie du goût arabe les formes variées qui les distinguent entre eux. Il est à remarquer cependant qu'ils sont toujours construits de manière à offrir une forme commode pour les prendre et les soulever à la main.

Le *premier,* N° 4, par exemple, dont l'ouverture est absolument semblable à celle d'un verre, est superposé à une forme ronde réservée, comme point d'arrêt, pour la main qui le doit supporter.

Le *second,* couronné d'une tasse, offre, par l'évidement du centre de sa forme sphérique, deux anses infiniment commodes pour le prendre de la main gauche ou de la main droite.

Le *troisième,* dont la proportion varie depuis un palme jusqu'à deux, et quelquefois trois, se retrouve en Italie et dans la partie méridionale de la France; sa plus grande dimension lui nécessite une anse plus parfaite pour en supporter le poids, un entonnoir pour le remplir, et un goulot toujours petit pour en rendre l'embouchure facile.

Le *quatrième* enfin, dont la partie supérieure est semblable à celle du *second,* N° 24, se prend plus ordinairement par le pied.

N° 5. — *Vases* communs d'un palme et demi de haut, d'un usage très-général, employés spécialement par les badigeonneurs, qui les suspendent à leurs échelles avec des courroies passées dans leurs petites anses.

N° 6. — *Ces trois vases,* dont la coupe est formée par une moitié de *coco* ou de *calebasse,* sont d'origine indienne, et connus généralement sous le nom de *couias.* Les mêmes, enjolivés d'ornements qui se détachent sur un fond colorié, et peints à l'huile par des ouvriers civilisés, se nomment *xicarà* (chicarra) *tasse;* on s'en sert pour prendre le *chà de mata* (*thé indigène*) au *Paraguay,* à *Rio-Grande do sul,* et dans quelques maisons à *Rio-Janeiro.*

La *coupe* du milieu est formée par la moitié d'un *coco,* intérieurement peint à l'huile et enchâssé dans un entourage d'argent, uni à une anse aussi d'argent extrêmement riche, garnie d'enroulements au milieu desquels sont placées des tiges en filigrane, dont l'élasticité procure un léger mouvement aux fleurs et aux oiseaux qu'elles soutiennent. Le pied est aussi d'argent, et sa forme élégante ne le cède en rien au reste du vase pour la richesse.

Ces vases sont confectionnés avec le plus grand soin par des orfèvres indigènes, dans les

BIBLIOTHÈQUE ROYALE

provinces de *Sainte-Catherine* et de *Rio-Grande du Sud;* aussi dans les maisons riches de cette partie du Brésil, en trouve-t-on toujours les tables garnies. Les deux coupes moins riches qui l'accompagnent sont faites avec des moitiés de *calebasse.* Celle de gauche, ornée d'une anse d'argent, est peinte en noir à l'intérieur, et à l'extérieur enrichie d'ornements de même couleur qui se détachent sur un fond vert clair; celle de droite, enfin, qui n'a pour anse qu'un anneau mobile, est peinte tout unie, rouge en dedans, et bleu clair en dehors.

N° 7. — *Petites pompes* pour prendre le *thé indigène.* Comme au *Brésil,* ainsi qu'au *Chili,* l'infusion du thé indigène se fait dans la tasse même que l'on vous sert, on y ajoute une *petite pompe* criblée de trous à sa base, pour humer l'eau aromatisée, parfaitement dégagée des parcelles de ses feuilles infusées. *Celle de gauche* est d'argent. Le petit ornement placé à sa partie supérieure sert à donner plus de prise aux doigts du preneur de thé, lorsqu'il porte le tube à sa bouche. *L'autre,* d'une espèce plus commune, moins durable et moins chère, est faite avec de la paille de riz tressée à claire voie, et fixée à un tube végétal. Ces ustensiles indispensables se vendent à la douzaine.

Le *thé indigène,* nommé *chà de mata* ou *mato* (thé des forêts ou des arbrisseaux), est effectivement un arbrisseau dont les feuilles sont semblables à celles du *thé de l'Inde.* Les *Gouoranis*, qui en font le commerce, le vendent tout préparé; opération simple dont voici les détails : ils en cueillent les branches, et, après les avoir effeuillées, les placent en berceau au-dessus d'une petite fosse, creusée de cinq à six pouces, préalablement remplie de mêmes petits branchages destinés à être brûlés. Ils amoncellent ensuite les feuilles sur cette légère charpente, et construisent ainsi un four à voûte végétale, au centre duquel ils allument le feu pour dessécher et enfumer en même temps les feuilles qui en garnissent les murailles; fumigation qui leur donne une amertume piquante et un goût de fumée désagréable au palais peu accoutumé à leur infusion, même corrigée par une assez grande quantité de sucre.

Les *Américains-Espagnols,* fumeurs infatigables, font, de plus, brûler le sucre dans la tasse pour enchérir sur le piquant et l'amertume de cette infusion tonique, prise bouillante.

Pour l'emballage de ce *thé,* on en foule les feuilles desséchées à grands coups de pilon, dans des sacs carrés, faits chacun avec une demi-peau de bœuf cousue des trois côtés, le poil en dehors.

Ces espèces de caisses, nommées *demi-surrões*, sont, par leur forme, faciles à embarquer. La grande consommation qui se fait de ce thé, tant au *Brésil* que dans toute l'*Amérique espagnole,* en fait pour les *Brésiliens* une branche de commerce très-lucrative.

Planche 7.

Le Dîner au Brésil.

Subordonnée aux exigences de la vie, l'heure du *dîner* variait à Rio-Janeiro, selon la profession du *maître de la maison. L'employé dînait à 2 heures*, après la sortie des bureaux; le *négociant anglais* quittait son magasin de ville vers les 5 *heures* de l'après-midi, pour n'y plus retourner de la journée, montait à cheval, et, rentré à la maison qu'il habitait dans un des faubourgs les plus aérés de la ville, y *dînait vers les* 6 *heures du soir; l'ancien Brésilien a toujours dîné à midi; et le négociant de nos jours à* 1 *heure.*

Il était surtout important, pour l'*étranger* qui voulait acheter quelque chose dans un magasin, d'éviter de troubler le *dîner* d'un marchand qui, à table, faisait toujours répondre qu'il n'avait pas ce qu'on lui demandait. En général, il n'était pas d'usage de se présenter, et même on n'était pas reçu dans une maison brésilienne pendant le *dîner des maîtres.* Plusieurs raisons s'y opposaient; d'abord l'habitude de jouir paisiblement de toutes ses aises, sous une température qui porte naturellement à l'*abandon de toute étiquette,* ensuite le *négligé de la tenue*, toléré pendant le *repas*, et enfin une *disposition au calme* qui précède pour quelques-uns, et qui pour tous suit immédiatement le *dîner*. Ce repos nécessaire au *Brésilien* finit par un assoupissement prolongé pendant deux ou trois heures, connu sous le nom de *sesta* (sieste.)

A *Rio-Janeiro* et dans toutes les autres villes du Brésil, il est d'usage, pendant le tête-à-tête d'un *dîner marital,* que le *mari* s'occupe silencieusement de ses affaires, et que la *femme* s'amuse de ses *petits négrillons,* qui remplacent la famille presque éteinte des petits chiens carlins en Europe. Ces *petits mauvais sujets*, gâtés jusqu'à l'âge de cinq ou six ans, sont ensuite livrés à toute la tyrannie des autres domestiques, qui les domptent à coups de fouet et les forment ainsi à partager avec eux les peines et les dégoûts du service. Ces *misérables enfants,* révoltés de ne plus recevoir de succulents morceaux ou des friandises sucrées de la main caressante de leur trop faible maîtresse, cherchent alors à s'en dédommager en dérobant les fruits du jardin, ou en disputant aux animaux domestiques de la basse-cour quelques restes de la table, que leur gourmandise, tout à coup sevrée, leur fait savourer avec une véritable rage.

Quant au *dîner* en lui-même, il se compose, pour *un homme aisé,* d'un potage au pain et au bouillon gras, que l'on appelle *caldo de sustancia* (bouillon de substance), parce qu'il se fait avec un énorme morceau de bœuf auquel on ajoute des saucisses, des tomates, du lard, des choux, d'énormes radis blancs et leurs feuilles, nommés improprement *nabos* (navets), etc.; le tout bien réduit. La soupe dressée au moment de la mettre sur la table, on y ajoute quelques feuilles de (baume) *ortolan* et, plus ordinairement, celles d'une autre herbe dont l'odeur très-forte lui donne un goût dominant, assez désagréable pour celui qui n'y est pas accoutumé. On sert en même temps le bouilli, ou plutôt un monceau de diverses espèces de viandes et de légumes singulièrement variés de goût, quoique cuits ensemble; toujours près de lui, se place l'indispensable plat d'*escaldado* (fleur de farine de *mandioca*), nourri avec un consommé de viandes, un jus de tomates, ou un coulis de *camarões* (crevettes); une cuillerée de cette substance farineuse, demi liquide, mise sur l'assiette, chaque fois qu'on mange d'un nouveau mets, remplace à table le pain dont on ne faisait point usage, alors, pendant le *dîner*.

A côté de l'*escaldado*, et plus au milieu de la table, figure la fade volaille au riz, mais escortée par un plat d'herbages cuits, extrêmement pimentés. Elle est remplacée par la poularde, ou toute autre pièce rôtie, moins appétissante peut-être, mais tout aussi salutaire. Immédiatement auprès d'elle, brille l'éclatante pyramide d'oranges parfumées, presque aussitôt coupées par quartiers, et distribuées à tous les convives, pour calmer l'irritation du palais déja cautérisé par l'effet du piment. Heureusement ce suc balsamique, ajouté au nouvel aliment, rafraîchit la bouche, rappelle la salive, et procure la précieuse jouissance d'apprécier à sa juste valeur la succulence naturelle du rôti. Des palais blasés, pour lesquels le quartier d'orange n'est qu'un luxe d'habitude, y ajoutent, sans scrupule, la sauce piquante (*o molho*), préparation faite à froid avec du petit piment (*malagueta*) écrasé simplement dans le vinaigre; plat permanent et de rigueur pour l'ancien Brésilien de toutes les classes. Enfin, ce service se complète par une salade dont la superficie est entièrement couverte d'énormes tranches d'oignons crus, et d'olives noirâtres et rances (aussi appréciées en Portugal, dont on les tire, de même que l'huile de son assaisonnement, qui porte ce détestable goût). A ces mets succèdent, comme dessert, le gâteau froid au riz excessivement saupoudré de cannelle, le fromage de *Minas*, et plus récemment, diverses espèces de Hollande et d'Angleterre; les oranges reparaissent avec les autres fruits du pays, comme *ananas, maracoujas, pittangas, mélancias, jambous, jambouticabas, mangas, cardas, cajas, frutas de Condè*, etc. (Voir la planche des fruits.) Les vins de *Madeira et do Porto* se servent dans de petits verres avec lesquels on porte une santé, à chaque fois que l'on boit; de plus, un très-grand verre, que les domestiques ont soin d'entretenir toujours plein d'une eau pure et fraîche, posé sur la table, sert à tous les convives pour boire à volonté. Le *repas* se termine par le café.

Passant à l'*humble dîner* de l'*artisan en boutique* et de sa famille réunie, on verra, avec étonnement, qu'il ne se compose que d'un chétif petit morceau de viande sèche (*carne secca*), de l'épaisseur, tout au plus, d'un demi-doigt, et de trois à quatre pouces carrés; on le cuit à grande eau avec une poignée de petits haricots noirs, dont la farine grisâtre, très-substantielle, a la propriété de ne point fermenter dans l'estomac. Son assiette remplie de ce bouillon, dans lequel nagent une vingtaine de petits haricots, il y jette une forte pincée de farine de *mandioca*, et la pétrissant avec les haricots écrasés, en forme une pâtée assez consistante, qu'il mange à la pointe d'un couteau à large lame, arrondi du bout. Ce simple repas, uniformément répété chaque jour, et soigneusement caché à l'œil des passants, se prend dans l'arrière-boutique, unique pièce servant également de chambre à coucher. Le maître de la maison mange le coude appuyé sur la table; la femme, l'assiette sur les genoux, et assise à l'asiatique sur sa *marqueza* (canapé); et ses enfants, accroupis ou couchés sur une natte étendue à terre, se barbouillent à volonté le visage avec cette pâtée prise à pleines mains. *Un peu plus riche*, il y joint le petit morceau de lombes de porc frais rôti, ou un poisson cuit dans l'eau avec un petit bouquet de persil, un quartier d'oignon, et trois ou quatre tomates; mais pour le rendre plus appétissant, il en trempe chaque bouchée dans la sauce piquante (*molho*) citée plus haut; une banane ou une orange complète le *repas*, pendant lequel toute la famille n'a bu que de l'eau. Les femmes et les enfants, ne se servant jamais de cuillers ni de fourchettes, mangent tous avec leurs doigts.

Le plus *indigent*, et l'*esclave travailleur* d'une propriété rurale, se nourrissent avec deux poignées de *farine sèche* humectées dans leur bouche par le suc de quelques bananes, ou de deux ou trois oranges. Enfin le *mendiant*, presque nu, dégoûtant de malpropreté, assis, de midi à trois heures, près de la porte d'un traiteur ou d'un couvent, s'engraisse nonchalamment, chaque jour, amplement nourri des restes qu'on lui prodigue par charité. Telle est la collection des *dîners* dans la ville, à la suite desquels toute la population s'endort.

Après avoir affligé l'ame de nos lecteurs par le récit de l'exiguïté du *triste dîner* de l'esclave au *Brésil*, il ne sera pas sans intérêt de les ramener, par opposition, au principe de l'accroissement du luxe moderne de cette même *table brésilienne*.

Je rappellerai donc qu'en 1817, la *ville de Rio-Janeiro* offrait déja aux gastronomes des ressources assez satisfaisantes, provoquées par l'affluence prévue des étrangers, lors de l'avénement au trône de *Don Jean VI*. Cette nouvelle population amena effectivement avec elle le besoin de satisfaire les habitudes du luxe européen. La première et la plus impérieuse de ces habitudes fut *le plaisir de la table*, soutenu d'ailleurs par les Anglais et les Allemands, commerçants ou voyageurs venus d'abord en plus grand nombre. Ce *plaisir*, source d'excès, mais toujours fondé sur la nécessité de manger, fournit, par cela même, une spéculation sûre, monopole que s'adjugèrent les *Italiens, cuisiniers par instinct* et *les premiers glaciers du monde civilisé. Rio-Janeiro* eut donc à cette époque ses *Méos*, ses *Tortonis*, réunis, à la vérité, en une seule personne, mais remplie de talent, d'activité, se chargeant avec succès de tous les *repas splendides*, et dont l'établissement florissant offrait des *repas de corps* et des *tables particulières délicatement servies* aux officiers portugais, charmés de retrouver au *Brésil* une partie des plaisirs dont ils avaient joui à Lisbonne.

Encouragés par le succès de l'établissement du restaurateur, d'autres Italiens ouvrirent successivement un certain nombre de *magasins de comestibles*, amplement fournis de *pâtes délicates*, d'*huiles superfines*, de *salaisons parfaitement conservées*, et de *fruits secs* de première *qualité*. Dans cette circonstance, le désir, bien louable, de se soutenir mutuellement en se réunissant, leur fit adopter une rue, déja renommée par la demeure de l'un des trois boulangers de la ville, seuls à cette époque. La réputation méritée de cet appétissant entrepôt (d'ailleurs assez cher) s'est accrue à un tel point, qu'aujourd'hui l'eau vient à la bouche de tout véritable gourmet, au seul nom de la *rue do Rosario*, rue bien bâtie, à jamais mémorable pour le gastronome qui aura visité la *capitale du Brésil*: avantageusement placée au centre de la ville commerçante, elle communique par l'une de ses extrémités à la *rue Droite* (rue Saint-Honoré de Paris, à Rio-Janeiro.)

D'un autre côté, un *Français* s'adjugea l'approvisionnement de la farine, et la boulangerie, qui se soutint assez bien, grace au surcroît de consommation produit par la prodigieuse affluence de ses compatriotes *mangeurs de pain*. On vit depuis s'établir quelques boulangeries allemandes et italiennes dignes rivales de quelques françaises qui existent maintenant.

Ce fut aussi à l'un des boulangers français (M. Maçon), propriétaire d'un bien de campagne près de la ville, que l'on dut, en partie, l'amélioration progressive de la culture des plantes potagères, par les essais qu'il en fit lui-même, et l'entrepôt de graines de ce genre venues d'Europe, établi à Rio-Janeiro, à sa maison de boulangerie. Toutefois il est bien notoire que la plante potagère de France, venue de semence recueillie au Brésil, dégénère, d'une manière méconnaissable, dès la première année de sa culture. Le *navet*, par exemple, perd son sucre et devient piquant et filandreux comme un radis. Il en est ainsi de diverses salades.

C'est enfin cette réunion de secours européens naturalisés, depuis 16 ans, à *Rio-Janeiro*, qui alimente aujourd'hui le *luxe de la table brésilienne*.

J'ajouterai que, fidèle au plan de mon ouvrage, je me suis attaché à donner, par la première description *du dîner*, l'exacte composition de l'ordinaire d'une table, à l'époque de notre arrivée; usage d'autant plus caractéristique, qu'il se conserve encore aujourd'hui dans l'intérieur du Brésil, du moins sans différence notable.

BIBLIOTHÈQUE ROYALE

PLANCHE 8.

Les Délassements d'un après-dîner d'hommes riches.

En France, la conversation, devenue plus générale et plus gaie à la fin du repas, prépare *un aimable après-dîner*, dont l'agrément s'accroît par le rapprochement récemment opéré à table entre les convives, placés avec discernement par le maître de la maison de manière à faire naître ou à raviver entre eux une liaison généralement basée sur l'intérêt ou l'affection : cette aimable disposition, reportée de la table au salon, et partagée par les dames qui embellissent le cercle, assure le charme d'une soirée dont le souvenir sera toujours précieux : ainsi s'enchaîne la vie sociale sous un climat tempéré, protecteur d'une infatigable activité.

Mais il n'en peut être ainsi dans la brûlante Amérique, à *Rio-Janeiro*, par exemple, où le riche Brésilien sort de table au moment où l'atmosphère, échauffée depuis six à sept heures, répand son étouffante influence jusque dans l'intérieur des habitations, la bouche emportée par le stimulant des assaisonnements, et le palais véritablement brûlé par le café bouillant; déjà à demi déshabillé, on le voit chercher, presque en vain, dans son appartement l'ombre et le repos, au moins pendant deux ou trois heures; enfin assoupi, baigné de sueur cette fois sans s'en apercevoir, il se réveille vers les six heures du soir, moment plus frais où commence la *viraçao* (vent frais venant, le soir, du côté de la mer, et dominant pendant toute la nuit).

Alors, la tête un peu lourde, fatigué du travail de la digestion, il se fait apporter un énorme verre d'eau, qu'il boit, essuyant lentement la sueur qui ruisselle sur sa poitrine. L'usage de ses sens peu à peu revenu, il choisit une agréable distraction qui l'occupe jusqu'à la brune, moment où, faisant sa toilette, il se prépare à recevoir des visites, ou quitte son habitation, dont nous allons examiner les détails.

Les observateurs des systèmes d'architecture ont constamment retrouvé *l'usage de l'abri placé à l'extérieur des habitations*, dans les contrées méridionales comme dans celles du Levant : c'est ce qui a produit la *Galerie moresque*, la *Loge italienne*, ainsi que la *Varanda* brésilienne représentée ici. Il est tout naturel que sous une température qui s'élève jusqu'à 45 degrés de chaleur, sous un soleil insupportable pendant six à huit mois de l'année, le *Brésilien* ait adopté l'usage de la *varanda* dans ses constructions : aussi la retrouve-t-on, mais très-simplement construite, dans la plus pauvre habitation.

La face extérieure de cette galerie, assez basse, se compose d'un mur d'appui sur lequel posent quelques colonnes très-courtes, grosses et d'un style moresque, soutenant une frise abritée par l'énorme saillie des longues tuiles demi cylindriques de sa couverture.

La maison de campagne, toujours élevée sur un plateau, nécessite, par son isolement, la continuité d'une *varanda*, au moins sur trois côtés du rez-de-chaussée, afin de procurer une communication fraîche et abritée aux appartements réunis au centre du bâtiment. A la ville, au contraire, il n'y a de *varanda* que sur la face du bâtiment donnant sur le jardin. C'est donc sous cette galerie qu'on a l'habitude de prendre le frais : car, à la campagne particulièrement, les pièces du rez-de-chaussée ne sont que de grandes alcôves fermées par des portes pleines.

C'est là que pendant le silencieux recueillement d'un *après-dîner*, abrité des rayons du soleil, le *jeune Brésilien* s'abandonne sans réserve à l'empire du *saudosé* (balancement exquis de l'ame, très-imparfaitement traduit par la *douce et rêveuse mélancolie*). Cette délicate *sau-*

dadè, quintessence de la volupté sentimentale, s'empare alors de sa verve poétique et musicale, qui s'épanche par les sons expressifs et mélodieux de sa flûte, instrument de prédilection; ou bien encore par un accompagnement chromatique improvisé sur sa guitare, dont le style passionné ou naïf colore son ingénieuse *modinha* (romance.) Heureux de ce passetemps qui l'enrichit d'une production nouvelle, il prépare, dans le charme de son délire, le nouveau triomphe qui l'attend au salon, quelques heures plus tard.

Sous la *varanda* aussi, mais plus matériel, plus gras, et plus apathique, le *gastronome indigène* jouit du bonheur d'apaiser l'ardeur de sa soif en épuisant successivement l'eau fraîche contenue dans plusieurs vases (*morinhas*), toujours échelonnés, au *Brésil, l'après-dîner*, autour des chambres habitées, comme les *pompes à incendies* autour des salles de spectacle de France.

On sent que le *laisser-aller*, qui précède et suit le réveil de l'*après-dîner*, se reflète dans la mise du dormeur, dont les mouvements délivrés d'entraves s'exécutent librement sous une simple robe de chambre (*roupão*), espèce de peignoir de toile de coton peinte, portée sur la peau, ou sous un caleçon de toile de coton, par-dessus lequel flotte une chemise de percale. Jouissant ainsi pendant une grande partie de la journée, de tous les avantages de liberté prescrits par la chaleur du climat, le *Brésilien* jeune et riche, enfant gâté de la nature, développe des talents agréables appréciés dans les réunions du soir, où brille le luxe européen, et dont il complète l'ornement par le charme de la musique.

PLANCHE 9.

Les Rafraîchissements de l'après-dîner, sur la place du Palais.

Après avoir jeté un coup d'œil rapide sur l'existence délicieuse du *riche négociant brésilien de Rio-Janeiro*, nous trouvons, dans la classe moyenne et la plus nombreuse, le *petit rentier*, possesseur d'un ou deux esclaves nègres travailleurs, dont le produit journalier, recueilli à la fin de chaque semaine, suffit à son existence; satisfait de cette fortune, ou, pour mieux dire, de la possession de cet immeuble vivant, acquis par héritage ou par le fruit de ses économies, il use philosophiquement le reste de sa vie dans la monotonie de ses passe-temps habituels.

Cet homme paisible, religieux observateur des *usages brésiliens de l'époque la plus reculée*, se lève avant le jour, parcourt à la fraîche une partie de la ville, entre dans la première église ouverte, y fait sa prière ou entend une messe, de là continue sa promenade, prolongée jusqu'à six heures du matin, rentre, se déshabille, déjeune, se repose, soigne ses vêtements, dîne à midi, fait *la siesta* (sieste) jusqu'à deux ou trois heures de l'après-dîner, recommence une seconde toilette et sort de nouveau à quatre heures.

C'est donc vers les quatre heures de l'après-midi qu'on voit les *rentiers* arriver de toutes les rues adjacentes à la place du Palais, pour s'asseoir sur les parapets du quai, où ils ont coutume de venir respirer le frais jusqu'à l'*Ave Maria* (de 6 à 7 heures du soir). En moins d'une demi-heure toutes les places sont prises, et après les politesses d'usage entre flaneurs, chacun appelle un marchand de sucreries, moins pour quêter une friandise que pour avaler, tout d'un trait, la moitié de l'eau contenue dans le petit vase de terre (*morinha*) que le nègre porte à sa main; remède indispensable à la soif ardente allumée par la digestion d'un dîner pimenté selon l'ancien code de la cuisine brésilienne.

Parmi ces nombreux consommateurs, réduits à portion congrue, il est facile de distinguer les plus nécessiteux, dont l'économie outrée est poussée jusqu'à l'avarice. Artificieux pour satisfaire au besoin de la soif, le malicieux buveur appelle de préférence le marchand d'un extérieur timide, et, certain de le décontenancer en dépréciant sa marchandise d'un ton extrêmement dur, il profite de la confusion du nègre pour s'emparer brusquement de la *morinha*, en boit l'eau *gratis*; et, le sourcil froncé, lui rend ensuite le vase dont il dédaigne, en grondant, la petitesse ou la malpropreté, qu'il exagère. Ainsi victime de cette double injustice, le malheureux esclave, menacé injurieusement, fuit; encore trop heureux de s'échapper sous prétexte d'aller remplir son vase à la fontaine voisine.

Les plus généreux, au contraire, dédaignant cette tactique coupable, appellent une négresse marchande, dont le maintien composé et la mise recherchée décèlent le désir et les moyens de plaire; coquetterie que quelques-unes emploient avec finesse pour augmenter le profit de la vente, en exploitant la bienveillance des acheteurs.

Faisant des frais de part et d'autre, la conversation se prolonge assez gaîment et se termine nécessairement par l'achat d'une friandise du prix d'un *vintem* (2 sous 6 deniers de France), qui donne le droit à l'acquéreur de boire l'eau contenue dans le vase de la marchande. Si la négresse a eu le bonheur de plaire, le *senhor* désaltéré achète généreusement une seconde sucrerie, dont le paiement s'accompagne d'une œillade protectrice qui encourage l'intéressante marchande à se présenter d'elle-même le lendemain. Le consommateur, ainsi subjugué, double sa dépense de l'*après-dîner,* et devient insensiblement une excellente pratique, reconnue et fêtée par les marchandes de *doces* (sucreries) de la place du Palais.

Après cette distraction indispensable, les causeurs, inépuisables en anecdotes, reprennent le fil de leur conversation jusqu'à sept heures du soir, moment où le son du bourdon de la chapelle impériale les avertit de se lever pour réciter, debout et chapeau bas, la prière de l'*Ave Maria* : après cette scène d'immobilité instantanée, ils se saluent mutuellement, se donnent rendez-vous pour le lendemain, se recouvrent la tête, et s'en retournent chez eux aussi lentement qu'ils sont venus.

Cependant *le rentier* n'est pas l'habitué exclusif de la place du Palais; tous les soirs aussi les négociants s'y rassemblent, occupant spécialement l'espace limité d'un côté par le point de débarquement, et de l'autre par les remises des voitures de la cour; ils s'y tiennent en groupes ou se promènent deux à deux sur le gazon de cette belle esplanade, d'autant plus convenable que, de ce point, on voit également le mouvement des signaux placés sur la montagne *do Castello,* et l'arrivée des navires marchands, favorisés à cette heure par la brise du soir, pour venir de suite mouiller en face, près de l'île *das Cobras.* Un peu plus tard encore les groupes sont renforcés par les capitaines de navires marchands qui arrivent avec leurs consignataires ou affréteurs, chez lesquels ils sont restés plus long-temps à table. Enfin l'obscurité et la fraîcheur de la nuit tombante dispersent les groupes et rendent *à la place* une tranquillité dont le silence laisse entendre l'approche des chaloupes des officiers de marine des stations étrangères, qui viennent à terre passer quelques instants agréables en ville, soit dans les maisons particulières, soit au spectacle, ou seulement au café. Deux de ces établissements français, situés commodément sur *la place du Palais,* près de *la rue Droite,* ont le privilége d'être le rendez-vous commun de tous les étrangers. Pendant cette agréable diversion, le matelot, gardien du canot qui vient d'amener ces officiers étrangers, enveloppé dans sa capote, attend patiemment jusqu'à minuit le rembarquement de ses supérieurs pour s'éloigner de *la place du Palais,* qui n'est plus fréquentée, pendant le reste de la nuit, que par les rondes et les patrouilles militaires.

PLANCHE 10.

Une Visite à la Campagne.

Après avoir offert à la curiosité de nos lecteurs le spectacle singulier de l'industrie du sauvage indien au milieu des forêts vierges du Brésil, il ne leur sera pas moins agréable peut-être d'y rentrer, cette fois, pour visiter une *possession rurale portugaise*, exploitée de père en fils, depuis un siècle, par les descendants du premier colon cultivateur, dont les habitudes patriarcales se retrouvent chez l'héritier qui le représente aujourd'hui.

Cette tradition fait le sujet du dessin lithographié sous le n° 10.

L'heureux effet de l'égalité de la température et de la régularité de la vie procure fréquemment, dans cette belle contrée, des exemples d'une longévité reproduite ici sous les traits de la maîtresse de la maison, dont les formes, presque masculines, présentent les restes d'une complexion extraordinairement forte.

A l'aspect de sa physionomie, il est facile de voir, sans pour cela porter atteinte à ses qualités morales, que la nécessité de gronder continuellement, et depuis long-temps, des esclaves paresseux, a fixé sur son visage l'empreinte, même involontaire, de la mauvaise humeur; par suite, son regard est resté dur et inquiet; sa bouche, maintenant béante, n'en conserve pas moins, pendant le silence, un léger mouvement de lèvres; et, pour terminer le portrait, sa face colossale est couronnée par une petite coiffure, aussi simple que fraîche, importée de Lisbonne, qui consiste en une seule boucle très-serrée, formée de l'extrémité des cheveux reportée et fixée sur le haut du front. J'ai vu cette coiffure, d'origine espagnole, reproduite avec luxe, sur la tête des *nobles douairières* de la cour au *Brésil*, en 1816, et à la même époque, naïvement imitée par des *femmes cabocles* dans un village indien nommé *Ubà*.

Quant à son maintien, prenant peu d'exercice, elle est presque toute la journée assise à la manière asiatique, tenant la partie supérieure du corps inclinée en avant, et affaissée sur les reins: de l'immobilité de cette posture, il résulte des engorgements qui se manifestent par un excessif gonflement dans toutes les parties inférieures de l'individu, gonflement qui s'aperçoit généralement aux chevilles du pied.

Dans cette circonstance, du reste, on ne peut qu'applaudir à la bonne grace du *Brésilien* qui a su ménager l'amour-propre des femmes, en qualifiant de beauté accessoire cette véritable difformité du bas de la jambe, toujours placée, à la vérité, au-dessus d'un joli petit pied, et qui rend le contraste d'autant plus choquant pour le Français admirateur des formes dégagées des sylphides de l'Opéra de Paris.

Sa mise, étonnamment simple, se compose d'une chemise et d'un jupon auxquels, par décence, elle ajoute un grand schall, négligemment jeté sur l'une de ses épaules, lors de l'arrivée d'une visite.

Quant à ses habitudes, on la trouve, suivant l'usage de ses ancêtres, exclusivement occupée de la surveillance et de l'entretien de sa nombreuse famille, ordinairement composée de douze à quatorze enfants, et souvent plus; mais, soumise par l'exigence des affaires à voir ses fils exercer des emplois loin d'elle, elle retrouve cependant une consolation dans la gratitude de ses filles, qui se relayent tour à tour pour venir avec leur petite famille lui tenir compagnie, et enrichir instantanément sa solitude d'une nouvelle filiation également chère à son cœur.

Toujours soumises, dans ce berceau commun, aux habitudes de leur mère, elles se lèvent, comme elle, à la pointe du jour, et après le bain de propreté d'usage, chacun sort pour respirer le frais. Au bout d'une heure de promenade, la maîtresse de la maison rentre et va s'asseoir sur sa *marqueza*, canapé sans coussins, servant de lit de repos et de siége pendant le jour : près d'elle se tiennent ses deux ou trois négresses *mocambas* (femmes de chambre), prêtes à exécuter ses ordres pendant que les autres esclaves s'occupent à approprier l'intérieur de la maison jusqu'à huit heures du matin, moment du déjeûner. Après le repas, qui se compose de thé, de café ou de chocolat, le maître de la maison va visiter ses nègres travailleurs, et madame reprend sa place jusqu'au dîner, qui se sert d'une heure à deux. A la sortie de table, tous les maîtres vont faire la *siesta* jusqu'à quatre heures. Après ces deux heures d'assoupissement, les dormeurs se réveillent, plus ou moins baignés de sueur, et la bouche tout enflammée; ils s'efforcent alors, à grands verres d'eau, d'étancher la soif qui les dévore, et d'arrêter ce fluide qui ruisselle sur leur poitrine. Enfin, après avoir réparé ce désordre, chacun va reprendre sa place dans la salle de réunion.

La scène retracée ici représente la maîtresse de la maison, assise sur sa *marqueza*, en tenue de réception de visite, c'est-à-dire, ayant un schall pudiquement jeté sur ses épaules, mal voilées, et qu'elle rafraîchit à l'aide d'un énorme éventail qu'elle agite pendant le reste de la soirée. Au pied du canapé, assise sur une natte d'*Angola*, l'une de ses filles, mariée et mère, allaite son dernier enfant: derrière, et très-près d'elle, sa négresse, femme de chambre, se tient à genoux; une autre de ses esclaves présente le second enfant de sa jeune maîtresse, qui se refuse aux caresses d'une jeune demoiselle étrangère. Enfin, sur le premier plan, l'aîné de cette jeune famille, aussi farouche que ses deux frères, abandonnant des fruits qu'il se disposait à manger près d'une des négresses, se fourre sous la *marqueza* pour se soustraire aux regards des étrangers qui entrent; vice d'éducation alors commun à toutes les familles brésiliennes.

Derrière la maîtresse de la maison, une de ses jeunes esclaves, chargée de l'ennuyeux emploi de chasser les mouches et les cousins, en agitant deux branches d'arbre qu'elle tient à la main, offre ici à l'Européen l'exemple d'un surcroît de malheur à sa captivité, dans le spectacle affligeant du masque de fer-blanc dont le visage de cette victime est enveloppé; sinistre indice de la résolution qu'elle avait prise de se faire mourir, en mangeant de la terre (*). Au centre du groupe le plus lumineux, la voisine, d'un heureux embonpoint et d'une robuste santé, se présente majestueusement environnée de ses deux négresses *mocambas* (femmes de chambre), dont l'une s'empresse de lui ôter le schall, et l'autre, de la débarrasser du chapeau de paille qu'elle tient encore à la main, coiffure banale qui vient d'ombrager ses yeux noirs et son teint passablement rembruni. Vers le milieu de la scène, l'une de ses filles, le chapeau à la main, et le schall sur le bras, donne l'amicale poignée de main à la jeune nourrice. Derrière elle, une des négresses des jeunes demoiselles coiffées en cheveux tient les chapeaux de paille de ses deux autres sœurs. Un peu plus à gauche, leur troisième sœur et la plus jeune des filles de la maison se donnent mutuellement *l'abraço*, démonstration d'amitié entre deux personnes qui se serrent l'une contre l'autre, et luttent d'énergie. Ce tendre emportement provoque le plus souvent une foule d'expressions caressantes, mais toujours transmises d'une voix assez perçante; car généralement le Brésilien a le verbe haut. A l'extrême droite du fond du tableau, le maître de la maison, en gilet d'indienne et en pantalon blanc, le mouchoir sur le bras, et la tabatière à la main, offre cordialement la prise au voisin qui le visite. Ce dernier, le chapeau de paille en tête, et la gaule d'une main, avance l'autre vers la boîte,

(*) Cette force de caractère, appelée vice par les propriétaires d'esclaves, appartient plus ordinairement à de certaines nations nègres passionnées pour la liberté, et spécialement aux *Mongeoles*. On reconnaît déja, à la blancheur livide de la partie intérieure de la paupière inférieure de l'œil du nègre, le funeste effet des tentatives de cette héroïque exaspération. Aussi s'assure-t-on soigneusement de l'existence de ce symptôme, lors de l'achat d'un nègre: pour cela il suffit d'appuyer légèrement le doigt au-dessous de l'œil de l'individu; et, amenant ainsi la paupière inférieure par en bas, elle s'isole du globe de l'œil et laisse voir parfaitement sa partie interne, qui, dans ce cas, est d'un blanc légèrement jaunâtre.

pour répondre à sa politesse. Derrière lui, on aperçoit quelques nègres de sa suite. Nous terminerons la description de l'arrière-plan du tableau par une très-jeune négresse, esclave de la maison, déja formée à la soumission, et qui, se tenant immobile, les yeux fixes, et les bras croisés, attend patiemment, pour donner quelque signe d'existence, le premier ordre que lui donnera sa maîtresse. Le devant de la scène est occupé par les autres esclaves travailleuses, assises sur leurs nattes, et rangées en demi-cercle sous l'œil de la maîtresse de la maison, distraite comme elles, en ce moment, par l'arrivée de la visite. La chaise ployante à dossier de cuir, d'un style hollandais, atteste encore, par sa forme, la domination momentanée de ce peuple du Nord sur le territoire brésilien.

C'est à quelques lieues de la ville qu'il faut chercher la demeure habituelle des grands parents de ces antiques familles; c'est à la *chacra*, maison de plaisance située dans un bien de campagne où l'on cultive des cafiers et quelques légumes, que vient le reste de la famille se réunir, par devoir, pendant les jours de fêtes solennelles. Plus isolé pendant le reste de l'année, on y jouit paisiblement des visites que les voisins se font à la campagne.

Planche 11.

Les Barbiers ambulants.

Relégués, il est vrai, au dernier rang de la hiérarchie *des barbiers, ces Figaros nomades* savent rendre cependant leur profession encore assez lucrative, lorsque, maniant tour à tour avec habileté le rasoir et les ciseaux, ils les consacrent au service de la coquetterie des nègres, également passionnés chez les deux sexes pour l'élégance de la coupe de leurs cheveux.

Saisissant avec sagacité l'esprit du métier, vous les voyez flaner, dès le matin, sur les plages aux points de débarquement, sur les quais, dans les grandes rues, sur les places publiques, ou autour des grands ateliers de travaux, certains de trouver ainsi des pratiques parmi les *negros de ganho* (commissionnaires publics), les *pedreiros* (maçons), les *carpenteiros* (charpentiers), les *marinheiros* (rameurs des petites embarcations), et les *quitandeiras* (négresses revendeuses de fruits et de légumes).

Un morceau de savon, un plat à barbe de cuivre cassé, ou au moins bosselé, deux rasoirs et une paire de ciseaux, enveloppés dans un vieux mouchoir en guise de trousse; tels sont les instruments dont se contentent ces *jeunes barbiers,* à peine couverts de haillons, lorsqu'ils appartiennent à un maître indigent; et toujours prêts, partout où ils se trouvent, à perfectionner leur talent, aux dépens des confiantes pratiques qui veulent bien exposer leur chevelure ou leur menton.

Quelques uns toutefois, plus habiles, doués même du génie du dessin, se distinguent par la variété qu'ils savent mettre dans la coupe des cheveux des *negros de ganho,* sur la tête desquels ils dessinent des compartiments assez pittoresques, formés par les masses de cheveux coupées aux ciseaux, et divisées par des intervalles rasés de très-près, dont la teinte plus claire en trace le contour d'une manière nette et harmonieuse.

Vagabonds en apparence, ils sont tenus cependant de rentrer, deux fois par jour, chez leur maître pour y prendre leur repas, et y déposer le fruit de leurs travaux.

D'autres joignent la vigilance à l'adresse, se créent un surcroît d'occupation en s'acheminant, à certains jours et à certaines heures, sur la route de *Mata-Porcos* et de *Saint-Christophe.* C'est là, en effet, qu'ils rencontrent les convois arrivant de *Saint-Paul* et de *Minas,* dont les muletiers sont toujours disposés, après un long voyage, à se faire raser pour entrer plus décemment à Rio-Janeiro.

La scène dessinée ici se passe dans les environs de la place du Palais, vers le marché au poisson. Deux *nègres d'élite* sont assis par terre; la médaille de celui qui est savonné indique son emploi à la douane. Tous deux attendent, dans une immobilité favorable à leurs barbiers, le moment où ils en rétribueront l'habileté de la modique somme de deux *vintems* (25 centimes de franc).

La forme et les ornements de la coiffure des jeunes barbiers se rattachent à l'époque de la fondation de l'empire brésilien. En effet, dans ce moment d'enthousiasme national, les fréquentes revues répandirent le goût militaire dans toutes les classes de la population, et les nègres, naturellement imitateurs, travestirent le *schakot* en un chapeau de paille grotesque orné d'une cocarde nationale et de deux galons peints à l'huile; une plume d'oiseau y remplace le plumet d'uniforme.

L'autre coiffure est aussi un chapeau de paille bariolé des couleurs impériales verte et jaune, appliquées à l'huile; invention due aux nègres peintres de décors, employés par leurs maîtres dans les fêtes publiques; spéculation d'autant plus heureuse que cet enduit imperméable prolonge infiniment la durée du fragile chapeau de paille.

Sur le second plan sont deux barbiers oisifs. L'un est coiffé de son plat à barbe en vrai Don Quichotte, et tient sa trousse d'une main; l'autre réunit ses instruments sous un seul bras; ils attendent ainsi les pratiques en s'amusant à un jeu de hasard dont le gain, prélevé sur la part du maître, ne tournera certainement qu'au profit de quelque marchand de friandises, caissier habituel des adversaires heureux.

PLANCHE 12.

Boutiques de Barbiers.

A Rio-Janeiro, comme à Lisbonne, *les boutiques de barbiers*, imitées du genre espagnol, offrent naturellement le même arrangement intérieur et le même décor extérieur, à cette différence près, que le maître barbier, au Brésil, est presque toujours nègre, ou au moins mulâtre. Ce contraste choquant pour l'œil européen n'empêche pas l'habitant de Rio-Janeiro d'entrer avec confiance dans une de ces boutiques, certain d'y trouver, réunis dans la même personne, un barbier maître de son rasoir, un coiffeur sûr de ses ciseaux, un chirurgien familiarisé avec la lancette, et un adroit poseur de sangsues prêt surtout à les lui fournir. Inépuisable en talents, il est aussi capable de reprendre sur-le-champ une maille échappée à un bas de soie que d'exécuter sur le violon, ou la clarinette, des walses ou des contredanses françaises, qu'il arrange, il est vrai, à sa manière. A peine sorti du bal, passant au service d'une confrérie religieuse, vous le voyez, à l'époque d'une fête, assis avec cinq ou six de ses camarades, sur un banc placé à l'extérieur du portail de l'église, exécuter le même répertoire, destiné, cette fois, à stimuler le zèle des fidèles que l'on attend dans le temple, où se trouve préparée une musique plus analogue au culte divin. (Voir au IIIe vol. les musiciens nègres.)

Je retrace ici le moment de calme, de quatre à cinq heures, précurseur de la délicieuse promenade du soir.

Un voisin du *barbier*, nonchalamment étendu près de sa fenêtre, son éventail chinois d'une main, abandonne l'autre en dehors à l'agréable impression de l'air qui fraîchit.

A peine éveillé, et l'estomac gonflé d'eau fraîche, il regarde d'un œil indifférent le plateau de bois (*taboleiro*), couvert de sucreries, que lui présente une jeune négresse marchande à laquelle il fait, par désœuvrement, quelques questions sur ses maîtres. Bientôt, ennuyé de cette inutile distraction, il la renvoie par cette phrase de mépris: *Vai te embora* (va-t'en), expression grossière employée sur tous les tons, depuis le plus amical jusqu'au plus injurieux; cette séparation détruit à la fois les espérances de la marchande et du petit chien turc qui attend humblement quelques fragments de sucreries.

La *boutique* voisine est occupée par deux *nègres libres*. Anciens *esclaves travailleurs* (*),

(*) Nègres esclaves qui exercent un état chez des artisans en boutique, et dont le maître reçoit le salaire, à la fin de chaque semaine.

de bonne conduite et économes, ils sont parvenus à rembourser à leur maître le prix de leur achat; clause légale qui leur a rendu la liberté, et assigné le rang de citoyen, dont ils usent honorablement dans la ville. Quel homme, en effet, oserait se dire plus digne de la considération publique que le *maître barbier brésilien*, en face des innombrables secours dont son enseigne étale pompeusement la liste? Infatigable, à l'heure même du repos général, vous le voyez affiler ses rasoirs sur une meule que tourne un *nègre brut* encore, ou raccommoder des bas de soie, branche d'industrie qu'il exploite exclusivement dans ses instants de loisir. Son modeste réduit est, en ce moment, obscur et délaissé; mais, dans deux heures il sera parfaitement éclairé par les quatre chandelles préparées dans les bobèches de ce petit lustre, économiquement construit avec quelques pièces de bois tournées, et réunies entre elles par un fil de fer dont les contours variés servent de tige à un feuillage de fer-blanc.

Mais c'est le samedi surtout que la porte *du barbier* est assiégée par l'affluence des pratiques empressées d'occuper, sans préférence, une place sur le simple banc, ou dans le fauteuil d'honneur. Vers minuit pourtant, fatigué d'avoir émoussé les deux rangées de rasoirs qui décorent sa boutique, et satisfait de sa recette, *le barbier* ferme sa porte, et se jette, jusqu'au petit jour, sur sa *marqueza*, lit de repos sans matelas, placé dans l'arrière-boutique dissimulée par une petite cloison de séparation de cinq à six pieds de haut.

Bien moins occupé comme dentiste, *le barbier* ne voit guère venir à lui que des individus de sa couleur que l'insouciance des maîtres livre à son impéritie, entraînés, sans doute, par la modicité du prix de ses opérations.

J'ai vu cependant signaler à la reconnaissance publique la demeure d'un vieux *dentiste mulâtre* de la rue *da Cadeu*, fort regretté de la classe moyenne, et dont la mort précéda de quelques jours mon départ de Rio-Janeiro.

Je citerai encore, dans cette page consacrée aux Michalons nègres, le *coiffeur costumier du théâtre impérial de Rio-Janeiro*, qui, *bien noir* encore au milieu des nuages de poudre blanche, excellait dans la fabrication et dans la pose d'une perruque de caractère, d'une barbe, ou d'une moustache de tous les âges; je ne dirai pas de toutes les nations, car ses connaissances n'excédaient pas deux ou trois formes, dont le public, le directeur, et ses comparses se contentaient, laissant aux premiers sujets le soin de se pourvoir ailleurs; car il existait déja quelques boutiques plus décemment tenues par des barbiers américains-espagnols venus, en 1822, de la province de *Monte-Video*, et par-dessus tout les boudoirs parfumés des *coiffeurs français* de la rue d'Ouvidor.

C'est là, en effet, qu'un de mes compatriotes, transfuge d'une boutique élégante de la rue Saint-Honoré de Paris, échangée d'abord contre un réduit obscur de la rue de *Traz do Hospicio* de Rio-Janeiro, vint se fixer avec un premier garçon déja fort habile, et une modiste très-intelligente, triples talents qui purent à peine suffire aux demandes dont ils furent assaillis.

Ce transfuge était *le coiffeur Catilino*, arrivé de France en 1816, et dont le brillant début fut favorisé par l'installation du premier souverain portugais au Brésil, qui, arrivé presque isolé d'Europe, venait de former à la hâte sa nouvelle cour, composée de nobles portugais et de riches roturiers brésiliens, luttant de vanité et de coquetterie pour captiver les regards de leur nouveau roi.

Dans cette heureuse occurrence, *notre Catilino*, jaloux de les servir tous, brûlant son teint et ses habits à l'ardeur du soleil, toujours au galop, crevant des chevaux qui le jetaient souvent par terre, et vendant au poids de l'or des bagatelles qu'il avait rendues nécessaires, acquit en peu d'années une fortune suffisante pour se retirer dans sa patrie, laissant l'honneur de son emploi à son premier garçon, qui lui succéda effectivement, et suivit la cour à Lisbonne lorsque *Jean VI* rentra dans ses états du Portugal.

Mais cette *triple perte*, arrivée à la sixième année de l'introduction du bon goût de la coiffure à Rio-Janeiro, y parut moins pénible; et l'établissement du trône impérial valut au Brésil, en 1822, un nouveau *Catilino*, Desmarets, Français comme lui, qui offrit dans sa boutique, rivale des plus modernes de Paris à cette époque, la surprenante nouveauté d'une Vénus pudique de grandeur naturelle, moulée en cire colorée, mais à demi voilée d'une gaze transparente.

Courtisan, patriote, breveté de S. M. I., il n'augmenta pas le prix de son industrie, et cet exemple de désintéressement lui conserva la vogue jusqu'à mon départ, malgré la concurrence, toujours dangereuse, de ses compatriotes.

Bien au-dessus de cette célébrité planait le nom d'un jeune Français, élève et fils d'un chirurgien-dentiste de Paris, et qui, par son habileté, sa bonne tenue, et son activité, se fit ouvrir, en moins de six mois, les meilleures maisons de Rio-Janeiro. Grace à ses soins, bientôt il ne s'y échappa plus un sourire qui ne découvrît le brillant émail d'*un ratelier parfaitement en ordre.*

Ce *premier dentiste, breveté de S. M. I.,* au bout de sept années de travail et d'économies, se préparait à retourner en France, à l'époque même de mon départ pour notre commune patrie.

Plus heureux que *Desmarets,* pourtant, il ne comptait à Rio-Janeiro qu'un rival; encore l'y avait-il appelé lui-même, peu de temps avant, comme associé.

Le règne de *D. Pedro I*er vit donc briller, grace à la France, l'élégante forme des habits de cour, la superbe tenue militaire, la Titus variée des petits-maîtres parisiens, et la coiffure plus riche des dames du palais.

Mais, en 1831, l'abdication et le départ *du fondateur de l'empire* firent prendre aux esprits une direction plus sérieuse: la Régence modeste, qui a recueilli pour *le jeune souverain* cette succession prématurée, dut encourager avant tout l'industrie, base de la prospérité du pays.

L'émancipation *du jeune empereur* fera assez pour le luxe.

PLANCHE 12 bis.

Vannerie.

La multiplicité des insectes qu'engendre l'humidité des rez-de-chaussée, privant *le Brésilien* de l'usage des armoires, si indispensables en Europe, l'a réduit à les remplacer par de grands coffres en bois fermant hermétiquement, et qu'il a soin de poser sur de grands tréteaux, afin de les isoler du sol, ordinairement planchéié de la maison, et inévitablement rempli de mille espèces d'animaux rongeurs. Il ne néglige pas non plus d'exposer, de temps en temps, ces armoires mobiles tout ouvertes aux rayons du soleil, pour en faire évaporer l'humidité qui y détériore constamment les objets qu'elles renferment. Dans les maisons vastes et aérées des gens riches, les précieux vêtements des maîtres se conservent renfermés dans des coffres de fer-blanc, impénétrables même pour les plus petites espèces d'insectes. La garde de ces trésors est confiée exclusivement aux négresses femmes de chambre, *mocambas,* qui ont également soin de les exposer au soleil. A plus forte raison retrouve-t-on cet usage sanitaire chez les individus de la classe peu fortunée, reléguée dans l'humide rez-de-chaussée des masures, d'autant plus malsain, de six à huit pouces au-dessous du niveau de la rue. Là, ces malheureux, habituellement accroupis sur leur natte de roseaux étalée sur quelques planches à moitié pourries, s'empressent d'ouvrir leur porte aux premiers rayons du soleil pour combattre les affections érysipélateuses ou rhumatismales dont ils sont victimes au milieu d'une humidité continuelle qui moisit tout autour d'eux; aussi, la veille d'une fête, par exemple, voit-on déjà les ajustements de femme exposés au soleil sur le grillage en bois, fermeture mobile de la fenêtre qui éclaire la pièce servant à la fois de chambre à coucher et de salle de réception.

A toutes ces espèces de coffres, productions du génie européen, se joint le secours de la *vannerie*, exécutée *au Brésil* par les esclaves africains; devenus *vanniers* par spéculation, heureux des souvenirs de leur patrie, ils emploient quelques heures de loisir à en reproduire les paniers dans leurs formes et dans leurs couleurs.

Ces nombreux *ustensiles*, de dimension variée et appropriés à différents usages, se retrouvent utilisés chez toutes les classes de *la population brésilienne*, comme on le verra par la description suivante.

Le N° 1, premier de la ligne supérieure, ainsi que celui du milieu de la seconde ligne, représentent une espèce de panier à couvercle, connu sous le nom de *gonga*, indispensable dans l'intérieur d'un ménage : il sert ordinairement à renfermer tout ce qui appartient à la lingerie, et de plus les robes et ajustements de femme. Il est un peu pesant, quoiqu'il n'entre dans sa fabrication que des feuilles de riz et de palmier. Sa construction, aussi solide que simple, consiste en une longue suite de cercles ou nervures cousues les unes à côté des autres : l'ame de cette nervure est une pincée de chaume de riz autour de laquelle s'enroule fortement une bandelette de feuilles de palmier, qui la comprime et la couvre entièrement. Les dessins se forment pendant la fabrication en intercalant avec art dans la bandelette certains brins coloriés d'avance, à mesure qu'on enroule la nervure. La proportion de ce meuble varie depuis deux palmes jusqu'à six de largeur. Celui de la plus grande dimension s'achète 6 *pataquas* (12 francs de France).

N° 1... Petit *gonga* d'un palme et demi de large, dont les ornements sont bleus et noirs.

A l'extrémité de la dernière ligne se trouve le petit *gonga* N° 1.... d'un palme et demi d'ouverture (1 pied de France); il est recouvert en peau de chèvre, de mulet ou de bœuf, garni de clous dorés, symétriquement placés sur des lanières de peau, rouges, jaunes ou blanches. Cet ouvrage de luxe appartient exclusivement aux selliers, qui en font commerce. Le même système de couverture en pelleterie se retrouve sur la partie extérieure du *balaio* N° 2, placé à l'extrémité de la première ligne.

Le second N° 1, placé sur la première ligne, représente la *cesta* (grande corbeille), de trois palmes et demi de haut; ce chef-d'œuvre de vannerie, à fond rouge, semé d'ornements noirs, est exécuté en petit *tacouara* taillé en bandes extrêmement minces. L'autre corbeille, posée derrière celle-ci, plus petite de proportion et de même système de fabrication, est fond blanc, avec les ornements rouges et bleus alternés. Ces corbeilles, chez les femmes, remplacent en partie le *gonga*.

N° 2. *Cestos balaios*, de même fabrique que le grand *gonga;* ce sont les paniers que les négresses portent sur la tête, soit pour vendre des denrées dans les rues, soit pour rapporter des provisions ou toute autre chose à la maison de leurs maîtres. Plus coquettes dans les maisons riches, elles se distinguent, lorsqu'elles vont en commission, par leur *balaio* plus enrichi d'ornements qui en élèvent le prix, tandis que les plus communs sont sans ornements. (Voir le N° 2 de la première ligne.)

N° 3. *Cestinhas*, petites corbeilles de luxe faites avec la feuille de palmier, et le petit *tacouara* refendu (petit rotin). Cet ustensile, tout à fait de luxe, sert aux dames de boîte à ouvrage, surtout lorsqu'elle a un couvercle; autrement elle sert à contenir quelques fruits précieux ou quelques bagatelles, envoyés comme cadeau.

La *première*, placée sur la seconde ligne, est un véritable modèle *de coupe à pied* du style arabe le plus riche : ses ornements sont blancs, rouges et noirs; et la *seconde*, rangée à l'extrémité de la même ligne, véritable corbeille européenne, d'une forme gracieuse et simple jusque dans ses ornements, rappelle aussi le style égyptien; elle est de même dimension que la précédente. La *troisième*, placée au commencement de la ligne inférieure, moins gracieuse que les autres peut-être, n'en conserve pas moins dans ses ornements un cachet d'originalité mauresque; elle porte un palme d'ouverture. Enfin la *quatrième*, placée à droite sur la même ligne, est une corbeille fermée, de structure particulière, qui tient davantage du *panier indien* par la forme de son couvercle; elle varie de proportion depuis un palme jusqu'à deux de largeur. Sa base, carrée et pincée aux angles, s'évase en prenant peu à peu une forme ronde à son ouverture bordée d'un cercle plus solide, formé de bandes taillées de petit *tacouara*. Un cercle semblable soutient le bord du couvercle. Les ornements légers de cette jolie boîte à ouvrage sont à la fois rouges et noirs.

N° 4. *Panier* de trois palmes de haut, uniquement fait de *cipòs* (lianes). Il sert habituellement à contenir la farine de *manioc* lorsqu'on la sort de l'eau, et à la comprimer ensuite avec un pilon de la grosseur de l'ouverture du panier, pour exprimer l'eau, qui s'échappe à travers les parois à jour de cette corbeille.

Réduit à une petite proportion, et suspendu à la ceinture, il sert aux chasseurs sauvages pour contenir les petites balles de terre qu'ils lancent avec l'arc appelé *bodoc*. (Voir la Pl. 36 du premier volume.)

N° 5. *Corbeille* de deux palmes de diamètre, faite de petit *tacouara* et de feuilles de palmier, d'une forme très-élégante; altération du style égyptien, adoptée par les Étrusques et transmise en Europe, d'où elle est arrivée récemment au Brésil. Cette jolie nouveauté, exécutée avec délicatesse par des mains africaines, a obtenu d'autant plus de succès à Rio-Janeiro, qu'elle a été goûtée par nos dames françaises. Elle joint à l'avantage de sa forme celui de la brillante harmonie des couleurs, rouges, blanches, jaunes et vertes, entremêlées.

N° 6. Espèce de *sac* oblong, de cinq palmes de longueur et d'invention indienne; c'est un tressé assez lâche de feuilles de palmier, terminé d'un côté par une boucle, et de l'autre par une anse très-forte adhérente à son ouverture. Il sert à exprimer l'eau de la farine de *manioc* que l'on a mouillée lors de sa première préparation. Cette opération très-simple consiste à bourrer le *sac* de farine humectée, de manière à lui faire gagner en grosseur ce qu'il doit nécessairement perdre en longueur; l'attachant ensuite par la boucle à un corps résistant, et le tirant vigoureusement par l'anse, on en comprime ainsi le contenu qui se dégage de l'eau dont il était imbibé.

N° 7. *Éventail* d'un palme de largeur, fait de l'assemblage de longues tresses de feuilles de palmier cousues les unes à côté des autres. Cet ustensile de ménage, d'un prix très-modéré, sert à souffler le feu en l'agitant au-dessus du brasier.

N° 8. *Fogareiro*, fourneau de terre cuite. Seule forme usitée pour ce vase, qui varie de proportion depuis quatre pouces jusqu'à deux palmes de haut. Les plus petits, qui se portent à la main, servent aux négresses pour les fumigations qui se font régulièrement dans les appartements, à la chute du jour, afin de chasser les cousins lors de la fermeture des croisées, avant d'introduire les lumières qui attirent toujours ces insectes dans l'intérieur des maisons (*). Au moment du coucher, ces fumigations se répètent dans l'intérieur de l'ample rideau de mousseline qui enveloppe le lit, sous le nom de *moustiquaire*.

N° 9. *Feuille de palmier* d'un blanc jaunâtre, séchée et préparée pour la fabrication des chapeaux et corbeilles (dits de paille). Six à huit feuilles bottelées ensemble forment un petit paquet d'un palme et demi de long, et du prix d'un vintem (2 sous 3 den. de France). Le marché de la *Prahia dom Manoel* en est abondamment pourvu. La province de *Bahia*, fertile en palmiers cocotiers d'espèces variées, fournit ce genre d'approvisionnement à *Rio-Janeiro*.

Les feuilles de choix, superfines, tendres et plates, sont prises au centre de la tête du palmier, lorsqu'elles sont à peine développées et encore couvertes de leur parenchyme; quoique pleines de séve, on les fait, dit-on, bouillir dans le lait pour en augmenter le moelleux, altéré dans leur état de dessiccation parfaite opérée au four ou au grand soleil.

N° 10. Petite botte *de feuilles de riz*, d'un palme et demi de long, telle qu'on la vend au marché pour le prix d'un vintem. Ces feuilles, d'un vert rougeâtre, surtout à leur extrémité, quoique minces et étroites, offrent une résistance plus forte que celles du palmier. Réunies en petite quantité, et comprimées fortement par un ruban de feuilles de palmier qui les recouvre, elles forment des rouleaux ou nervures qui, cousus les uns à côté des autres, servent de parois à un panier capable de contenir de l'eau. (Voir *le balaio* N° 2.)

(*) Les fumigations se font en répandant des graines de lavande sur des braises ardentes contenues dans le petit vase, et avec lequel on se promène le long des murailles, ce qui en fait partir les milliers de cousins qui les couvrent pendant les chaleurs humides.

PLANCHE 13.

Marchand de Cestos.

Le *cesto brésilien* est une énorme corbeille que le nègre pose sur sa tête pour transporter toute espèce d'objets. Le porteur, dans ce cas, est toujours muni de sa *rodilha*, torchon de grosse toile de coton, long d'une aune à peu près, toujours sale et souvent en lambeaux, et qu'il roule en forme de coussin afin de préserver sa tête du contact de son fardeau.

C'est à ces nègres commissionnaires, qui se promènent le *cesto* au bras, et la *rodilha* en sautoir ou en turban, qu'appartient le nom de *negros de ganho* (nègres qui gagnent) : répandus en foule dans la ville, ils se présentent à votre seule apparition à la porte, et sont devenus d'autant plus indispensables, que l'orgueil et l'indolence du Portugais ont flétri d'avance, au Brésil, quiconque se montrerait dans les rues le moindre paquet à la main; exigence poussée si loin à l'époque de notre arrivée, que nous avons vu un de nos voisins, à Rio-Janeiro, rentrer gravement suivi d'un nègre dont l'énorme panier ne contenait, en ce moment, qu'un bâton de cire à cacheter et deux plumes neuves.

Enfin, suffisamment soustrait aux regards des passants, au fond de sa petite allée, il reprit avec dignité ses importantes emplettes moyennant *un vintem* (2 sous et demi de France), modique salaire du porteur.

Mais les charges ne sont pas toujours aussi légères; c'est à certaines heures de la journée qu'il faut voir ces porteurs musculeux et couverts de sueur (au sortir de la Tuerie par exemple), portant sur le *cesto* un quartier de bœuf qui y est fixé par une corde; glorieux du fardeau qui les couvre de sang, ils se plaisent, en courant, à attirer l'attention des passants par de feints gémissements qui servent à régler la cadence de leurs pas.

Une autre fois, transportant sur sa tête une pyramide de chaises, le nègre, toujours inséparable de son *cesto*, en couronne le sommet du tremblant édifice.

Les femmes n'ont jamais recours aux services de *ces commissionnaires*, parce qu'elles ne sortent jamais sans être accompagnées d'une ou deux négresses chargées de porter leurs petits paquets, et même seulement leur mouchoir.

Le maître taxe les services de son *negro de ganho* en raison de ses forces. La redevance varie de *huit vintems à une pataqua* (de 1 à 2 francs de notre monnaie.)

Le dessin représente *un fabricant de cestos* : il vient apporter à la ville le fruit de ses heures de loisir dans l'habitation où il est esclave.

Son costume se compose, selon l'usage, d'un très-ample caleçon de toile de coton, assujetti par une ceinture de serge de laine, que cache ici la chemise enroulée autour du corps et nouée par derrière de manière à laisser pendre l'extrémité des manches. *Sa toque* (coiffure de luxe de l'époque), qui remplace le bonnet de laine, est vraiment *écossaise* : c'est un débris de l'uniforme militaire d'un détachement de troupes écossaises amené à *Rio-Janeiro* pour le service de l'empereur, et qui fut licencié peu de temps après son arrivée. (Voir le 3e vol.)

Cette guirlande de feuilles légères, que l'on prendrait d'abord pour un futile ornement sauvage, a cependant la double utilité d'ombrager une partie de sa poitrine, et d'y procurer en même temps beaucoup de fraîcheur au moindre souffle du vent. On reconnaît aussi, à la bandelette qui lui serre le bras, la manie de ces hommes robustes toujours enclins à se comprimer les muscles près des articulations.

Sa canne, véritable bâton augural égyptien, en rappelle parfaitement ici le caractère par la tête d'animal naïvement sculptée, à la faveur d'un embranchement ingénieusement taillé, et qu'il a dépouillé de son écorce pour imiter la blancheur d'un corps étranger.

Enfin, l'artiste et l'antiquaire reconnaîtront dans l'ensemble de ce naïf *porteur de cestos,* le type impérissable des sculptures grecques et égyptiennes.

A l'extrémité du terrain, on voit se grouper les deux espèces de bois qui composent le *cesto.* C'est le petit *tacouara* vert et élancé qui, fendu et entrelacé, forme les parois du panier, que soutiennent des nervures empruntées au bois foncé et plus liant d'une *liane* ou *cipò.*

Deux de ses compagnons, sur le plan reculé, commencent et achèvent un *cesto,* assis près d'une plantation de cannes à sucre.

La grandeur du *cesto* varie de trois à six palmes de diamètre. Le prix d'un *cesto* moyen est de 6 *vintems* (15 sous de France).

Le plus petit et le plus grossièrement fait, le *cestinho,* n'a que deux palmes de diamètre, et est fait seulement avec des *lianes.* Il sert à transporter, toujours sur la tête, du sable, des petites pierres ou de la terre, dans les travaux de terrasse ou de maçonnerie.

Ce transport de matériaux, exécuté lentement par une longue file de nègres qui se suivent régulièrement à la trace, ressemble de loin à une nombreuse procession dirigée par un ou deux maîtres de cérémonie, armés toutefois, en guise de canne, d'une énorme cravache (*chicota*), instrument de correction qui ne quitte jamais la main du contre-maître (*feitor*).

L'esquisse d'un déménagement complétera plus tard l'idée de cette sorte de transport. (Voir la note de la Pl. 37.)

Planche 14.

Nègres vendeurs de Volailles.

On croira facilement que la nécessité d'alimenter, à *Rio-Janeiro,* une population qui a doublé depuis huit ans, et en même temps d'approvisionner une marine marchande continuellement en activité dans ce port, entraîne une énorme consommation *de volailles,* qui y entretient une constante importation de ce genre, régulièrement établie depuis les provinces éloignées de *Saint-Paul* et de *Minas,* jusqu'à un rayon de sept à dix lieues autour de la capitale. Le consommateur brésilien reconnaît, aux moyens de transport, le plus ou moins d'éloignement des points de départ de ces convois. Il sait, par exemple, que les *volailles* envoyées de *Minas* ou de *Saint-Paul,* renfermées simplement dans de grands paniers longs à claire-voie, appelés *jacas,* et transportés à dos de mulets, souffrent tellement de l'ardeur du soleil pendant le trajet, qu'elles ne survivent presque jamais plus d'un mois à la fatigue du voyage. C'est pour obvier à ce dernier inconvénient, que les capitaines de navires prennent les renseignements les plus exacts pour n'acheter que des poules élevées aux environs de la ville, ou qui s'y trouvent conservées depuis long-temps. Il est donc préférable de choisir celles envoyées par les propriétaires des environs, parce que, toujours renfermées dans de grands paniers ronds couverts à claire-voie, appelés *capoeiras* (cages à poules), et transportées de nuit, soit en canot, soit sur la tête du nègre chargé de les vendre à la ville, elles arrivent fraîchement au marché avant le lever du soleil.

Quant aux *volailles* élevées dans les faubourgs de la ville, elles sont simplement attachées par les pattes et liées ensemble par bottes de trois ou quatre, que le nègre vendeur tient à la main, ou suspendues à un bâton qu'il porte sur son épaule. Ces marchands, rendus en moins d'un quart d'heure au marché, et profitant de l'avantage d'être déja connus en ville, offrent *leurs volailles* de porte en porte, et en accélèrent ainsi la vente chemin faisant.

Beaucoup de personnes se livrent à ce commerce, assez lucratif malgré les ravages de la mortalité qui se renouvelle plus ou moins fréquemment dans les basses-cours; fléau qui sert de prétexte aux spéculateurs de ce genre, pour entretenir la cherté de la volaille, et faire payer *une poule, un poulet,* ou *un chapon,* de 3 francs 10 sous à 6 francs (monnaie de France) (de 5 testoẽs et 2 vintems à 3 pataquas.)

Cette branche de commerce est d'autant plus favorable au *Brésilien,* que dans ses propriétés rurales les *volailles* sont peu dispendieuses et faciles à élever, les laissant errer en liberté pendant le jour, et se nourrir exclusivement de fort gros insectes répandus en grand nombre dans les haies vives : et, qu'à la ville, dans l'intérieur de ses maisons, l'humidité des cours et du rez-de-chaussée engendre une immensité d'insectes, parmi lesquels les innombrables *baratas* suffisent seules pour la nourriture d'une basse-cour bien peuplée. Ajoutez à toutes ces ressources l'avantage d'une pullulation si active, que l'on ne peut marcher, dans un bûcher, dans une écurie, ni dans une cuisine, sans mettre le pied sur les poulets qui s'y promènent.

Le marché *à la volaille* se tient à la *Prahia dom Manoel,* espèce de port où arrivent les barques de *Prahia Grande.* Cette plage et marché tout à la fois, qui s'étend depuis la place du Palais jusqu'à celle dite des Quartiers, contiguë à l'arsenal de l'armée de terre, était autrefois modestement recouverte de petites cabanes formées avec des nattes, alors seul abri des marchands; mais aujourd'hui, régularisée dans sa partie supérieure par une file alignée de constructions solides, réparties en magasins et en boutiques, elle forme avec les maisons de la ville une nouvelle rue très-marchande et constamment encombrée par de nombreux acheteurs, toujours certains d'y trouver à choisir des poules, des dindons, des perroquets, des singes, et des animaux de différentes espèces.

Le plus puissant motif peut-être qui détermine le citadin à supporter l'élévation du prix de *cette espèce de volaille,* c'est l'usage du bouillon de poule, importé au Brésil par les Portugais, et devenu aujourd'hui si général à Rio-Janeiro, que l'on voit effectivement cet aliment figurer tous les jours sur la table de l'homme aisé, comme complément à son repas; mais plus strictement encore dans la chambre du malade, comme régime substantiel et légèrement rafraîchissant, indiqué d'autant plus spécialement par le médecin, que le Brésilien n'utilise en aucune manière la chair si saine du jeune veau. Ainsi le *bouillon de poule,* devenu indispensable, se trouve dès le matin préparé chez le traiteur, et toujours aussi dans la cuisine de l'infirmier; car, sous le climat humide et chaud de *Rio-Janeiro,* les médecins ont reconnu qu'il serait trop souvent funeste de réduire le malade à cet état de débilité extrême, supportable en Europe, dans diverses circonstances.

Planche 15.

Retour d'un Propriétaire de Chacra.

Né sous un beau ciel, dont l'influence porte naturellement à la sécurité du caractère, le *planteur brésilien*, cependant, est soumis au contraste fatigant de commander à l'homme demi brut (son esclave indolent), d'une part; et de l'autre, de résister à l'oppression de l'homme le plus fin (le spéculateur) avec lequel il débat ses intérêts. Aussi nous offrit-il la réunion d'un esprit subtil, calculateur et méfiant, sous une enveloppe rude contractée dans la direction de ses travaux agricoles.

La *Chacra*, la *Roça*, l'*Ingenhio* et l'*Estancia*, sont les quatre espèces de *propriétés rurales brésiliennes* affectées chacune à une exploitation spéciale.

La moins importante est la *chacra*, simple *maison de plaisance* où l'on cultive des fruits, des légumes et des fleurs, parmi lesquels s'élèvent, indispensablement, quelques pieds de cafier.

Il n'est guère de Brésiliens qui ne possèdent une *chacra* héréditaire : aussi la différence de fortune la réduit-elle quelquefois à une simple *masure* contenant deux pièces au rez-de-chaussée, et dont la toiture prolongée par derrière abrite une cuisine assez basse, jointe à une chambre pour coucher deux nègres. Une haie vive clôt le jardin, qui renferme un toit à porc, et une cabane construite en terre pour le nègre jardinier. Un petit nombre d'arbres fruitiers, des légumes et quelques fleurs complètent cet humble domaine.

Les plus riches et les plus élégantes *chacras* des environs de la ville sont situées sur le chemin de *Saint-Christophe*, de *Mata-Porcos*, de l'*Ingenhio velho*, de la montagne de *Nossa Senhora da Gloria*, de *Catété*, ou de la jolie baie de *Botafogo*. Ces dernières surtout, d'un aspect enchanteur, se groupent pittoresquement sur les mamelons boisés que domine la montagne du *Corcovado;* leurs jardins, bien tenus et placés en amphithéâtre, sont arrosés par les eaux vives descendantes des bois vierges, et qui circulent continuellement, tantôt avec art, tantôt à travers leurs cataractes naturelles, et pénètrent ainsi, successivement, jusqu'au dernières propriétés qui bordent le chemin au niveau de la mer.

Ces heureuses demeures sont les habitations ordinaires des riches négociants brésiliens et anglais, ou des chefs des grandes administrations, dont les jolies voitures, fabriquées à Londres, franchissent deux fois par jour la distance qui les sépare de la ville.

L'habitant plus modeste se contente, pour aller vaquer à ses affaires, de monter son cheval ou sa mule, tandis que son voisin, plus aisé, plus vain et plus indolent que lui, se fait transporter dans une chaise attelée de deux belles mules, conduites par un postillon nègre ou mulâtre.

L'entrée de ces propriétes consiste en une énorme porte cochère, *porton* (voir la Pl. 21), d'architecture portugaise, construite en briques ou en éclats de granit, et revêtue de stuc blanchi au lait de chaux. Cette construction, de 12 à 20 pieds de haut et de 4 à 6 d'épaisseur, remarquable par ses contours bizarres, est ornée d'accessoires, fleurs, fruits ou animaux, exécutés avec la naïveté de la sculpture primitive.

On ajoute quelquefois à la face intérieure du *porton* un hangar adhérent, soutenu par deux ou quatre colonnes ou pilastres, et sous lequel les domestiques trouvent un abri, les jours de fête, pour voir circuler les passants.

Et déja à Rio-Janeiro, comme à Paris, le milieu de la cour d'entrée est occupé par un massif de verdure entouré de chemins circulaires qui conduisent au péristyle du principal corps de bâtiment.

Deux *maisons de campagne* seulement sont remarquables par la pureté du goût qui a présidé à leur construction; aussi les plans en sont-ils dus à M. Grandjean, notre compatriote, professeur d'architecture à l'Académie des beaux-arts de Rio-Janeiro. L'une est située à *Catumbi,* et l'autre sur la route de *Mata-Porcos.* Celle que ce savant professeur a élevée pour lui près du *Jardin de botanique,* est une digne rivale des deux autres, et donne, comme elles, un nouveau cachet aux maisons rurales de plaisance nommées *chacras.*

La *roça* (sol défriché), dont le diminutif est *sitio,* est un bien de campagne plus sauvage que les *chacras,* consacré à la culture des cafiers, des orangers, des cannes à sucre, etc., et dont le produit forme la base des spéculations du propriétaire obligé d'y entretenir de 6 à 12 nègres.

C'est à la *roça* que l'on retrouve l'antique famille du planteur brésilien ou du vieux plébéien portugais, qui, enrichi dans la profession lucrative de vendeiro (épicier marchand de comestibles), va s'y consoler de la faible estime que lui a acquise son commerce, espèce de monopole à l'aide duquel il a rançonné le consommateur. Le nom même de l'habitant de la *roça* (roceiro) est devenu à la ville l'épithète dont on désigne un homme dénué d'usage et d'urbanité.

Après la *roça* vient l'*ingenhio* (usine). C'est une propriété dont les procédés *mécaniques* et *chimiques* secondent l'exploitation. Cette catégorie comprend les *scieries,* les *moulins à sucre,* les *pilons mécaniques* pour décortiquer le riz et le café, les *alambics* à eau-de-vie de canne à sucre, *cachaça.* Ces possessions héréditaires nécessitent de deux à quatre cents esclaves, répandus sur une superficie considérable, et réalisent une fortune colossale.

J'ai vu de ces *fazendas* (c'est aussi le nom de ces possessions) ayant neuf et douze lieues d'étendue. Elles possèdent un intendant, plusieurs *feitores* (contre-maîtres), et un mécanicien, toujours européen.

L'*estancia,* enfin, partage avec l'*ingenhio* le premier rang parmi les immenses propriétés rurales, n'ayant jamais moins d'une lieue et s'étendant jusqu'à neuf (mesure du pays nommée *sismarie*). Ce vaste domaine, coupé de bois et de prairies, sert à faire des élèves en *chevaux, mulets, bœufs, moutons,* etc.

Au milieu de ces innombrables troupes d'animaux qui paissent en liberté, on trouve de distance à autre des hameaux habités par les nègres de l'*estancia,* dont les fonctions consistent, à certaines époques de l'année, à ramener les animaux égarés ou mêlés aux troupeaux voisins, parmi lesquels la marque qu'ils portent aux cuisses permet toujours de les reconnaître. L'une de ces réunions sert, chaque année, à marquer les nouveau-nés; et d'autres, plus fréquentes, au triage pour la vente. Tous les *Brésiliens* connaissent les époques et les lieux de rassemblement affectés à ce genre de commerce; et parmi les spéculateurs qui les fréquentent chaque annnée, on voit s'y distinguer le *Pauliste,* voyageur par vocation, et maquignon privilégié de la capitale.

L'habitation du propriétaire de l'*estancia* se compose d'une vaste maison à plusieurs étages, et au rez-de-chaussée de laquelle se trouve toujours un oratoire, qu'un chapelain vient desservir, arrivant le samedi soir et passant le dimanche matin avec la nombreuse famille de l'*estancieiro.*

Près de la maison sont les *usines* dont on voit de loin les conduites d'eaux. Le pourtour de la cour est garni de vastes hangars; et plus loin, sont les rez-de-chaussée où couchent les nègres.

L'*estancieiro* se fait un devoir d'exercer l'hospitalité envers tous les voyageurs qui demandent à se reposer, même pendant plusieurs jours. On laisse alors paître ses mulets dans les pâturages de la propriété; et quand il juge convenable de partir, il s'acquitte avec une faible rétribution. Bien plus, dans certaines contrées, cet homme hospitalier fait tous les jours sonner une cloche à l'heure des repas, pour prévenir au loin les voyageurs de venir y prendre la part que leur destine son infatigable philanthropie.

Du reste, le mot *estancia* en décèle suffisamment la destination, se traduisant en français par *station, lieu de repos*.

Cette lithographie représente *le retour à la ville d'un propriétaire de chacra*. A l'extérieur du voyageur porté dans le hamac, le Brésilien reconnaît l'honnête marchand de *fazendas* (mercier), qui sous des formes simples cache un assez riche capitaliste, héritier d'une ancienne famille dont le luxe, très-louable, est de posséder des esclaves d'une forte structure, d'un bel embonpoint et d'une extrême propreté.

Le costume du nègre consiste, en effet, dans les plus petites exploitations rurales, en un pantalon et une chemise de toile de coton blanche, qu'il est chargé de maintenir propres en les lavant lui-même. Une espèce de drap, aussi de toile de coton, qui lui sert de manteau dans ses maladies, et de couverture pendant son sommeil, complète son accoutrement.

La tenue des porteurs indique ici la manière de varier leur costume en raison de la chaleur qu'ils éprouvent.

La recherche qui satisfait l'amour-propre du Brésilien en voyage, se retrouve ici dans le bon état des accessoires et la finesse des réseaux du hamac, dans le costume de l'escorte, et dans la tenue *du petit nègre* porteur de l'indispensable parasol; en effet, la toque à poil, le gilet et le pantalon de drap bleu forment la plus belle livrée que puisse porter un domestique de cette sorte, qui va toujours pieds nus.

C'est le type *du créole* de dix ans attaché au service particulier des maîtres, esclave tour à tour gâté et battu, et tyran à son tour du jeune dogue qui chemine à l'ombre du hamac de leur maître commun.

Moins heureuse que lui, une jeune négresse achetée depuis un an, encore à demi squelette, à peine guérie de la gale, commence de sortir de l'horrible état de maigreur du nègre neuf: déja soumise, elle a contracté l'habitude des mains croisées sur la poitrine, et met tous ses soins à porter en équilibre sur sa tête le *balahio* qui contient l'élégant échantillon des productions de la *chacra*. Cette galanterie préparée par le jardinier se compose de groupes d'oranges *célètes* et *tangérines* encore adhérentes à leur tige natale, confondue au milieu des fleurs de diverses espèces qui forment cet énorme bouquet pyramidal, pittoresquement utile et agréable. La provision se complète par la boîte de fer-blanc remplie de graines de café déja séchées, et destinées à l'usage personnel du maître de la maison.

La maison placée dans le lointain peut donner l'idée de la situation et de l'architecture de l'habitation d'un propriétaire de *chacra* ou de *roça*.

BIBLIOTHÈQUE ROYALE

PLANCHE 16.

Litière pour voyager dans l'intérieur.

On reconnaît à Rio-Janeiro la maison de commerce de l'ancien et riche négociant brésilien propriétaire d'*ingenhio,* à la litière déposée sous la porte cochère ou dans un coin obscur du magasin : on en trouve de fréquents exemples, surtout dans la rue *Droite* vers *San-Bento,* dans celles d'*a Candellaria,* d'*a Quitanda* et d'*a Maïa dos homens.*

La plus belle de *ces voitures,* sur laquelle n'ont point influé les progrès du luxe, est encore, comme autrefois, recouverte de cuir noir fixé par des clous dorés. Elle doit, sans doute, la conservation de sa forme et de ses couleurs primitives à la spécialité de son emploi; car, depuis plus de trois siècles, elle ne sert qu'à parcourir les forêts vierges, et à traverser les petites rivières qui les coupent à chaque pas. Enfin, telle qu'elle est, elle devient indispensable à la maîtresse de maison qui va, selon l'usage, visiter une fois par an ses plantations, époque consacrée à des réunions de famille qui se prolongent un mois et six semaines.

Beaucoup de dames, cependant, voyagent à cheval, et les jeunes surtout ne dissimulent pas leur dédain pour la *litière.*

Je profite de cette description pour faire connaître divers modes de transport à dos de mulet, et dont la simplicité remplace avantageusement le luxe de *la litière,* pour les réunions de famille chez les propriétaires de *roças,* dans l'intérieur du Brésil.

La nécessité de franchir de grandes distances par des chemins difficiles et presque toujours impraticables pour le char à bœufs, a fait adopter, pour les dames de considération, l'usage d'un *nouveau palanquin,* qui consiste en *une boîte* profonde de 18 pouces, large de 2 pieds, et longue de 3 pieds seulement; un baldaquin fermé par quatre rideaux la surmonte. Il suffit donc d'égaliser le poids de l'autre caisse qui fait le pendant de celle-ci, sur le bât du mulet, pour procurer aux vieillards, aux enfants, ainsi qu'aux femmes, *un moyen de transport* aussi sûr que convenable.

Une autre manière de voyager, plus commune, il est vrai, consiste à s'asseoir dans un panier de 3 pieds de haut sur 2 de circonférence, et appelé *coche* par suite de cet usage; sa forme est celle des paniers de *cangalhos* employés dans *les convois de Saint-Paul.* Le parasol y remplace le baldaquin.

Après ces deux moyens de transport à dos de mulet, il ne reste plus à décrire que *la cavalcade,* qui trouvera sa place dans le 3e volume, à l'occasion d'un mariage à la *roça.*

PLANCHE 17.

Vendeurs de Palmito.

L'arbre élancé connu au Brésil sous le nom de *Palmito* est un de ces *palmiers cocotiers* qui porte ses fruits à deux ou trois pieds au-dessous de l'insertion de ses branches. L'intervalle nu, d'un vert rougeâtre, qui les sépare, n'est qu'un faisceau de feuilles lisses, longues de deux à trois pieds, et larges de quatre à cinq pouces, fortement insérées les unes sur les autres, et d'autant plus ligneuses qu'elles se rapprochent davantage de l'enveloppe extérieure. Le milieu de cette tige, au contraire, plus compacte et réduit à un volume d'un pouce de diamètre, offre une substance, quoique un peu filandreuse, analogue à celle du fond d'artichaut, dont elle rappelle aussi la saveur.

Cette partie du *palmito*, préparée comme des cardons, se sert sur toutes les tables de Rio-Janeiro; et, depuis le mois d'avril jusqu'à la fin de juin, de nombreux marchands vous l'offrent d'une à deux *pataquas* (de 2 à 4 francs), le paquet de douze à quinze tiges.

Les sauvages mangent le cœur du *palmito*, soit cru, soit cuit à l'eau. Ils affectionnent surtout, et très-vivement, la souche à demi enterrée d'un *palmier nain,* qui offre une plus grande quantité de pareille substance nutritive.

Les branches de ce palmier nain figurent au 3e volume, à l'occasion du dimanche des Rameaux.

D'après les fragments du *palmito,* coupé par le pied, que représente cette planche, le lecteur comprendra que chacun de ces rouleaux coûte la vie à un arbre. Ses branches, néanmoins, ne sont pas perdues, et sont affectées par préférence à la nourriture des mulets, dans les voyages à travers les forêts vierges.

Le porteur de *palmitos* donnera l'idée de la plus belle espèce de nègres d'une habitation rurale. Son costume est simple, et son bonnet rappelle assez la forme d'un casque grec à oreillons relevés.

Il arrive en ce moment de la forêt, et va déposer sa hache à l'établissement de son maître, avant de porter à la ville la charge qu'il vient de récolter dans les bois.

Vendeur de Sambouras.

Un autre nègre de *roça* chemine, en sens inverse, sur le plan coupé; revêtu de son plus beau costume, il profite du congé du dimanche pour porter à la ville une provision de paniers fabriqués pendant ses heures de loisir.

Cette espèce de panier, à anse allongée, nommé *sambouru*, est le seul qui se porte au bras, et se fabrique avec le *grand* ou *petit tacouàra* encore vert, refendu par bandes aplaties. Ses bords varient de 4 à 16 pouces d'élévation, mais sa forme ne diffère jamais : c'est toujours celle d'un carré long.

Le prix varie aussi selon les dimensions : les moyens valent de trois à huit *vintems* (sept sous et demi à un franc); et les plus grands se paient jusqu'à une *pataqua* (deux francs).

Dans les maisons économes, on le recouvre de toile ou de peau, afin d'en prolonger le service. Ce luxe, qui plaît aux négresses marchandes, ainsi qu'aux esclaves des maîtres un peu opulents, a fourni une nouvelle industrie aux selliers de la ville, qui recouvrent les *sambouras* de pelleterie enrichie de clous dorés. (Voir la Pl. 12 bis.)

On retrouve dans la coiffure du *porteur* le bonnet rouge d'usage, avec cette différence que les oreillons sont baissés; et, dans le reste de sa plus belle tenue, toute la décence exigée à la ville.

Planche 18.

Nègres scieurs de long.

L'esprit stationnaire et l'opposition générale à toute innovation étaient poussés à un tel point, lors de notre arrivée au Brésil en 1816, qu'à Rio-Janeiro même le propriétaire d'esclaves scieurs de long, prévenu en faveur de ce mode d'exploitation routinière, répugnait à l'établissement d'une scierie mécanique dans sa propriété, si favorablement située pour cela au milieu des forêts vierges abondantes en cours d'eau de toute force.

La nécessité de pourvoir au logement d'une population chaque jour plus nombreuse put seule déterminer l'adoption des procédés mécaniques de l'Europe, dont la promptitude et l'économie multiplient aujourd'hui les constructions brésiliennes. Aussi vit-on, dès lors, s'accroître en huit années, et comme par enchantement, les beaux faubourgs de *Mata-Porcos*, *Catumbi*, *Mata-Cavallos*, *Catèté*, *Bota-Fogo*, et s'élever une ville nouvelle sur les bords du chemin nouveau de Saint-Christophe.

Cependant le besoin continuel de planches et le débit des troncs d'arbres abattus même dans le voisinage de la ville donnent encore une occupation continuelle aux scieurs de long, esclaves des différents marchands de bois établis à la *Prahia dom Manoel* et dans *la rue de la Miséricorde*, aux environs de la *Prahinha* et au bas de l'église de la *Saude*.

La spécialité des bois, leur force ou leur grandeur ont déterminé le choix des constructeurs parmi les nombreuses espèces qui peuplent les forêts vierges du Brésil. Ceux qu'ils préfèrent sont le *canella*, *brun*, *noir* ou *gris*; *l'olhio*, arbre du *copahu*; *l'ahipè*, bois rouge incorruptible dans l'eau, comme l'ont prouvé des pilotis retrouvés à Venise; le *grepiapunha*, d'un jaune verdâtre, assez liant, recherché pour les jantes de roues; le *garabou*, bois violet, plus roide, employé dans le charronnage pour les rais de roues et pour les brancards; le *cipipira*, brun foncé, le plus fort et le plus roide de tous, réservé pour les arbres de mécaniques et les essieux tournants des roues de *carros*, voitures de transport : tous ces bois sont généralement très-pesants. Le *sapin*, regardé comme trop combustible, était prohibé dans les constructions au Brésil. En effet, je n'en trouvai pas même au théâtre parmi les châssis des décors qui dataient de 1809 et 1810. Cependant, notre arrivée à Rio-Janeiro opéra encore cette révolution, et les menuisiers français qui suivaient notre expédition employèrent le sapin, sous nos ordres, pour les décorations des fêtes et du théâtre; depuis ce moment l'industrie s'en empara, et l'introduisit impunément dans les distributions intérieures des maisons particulières.

En examinant cette scène lithographiée, dont les détails sont si différents de nos usages, on verra, dis-je, que la situation du chevalet, d'une combinaison extrêmement simple, reporte ingénieusement tout le poids de la poutre sur le point de contact, et offre d'autant plus de sûreté à l'ouvrier commodément assis, que son autre extrémité, pour ainsi dire lancée en l'air, perd plus de trois fois sa pesanteur, en raison de l'ouverture de l'angle sur le sommet duquel elle repose, et dont la base se forme de l'écartement des deux points de support : ce qui évite toute bascule et protége l'existence de l'ouvrier assis à terre. Les deux étais ne sont réellement posés que pour opposer une ferme résistance au coup de scie qui se donne perpendiculairement.

Le costume des ouvriers est celui des esclaves travailleurs employés à remuer les pesants fardeaux. On connaît à l'extérieur de l'ouvrier assis par terre, le *nègre neuf* et moins expérimenté que l'autre assis sur le chevalet, dont la coiffure décèle le nègre coquet et capable ; et en effet, la place qu'il occupe ici le rend responsable de la direction du trait de scie qui doit suivre la ligne tracée sur la poutre.

La position du second chevalet offre le même système de force, avec la différence que le morceau de bois que l'on scie présente une résistance au trait de scie donné horizontalement.

Ces ouvriers robustes et musculeux sont toujours couverts de sueur, malgré la lenteur de leur travail. Appelés chez le particulier, ils y transportent le chevalet, et y sont payés à raison de 4 francs par jour, 2 pataquas.

Les scieries mécaniques fournissent trois sortes de pièces de bois de charpente, la solive, *a viga*, de 1 pied 6 pouces à 3 pieds d'équarrissage; le poteau, *a perna*, de 6 à 8 pouces d'équarrissage; et la planche, *a taboa*, de 4 pouces d'épaisseur. Chaque espèce a deux longueurs différentes; et de plus, la végétation colossale du Brésil fournit des pièces de bois d'une dimension inconnue en Europe.

Au premier plan figurent, sur un tas de sciure, le *cestinho* (petit panier que l'on porte sur la tête), et la pelle de fer, de fabrique anglaise, ainsi que les lames de scie, et achetées à Rio-Janeiro dans le même magasin.

Enfin, sur le troisième plan, à droite et à gauche, on aperçoit les hangars des marchands de bois, approvisionnés de planches.

PLANCHE 19.

Retour à la ville de Nègres chasseurs.

C'est surtout à la *roça* que s'élèvent les nègres qui deviennent chasseurs de profession. C'est là que, destinés dès leur jeunesse à accompagner les convois, ou même leur maître seulement, dans les longs et pénibles voyages, ils marchent toujours armés d'un fusil, autant pour leur sûreté personnelle que pour se procurer des vivres pendant les stations indispensables au milieu des forêts vierges.

Aussi ce genre de vie devient-il une passion tellement dominante chez le nègre de *roça*, qu'il n'aspire à la liberté que pour rentrer dans les bois comme chasseur de profession, et s'y livrer sans réserve au charme d'un penchant qui sert en même temps ses intérêts.

Libre alors, et affranchi de l'oppression du fouet (*chicota*), le droit de raisonner en fait déja un fournisseur aussi rusé que l'homme blanc, dont il connaît les goûts; et parfaitement au fait de la valeur d'une pièce fine qui se trouve mêlée au gibier qu'il rapporte à la ville, il va l'offrir de préférence au cuisinier d'une bonne maison, qui la lui paie convenablement; et joignant l'intelligence à l'industrie, il rend ainsi sa profession parfois très-lucrative.

D'autres nègres chasseurs, voués plus particulièrement aux collections d'histoire naturelle, vont stationner pendant plusieurs mois dans les forêts, et reviennent, une ou plusieurs fois par an, rapporter les collections recueillies pour des amateurs d'histoire naturelle qui les attendent à Rio-Janeiro.

Dans le même but aussi, l'administration du Muséum impérial d'histoire naturelle de Rio-Janeiro entretient également, à sa solde, des nègres chasseurs répandus sur divers points du Brésil.

Retour des Nègres d'un Naturaliste.

Le nègre capable d'être bon *esclave d'un naturaliste* peut se regarder comme le modèle du plus généreux compagnon de voyage, et dont l'intelligence égale le dévouement. Aussi avons-nous vu de fréquents exemples de générosité exercée par des naturalistes étrangers, qui, venus au Brésil pour le visiter, au retour de leurs excursions dans l'intérieur, ont donné la liberté à leur fidèle compagnon de voyage, en récompense de ses pénibles services.

Ce nègre, non-seulement heureux de sa liberté, l'est encore de son industrie, ayant acquis, auprès de son libérateur, un commencement d'habileté dans les préparations d'objets d'histoire naturelle, qui le font rechercher comme guide par un autre étranger. Mais, cette fois, avant de partir, il impose la condition de lui assurer une somme convenue, payable au retour; et en homme libre, cette fois, il commence un premier voyage de spéculation.

Reste-t-il en ville, devenu naturaliste à son tour, il se sert de l'entremise de quelques domestiques nègres pour s'introduire chez les ministres étrangers, et leur offrir des objets d'histoire naturelle, dont la vente lui procure de nouvelles commandes.

Et cependant la liberté n'est pas toujours la récompense qu'il ambitionne; on en a vu d'autres, par excès de dévouement à leur maître, dont ils avaient plusieurs fois sauvé les jours, lui demander, comme récompense, de le suivre et de mourir à son service.

En examinant le groupe de nègres qui descendent, on reconnaîtra dans les produits de leur chasse quelques animaux dont la chair est recherchée sur les tables; d'abord le *tatou* (fourmillier), que l'on voit ici suspendu au bout du bâton du chasseur à mi-corps : ce petit animal, la plupart du temps enfoui dans les énormes fourmilières du Brésil, est revêtu d'une enveloppe osseuse et à charnières, espèce de cuirasse sous laquelle il se reploie en rond, et peut tout à la fois cacher sa tête et ses pattes : système de défense de la famille des crustacés. Les Brésiliens apprécient beaucoup la délicatesse de sa chair, assez semblable à celle du lapin, désagréable au palais européen par son goût sauvage et l'analogie de son odeur avec celle de l'urine de chat, que ne peut absorber la force des assaisonnements qu'on lui prodigue à outrance. On voit aussi, attaché et suspendu au bâton du chasseur, coiffé d'un chapeau de paille surmonté d'un panache, le grand lézard, autre quadrupède remarquable aussi par la délicatesse de sa chair, mais dont la saveur rappelle à la fois celle de la grenouille et du lapin.

Arrivé à la ville, ce précieux gibier trouvera facilement acquéreur au prix de 3 *pataquas* (6 francs de France).

L'arbre à larges feuilles découpées, placé sur la hauteur, est l'*imbaïba*, commun dans les endroits humides. On le nomme vulgairement l'*arbre du paresseux*, nom emprunté du quadrupède porté ici par le troisième chasseur.

Le *paresseux* est l'animal à longs poils grisâtres et à physionomie souriante, porté ici dans l'attitude d'un singe tenant un bâton passé derrière sa tête; il doit son nom à la singulière lenteur de ses mouvements et à son immobilité presque habituelle. Avec un visage en quelque sorte humain, dont les lèvres expriment le sourire, et les sourcils l'étonnement, il paraît tellement insensible à la meurtrissure d'un coup de bâton, que, toujours impassible en ce cas, il se contente, au bout de quelques secondes, de tourner tant soit peu la tête, dont il arrête le mouvement comme par oubli de la douleur.

Toujours indolent, même quand il est pressé par la faim, on le voit mettre un temps infini à grimper à l'*imbaïba*, arbre dont les feuilles sont sa nourriture exclusive. Suffisamment rassasié avec une ou deux de ces feuilles, il se laisse nonchalamment glisser le long du tronc, pour s'éviter la peine de descendre; et enfin, accroupi par terre, il digère à son aise dans un état léthargique, moment opportun pour le prendre. On se sert à volonté de deux moyens prudents pour l'emporter. Le premier est de l'accrocher par les ongles des mains à un bâton, auquel il reste suspendu pendant la route. Le second est celui dessiné ici : fixant ainsi toute son attention vers ses bras, il abandonne volontiers le reste de son corps aux mouvements que l'on veut lui donner.

Il est facile de reconnaître le *nègre du naturaliste*, et à sa manière de rapporter un serpent vivant, et à son énorme chapeau de paille hérissé de papillons et d'insectes, embrochés à de longues épingles. Il marche toujours armé de son fusil, et portant en sautoir sa boîte à insectes.

Les naturalistes du Brésil suppléent à l'usage du liége dans la garniture des boîtes, au moyen de la souche blanche, molle et filandreuse du *nopal* ou *cactus à raquette* (*pao pit* en portugais).

On s'en sert également en guise d'amadou, et allumé, pour conserver du feu d'un jour à l'autre pendant les voyages.

A Rio-Janeiro on reconnaît aussi, au redoublement d'activité de ces nègres naturalistes, l'arrivée de chaque navire français, dont les officiers sont généralement très-amateurs de collections d'histoire naturelle.

BIBLIOTHÈQUE ROYALE

Planche 20.

Revendeuses de blé de Turquie.

On cultive avec succès, au Brésil, plusieurs espèces de *milho* (blé de Turquie).

Devenu le principal aliment de l'homme, dans certaines provinces de l'intérieur, ce blé dut aussi devenir l'une des principales spéculations de ses cultivateurs, dont le plus grand nombre se trouve dans les provinces de *Minas Geraës, Matto Grosso* et *Goyas*.

Aussi, en voyageant sur une route fréquentée de ces pays, est-on sûr de trouver constamment du *milho secco* pour ses mules, et du *cangic* pour se restaurer.

On nomme *cangic* une soupe faite avec une espèce de blé de Turquie blanchâtre, bouilli dans du lait, ou simplement dans de l'eau sucrée, et à laquelle, par recherche, on ajoute quelques jaunes d'œufs.

Les Mineiros mangent habituellement du *gâteau de farine de blé de Turquie,* en guise de pain. On leur sert aussi une bouillie préparée de différentes manières. Vivant de farineux, ils joignent à la culture du *maïs* celle des petits haricots noirs, et de deux espèces de *riz barbu,* l'un blanc et l'autre rouge.

Il se fait aussi une très-grande importation de *maïs sec*, à Rio-Janëiro, pour la nourriture des chevaux, mulets, bestiaux et volailles.

Le maïs récolté dans les *roças* des environs, et apporté encore vert à la ville, y devient le régal des esclaves et de leurs enfants, qui l'achètent sur les places et dans les rues, soit *assado* (rôti sur les charbons), soit en *pipocas* (grains cuits au bain de sablon échauffé dans un poêlon de terre, ou, plus misérablement encore, dans un tesson de poterie). Parvenu à cet état de dessiccation, le grain crevé représente une fleur ronde épanouie en boule, d'un blanc jaunâtre, et formée de la partie laiteuse de la farine encore verte : on estime ce manger délicat, comme stomachique, et comme absorbant.

Les sauvages, plus expéditifs que les marchands de Rio-Janeiro, préparent les *pipocas* en jetant simplement les grains verts du *maïs* dans les cendres rouges.

Mais la suavité de ce *mets*, agréable à manger chaud, se trouve bien diminuée par le grand inconvénient de broyer sous la dent beaucoup de particules de sablon incrustées dans les pores de cette farine desséchée.

Enfin, beaucoup plus convenablement préparés, *les grains verts du blé de Turquie,* assaisonnés comme les petits pois, se servent habituellement sur la table des riches propriétaires des provinces de l'intérieur.

Dans ces provinces aussi on se sert également de la farine d'inhiam. Séché au feu, râpé et pétri, on en obtient des petits pains très-substantiels et d'un goût agréable.

On y mange aussi le *jacuba* (jacouba), mélange à froid de farine de *maïs*, de *raspadura* et d'*eau*, l'aliment recherché du muletier qui arrive au *Ranche* (station sous un hangar). La *raspadura* est le résidu de la *mélasse* recuit et conservé en petites briques de 2 pouces carrés.

Nous rapportons ici la description faite par M. Aug. de Saint-Hilaire, du *bateador*, machine à égrener le *maïs*.

« Le maïs, dit-il, s'égrène avec le *bateador* (batteur).

« Entre quatre grands poteaux d'environ 6 pieds, on établit, à la hauteur de 3 à 4 pieds, « quatre pièces de bois transversales et très-fortes, formant un carré de 4 à 5 pieds; sur deux

« de ces pièces de bois on place parallèlement des bâtons arrondis de la grosseur du bras, en « ne laissant entre eux que 5 ou 6 lignes, et l'on garnit d'une natte verticale trois des côtés de « la machine, qui ne reste ouverte que par devant. Quand on veut battre du maïs, on entasse « des *épis* à la hauteur d'un demi-pied, sur l'espèce de table formée par les bâtons trans-« versaux du *bateador,* et des nègres frappent sur ces épis avec de longs bâtons; la natte « verticale retient les épis qui pourraient s'écarter; les grains détachés de leur axe passent « à travers les barreaux de la claie, et tombent sur un cuir placé dessous.

« La farine, simplement moulue et séparée du son à l'aide d'un tamis de *bambou*, prend « le nom de *fuba*. Bouillie dans l'eau, sans sel, on en fait *l'angu* (augou), principal aliment « des esclaves.

« La farine, aliment des hommes libres, est mieux préparée. On sépare le *maïs* de ses « enveloppes avec la *manjola;* on met un peu d'eau dans *l'auge* pour faciliter sa séparation des « enveloppes et en même temps empêcher le grain de sauter. Ainsi nettoyé, on le fait tremper « dans d'autres *auges*, en renouvelant l'eau sans cesse, pendant deux ou trois jours, et plus.

« Quand la fermentation va commencer, on le remet dans la manjola, et on en fait une « espèce de bouillie; on la passe à travers un tamis au-dessus d'une chaudière peu profonde, « avec du feu dessous. La pâte sèche; elle se réduit en une poudre grossière qui est cette « farine, *farinha*, dont on saupoudre les aliments, plus savoureuse et plus nourrissante que « celle du *manioc*. »

Nègres colporteurs de charbon.

On voit arriver journellement à Rio-Janeiro un grand approvisionnement de charbon de bois, apporté de l'intérieur, soit à dos de mulets, soit par embarcation, dernier moyen plus économique et plus expéditif.

Les Brésiliens mesurent le *charbon* par charge de mulet, c'est-à-dire, le contenu de deux *jacas* (paniers de 6 palmes de longueur sur 2 palmes de diamètre), quantité qui se vend 1,320 reis (7 francs de France).

Mais tous les consommateurs savent aussi que, par suite d'un abus que l'on tolère chez les colporteurs de charbon, les deux paniers qu'ils apportent sont un peu plus étroits que la mesure du fabricant.

Je donne une idée de ce commerce; le lieu de la scène est le point de débarquement du charbon de bois sur la *Prahia Don Manoel.*

La barque amarrée sur la plage est celle du propriétaire de charbon établi sous sa tente, recouverte de nattes et d'une voile; couché derrière le quadruple rang de *jacas*, il attend paisiblement le débit de son charbon colporté par ses esclaves dans la ville.

L'un des deux, tout chargé, part pour la ville, tandis que l'autre, arrêté, et rapportant déjà ses paniers vides, vient reprendre une nouvelle charge; il tient à la main son *marimbà*, instrument africain qui charme ses loisirs pendant la journée.

Près de là se trouve un autre établissement, d'un autre genre de forme et d'industrie, c'est l'installation d'une marchande de *milho verde* (maïs vert).

Négresse libre, elle possède une place assignée dans le marché : on reconnaît à ses anneaux de cuivre enfilés au bras, qu'elle est de nation *moujole*. Douce, active, opulente et coquette, tout ici caractérise la négresse libre, glorieuse de sa propriété : plus intéressée à sa conservation personnelle, elle a eu soin d'ajouter à son turban une ou plusieurs touffes d'herbe de rue (*herva de ruda*), plante accréditée, parmi les gens du peuple, comme *talisman contre le malheur*.

Elle s'occupe, en ce moment, à faire rôtir sur les charbons ardents des épis de *maïs*, qu'elle vend sous le nom de *milho assado* (blé de Turquie rôti); déjà, une petite négresse chargée de promener un négrillon mange une de ces friandises qu'elle vient d'acheter pour se procurer un passe-temps agréable : près d'elle, quelques pierres noircies de la veille sont le fourneau improvisé d'une cuisine de marché, qui ne nécessite d'autre ustensile qu'une petite soupière, un peu plus grande que le creux de la main, dans laquelle se cuisent une pincée de petits haricots noirs, *feijaõs pretos*, et un petit morceau de lard, *tucinho*. Ce modeste ragoût, assez succulent d'ailleurs, saupoudré d'une bonne poignée de *farine de manioc*, bien pétri à chaud, forme une pâtée substantielle suffisante pour la nourriture journalière d'un nègre.

L'autre *négresse*, au contraire, par sa tenue, et son *roupaõ* (camisole de laine faite sans grace), indique une esclave : revendeuse de *maïs sec*, elle porte sur sa tête le sac rempli de graines, surmonté d'une boîte à anse, *mesure de capacité*; le *bâton* qu'elle tient à sa main lui sert à araser les graines contenues dans la mesure, au moment de la vente.

Sa physionomie indique suffisamment la négresse de Congo.

A la différence près de l'arrangement particulier à chaque marchandise, on peut se faire une idée, d'après ce dessin, de la construction des petites boutiques placées dans les marchés, en général.

PLANCHE 21.

Vendeurs de capim et de lait.

Depuis 1817, la culture du *capim d'Angola* est devenue, aux environs de Rio-Janeiro, une excellente spéculation, qui s'est étendue, chaque année, davantage, en raison de l'extension du luxe dans cette capitale, à tel point que, deux ans après, on voyait déja végéter le *capim* sur toute la partie inférieure des collines environnantes, depuis *Botafogo* jusqu'à l'*Ingenhio velho*.

Cette herbe, qui croît avec facilité, s'élève à plus de six pieds dans les terrains humides. Elle se repique de bouture, par touffes rangées en sillons; mais il est indispensable d'en protéger la pousse, en arrachant souvent les mauvaises herbes, toujours prêtes à l'étouffer, ainsi que de fumer, de temps à autre, le terrain dans les sites arides. Et enfin, après plusieurs coupes, il repousse trop maigre, et il faut alors l'arracher pour préparer une plantation nouvelle.

Ce *gramen*, espèce de chiendent colossal, foin vert très-aqueux, peu substantiel, est porté à la ville en énormes bottes pyramidales, dont l'ame est un très-long bâton; pesant fardeau, qu'un seul nègre peut porter sur sa tête. On le transporte aussi en grosses bottes séparées et chargées à dos de mulets, mais bien plus encore dans de petites charrettes: dans ce dernier cas, les *bottes de capim* sont tellement petites, qu'il en faut au moins cinq pour la nourriture journalière d'un cheval. Elles se vendent 2 *vintems* (5 sous). Dans les maisons bien tenues cette fourniture régulière se fait par abonnement.

La vente du *capim* cesse à dix heures du matin dans les rues, et ne se prolonge qu'au marché *de la Place du Capim*, et dans quelques autres lieux affectés à ce genre d'approvisionnement. On a vu, dans les temps de sécheresse, se tripler le prix *du capim*; mais aussi, trois ou quatre jours de pluie, seulement, produisent ensuite une nouvelle coupe.

Il suffira, pour motiver la grande consommation de *ce foin artificiel*, de remarquer que la totalité des riches négociants habite les faubourgs de la ville (comparables à la chaussée d'Antin de Paris); que toutes leurs familles ont voiture; que les jeunes gens viennent à cheval, et que l'on rencontre même sur la route, des petits cavaliers de cinq à huit ans, montés sur des chevaux nains tenus en bride par les domestiques à pied qui leur servent d'escorte : ajoutez à cela les négociants anglais qui viennent en cabriolet ou à cheval, et vous aurez l'idée de l'énorme quantité de chevaux journellement en circulation dans la ville.

Le *capim d'Angola* a fait négliger la culture du *capim indigène*, dont les feuilles sont beaucoup plus petites, d'un vert foncé comme sa tige, qui ne s'élève guère que de 8 pouces. A Rio-Janeiro, cependant, on le préfère comme nourriture plus substantielle pour les chevaux de l'intérieur, au *capim d'Angola*, qui a le grand inconvénient de débiliter.

Le capim, nous l'avons dit, est peu substantiel; mais à côté de lui croît la plus nutritive de toutes les verdures, *la feuille du palmier jiriba*, qui remplace, pour le cheval du voyageur, le *milho*, indispensable, chaque matin, avant de se mettre en route.

Vendeurs de sapé et de capim sec.

On trouve aussi dans les marchés près des plages, des marchands *de sapé et de capim sec*, chez lesquels les tapissiers vont se fournir pour éviter le monopole des colporteurs.

Le *sapé* est une plante aquatique, plus mince de tige que le roseau, et dont les feuilles n'ont que 7 à 8 lignes de largeur; toujours à demi baignée dans les eaux stagnantes, elle s'élève jusqu'à 6 pieds; d'un vert clair, l'extrémité de ses feuilles seulement est rougeâtre. Elle s'apporte en liasse, *féche,* composée de douze bottes, qui se vend 1 *pataque* (2 francs).

Remplaçant le foin et la paille, les tapissiers s'en servent pour remplir les matelas et les traversins.

Les matelas, ou plutôt les paillasses, au Brésil, ordinairement d'un pied d'épaisseur, sont aussi durs que frais, étant piqués de 3 pouces en 3 pouces. On jette dessus un matelas de laine sur lequel on étend une natte d'Angola très-fine, moelleuse et fraîche, et que l'on recouvre du drap : c'est le coucher du riche.

Le *sapé* s'emploie à la campagne, pour couvrir les chaumières et garnir leurs murailles, lorsqu'elles ne sont pas enduites de terre.

A Rio-Janeiro les tapissiers se servent aussi du *capim* sec, pour garnir des pièces plus petites, telles que les coussins, etc. : c'est *une herbe* plus fine et plus longue que le *sapé.* Elle se vend par liasses minces et allongées, figurant un palmier de 6 pieds de haut, dont le prix est de 5 *vintems* (12 sous 6 deniers de France).

Enfin la garniture la plus moelleuse est la fleur de *cana* (roseau), duvet un peu frisé et d'une couleur brunâtre. On emploie encore, pour le même usage, des *soies végétales* (graines d'arbre).

On représente ici un point de vue du *chemin neuf de Saint-Christophe ;* le mulet chargé et la charrette à bœuf longent *un plant de capim repiqué,* qui s'étend jusqu'à la route frayée par *des porteurs de capim :* d'autres *nègres,* arrêtés, reportent l'énorme bâton qui sert de soutien à l'espèce de hotte pyramidale dont une est reproduite en plus grand sur le plan rapproché.

Nègres vendeurs de lait.

Le grand nombre d'étrangers, qui double aujourd'hui la population de Rio-Janeiro, augmente de beaucoup la consommation *du lait*, qui, se combinant surtout avec le café et le thé, est d'un usage général, et renouvelé jusqu'à trois fois par jour, dans presque toutes les maisons particulières.

Chaque matin, chez ces spéculateurs, le maître indique à son esclave la quantité de lait qu'il lui confie, et le produit de la vente qu'il en exige.

Le nègre vendeur, bien que demi brut, déja au fait de calculer pour éviter la correction en cas de mécompte, ne tarde pas aussi à calculer le moyen de se procurer, illicitement, un verre de *cachaça* (eau-de-vie), sans entamer, toutefois, la somme prescrite; ce qu'il effectue, pendant la route, par un *verre d'eau* qu'il ajoute *au lait,* en présence de ses camarades, dans la boutique même de l'épicier qui lui vend *le verre d'eau-de-vie.*

Loin de nous de lui imputer l'idée de cette petite supercherie, qui n'est que l'imitation d'une fraude plus volumineuse ordonnée dans la vacherie de son maître : fâcheuse rivalité d'intérêts, qui réduit le malheureux consommateur à payer encore assez cher une tasse *de lait doublement baptisé !*

Au milieu du murmure général des consommateurs, froissés par cet abus toujours croissant, un limonadier, déja renommé par son excellent chocolat, sa probité et sa fortune, propriétaire connu d'une *chacra et de deux ou trois vaches*, imagina, par prudence, de faire *cadenasser les vases à lait* envoyés chaque matin par son feitor (espèce d'intendant); et, possesseur d'une *double clef de ces cadenas*, les ouvrait en présence de ses habitués réunis à l'heure indiquée pour savourer, en déjeunant, *ce laitage* succulent, complément d'une délicieuse tasse de thé, chocolat ou café.

Cette nouveauté rassurante fut imitée, et accrédita aussi dans la ville quelques entrepôts de ce genre, sans cependant diminuer en rien la vogue du *café* du coin de la rue *d'Ouvidor* et de celle *da Valla.*

L'un des porteurs de lait représentés dans cette planche rappelle l'exemple de la *boîte à lait cadenassée.* Les autres, exempts de cette entrave, tiennent à la main la *petite mesure de fer-blanc* qui leur sert à vendre le lait, et même à le falsifier.

L'extrémité gauche de cette composition est bornée par un mur *de chacra* dont on voit en partie *le porton,* au pied duquel se reposent des esclaves de la maison.

L'antique usage du beurre salé, à Rio-Janeiro, qui se tire d'Angleterre et de Hollande, y fit négliger le besoin de s'y procurer du beurre frais. Cependant cette nouveauté industrielle existe *au Brésil* depuis l'établissement de la *colonie suisse* (la nouvelle Fribourg) dans le district de *Canta-Gallo,* à quarante lieues de la capitale; mais la difficulté des communications prive encore ses habitants des produits de ces industrieux colons, qui consomment chez eux leurs laitages. Les seuls fromages du pays viennent de *Saint-Paul* et de *Minas Géraës.*

Cependant, *sous l'empire*, les lumières culinaires de l'Europe, accueillies dans le palais du souverain, y improvisaient le beurre frais et les glaces.

Planche 22.

Esclaves nègres de différentes nations.

Je place comme introduction à la planche 22 quelques détails sur *l'importation des nègres* au Brésil.

Ce fut au commencement du quinzième siècle que les navigateurs portugais, après la découverte de quelques îles voisines de la côte d'Afrique, en ramenèrent des *esclaves nègres*, qu'ils employèrent à la culture des terres du continent et des îles Canaries. Les Portugais aussi, en 1481, élevèrent sur la même côte le *fort d'Elmina*, et quarante ans après, *Alonzo Gonzalès* fut l'un des premiers à faire le commerce de chair humaine, qui a subsisté jusqu'à nos jours.

Anderson fait remonter à 1508 l'époque où les Espagnols importèrent à Saint-Domingue la canne à sucre ainsi que des *nègres* cultivateurs. En 1510, peu de temps après la conquête du Pérou, le roi d'Espagne *Ferdinand* le Catholique y envoya pour son compte les premiers *esclaves nègres*, et enfin, vers la fin du quinzième siècle on vit, *en Amérique*, la canne à sucre et le cotonnier cultivés par des *esclaves africains*.

Peu à peu les Européens firent la *traite des nègres* en Afrique, au nord et au sud de la ligne équinoxiale; mais un tiers de la population nègre vient de plusieurs points principaux de la côte *d'Angola, de Cabinde, de Loango, de Malimbe, de Saint-Paul,* et *de Philippe de Benguela*. Mais la Côte-d'Or fournit les meilleurs esclaves, et en plus grande quantité.

Sur la côte d'Afrique, l'achat des nègres se fait par échange : on leur porte du fer en barres, de l'eau-de-vie, du tabac, de la poudre à canon, des fusils, des sabres, des quincailleries, telles que couteaux, haches, serpes, scies, clous, etc. Les indigènes n'apprécient pas moins les étoffes de laine rayées ou bariolées de diverses couleurs, et surtout les toiles de coton, et les mouchoirs teints en rouge.

On a vu, au *Congo*, le père vendre ses enfants en échange d'un vieux costume de théâtre de couleur éclatante et bien riche de broderies.

Aussi, guidé par ce précédent, *le directeur du théâtre royal de Rio-Janeiro*, homme de ressources, confiait-il parfois à un capitaine de navire négrier la défroque des costumes du théâtre, pour lui ramener *des nègres* en échange.

Effectivement, en 1820, j'ai entendu raconter à un officier de la marine française, de retour de la côte d'Afrique, qu'ayant obtenu une audience particulière d'un *de ces petits rois africains*, il l'avait trouvé (non sans étonnement) assis dans un riche fauteuil de bois d'acajou, affublé d'un habit à la française de drap écarlate, enrichi d'une large broderie d'or (le tout un peu fané, à la vérité) et d'une petite pièce de toile, d'un pied carré, attachée à la ceinture, et qui complétait son costume de réception.

Ainsi, ce monarque débonnaire, noir, rouge et or, du reste infiniment affable, lui expliqua que son autorité royale se bornait à être le conciliateur de ses sujets en temps de paix, et leur général en temps de guerre : empire naturel de la sagesse réunie à la bravoure, et qui domine également le sauvage du Brésil!

Dans certains cantons, on se sert, pour trafiquer, de *cauris*, espèce de coquilles des îles Maldives, appelées vulgairement pucelages.

Chaque nègre revenait à 400 francs au propriétaire d'une expédition, y compris les droits d'usage sur les côtes, qui consistaient en rétributions perçues par les rois du pays et les comptoirs européens.

Dans les derniers temps, sur la côte de Guinée, un superbe nègre de 5 pieds 5 pouces revenait à près de 600 francs; les femmes se payaient 400 francs.

En 1816, la cupidité des spéculateurs faisait embarquer jusqu'à 1500 nègres à bord d'un étroit bâtiment : aussi, peu de jours après le départ, le défaut d'air, le chagrin, l'insuffisance d'une nourriture encore insalubre, provoquaient des fièvres, des dyssenteries; et chaque jour une contagion maligne décimait ces malheureuses victimes, enchaînées à fond de cale, toujours haletantes de soif et ne respirant que l'air putréfié par les déjections infectes qui salissaient, à la fois, les morts et les vivants : aussi, le vaisseau négrier qui embarquait à la côte d'Afrique 1,500 esclaves, ne débarquait-il au Brésil, après une traversée de deux mois, que 3 à 400 individus échappés à cette effrayante mortalité.

Frappés de cette perte d'hommes, qui renchérissait trop le prix des esclaves, les spéculateurs ont senti la nécessité d'amener moins de nègres à la fois, et de les traiter plus humainement; effectivement, depuis, on leur procure une consolante distraction en les faisant monter tous les jours sur le pont du navire, dont l'air pur les dispose plus facilement à danser de temps en temps au son d'une musique qui, malgré sa médiocrité, les charme encore, et bien davantage lorsqu'on y joint les négresses comme danseuses. Le lendemain on supplée à cette distraction par des exercices violents, qui les stimulent ordinairement; et cependant, s'il s'en trouve d'une tristesse exagérée, on les force, à grands coups de fouet, à prendre part à l'allégresse générale; tristes ou gais, néanmoins, ils sont toujours enchaînés les uns aux autres, afin de prévenir les révoltes, ou leur destruction volontaire en se précipitant dans les flots.

Lorsque les *nègres neufs* arrivent, ils sont visités, marchandés, triés comme des bestiaux; on examine la couleur de leur teint, la fermeté de la chair de leurs gencives, etc., pour connaître l'état de leur santé; ensuite on les fait sauter, crier, lever des fardeaux, pour estimer la valeur de leurs forces et de leur agilité. Quant aux négresses, elles sont évaluées selon leur jeunesse et leurs charmes.

Ces malheureux esclaves, la plupart prisonniers de guerre dans leur pays, et vendus par leurs vainqueurs, débarquent persuadés qu'ils doivent être dévorés par les blancs, et se résignent, en silence, à suivre le nouveau maître qui les achète.

Un ancien traité conclu avec l'Angleterre réglait même la valeur des nègres permis aux Portugais, qui ne pouvaient amener à Rio-Janeiro que des nègres de la côte du sud de l'Afrique et par cela même d'une espèce moins forte et beaucoup plus petite que celle du nord.

Pendant l'année 1828, il en fut importé au Brésil 430,601; et pendant les six premiers mois de 1829, 23,315.

Les maladies dont ils apportent le germe plus ou moins développé, sont, la gale, qui parfois se voit déja, et que les marchands masquent par des onctions; la dyssenterie, et la petite vérole, contre laquelle il existe une loi qui contraint tout propriétaire d'esclaves de les faire vacciner.

Les *nations africaines* les plus utilisées à *Rio-Janeiro*, sont : les *Binguelles*, les *Minas*, les *Ganguelles*, les *Banguelles*, les *Minas néjo*, *Mines mahij*, les *Sas*, *Rebollas*, *Cassanges*, *Minas callava*, *Cabindas d'agoa doce*, *Cabindas mossoudas*, *Congos*, *Mozambiques*. Ces dernières comprennent un grand nombre de nations vendues sur le même point de la côte, *Astres*, etc.

Abolition de la traite des Nègres.

Les *Quakers*, en 1727, censurèrent à Londres le commerce *de la traite des nègres*, et obtinrent *son abolition* dans la Pensylvanie, en 1774; et, en 1808, le parlement d'Angleterre sanctionna *l'abolition entière de la traite des nègres*.

En France, *la traite des nègres*, authentiquement *abolie* en 1815, l'avait été de fait longtemps auparavant, pendant la révolution française.

Au Brésil, un traité conclu avec l'Angleterre, et ratifié à Rio-Janeiro, le 23 novembre 1826, par Don Pedro Ier, empereur constitutionnel du Brésil, fixe l'époque de *l'abolition de la traite des nègres*, dans cet empire, au mois de novembre 1829. Il a reçu ponctuellement son exécution.

Explication des détails de la Pl. 22.

Pour compléter les souvenirs du voyageur européen qui a visité la capitale du Brésil, je réunis ici une collection de négresses, dont j'ai varié les races et les conditions. Plus tard, je reproduirai les nègres sur une feuille à eux spécialement réservée.

N° 1. *Rébola*, femme de chambre, imitant avec sa laine crêpée les masses de cheveux de la coiffure de sa maîtresse.

N° 2. *Congo*, négresse devenue libre, et femme d'un nègre ouvrier (tenue de visite).

N° 3. *Cabra*, créole née d'un mulâtre et d'une négresse, le teint plus brun qu'un mulâtre (tenue de visite).

N° 4. *Cabinda*, sage-femme en toilette, pour aller porter un enfant au baptême.

N° 5. *Créole*, esclave d'une maison riche, la *bayeta* sur la tête (grand châle de laine noire).

N° 6. *Cabinda*, femme de chambre d'une jeune dame riche.

N° 7. *Binguelle*, femme de chambre de la maîtresse d'une maison opulente.

N° 8. *Callava*, jeune esclave revendeuse de légumes, tatouée avec de la terre jaune; elle est coiffée avec une bandelette de crin enrichie de verroterie, et porte des pendants de même matière attachés à ses cheveux.

N° 9. *Mosambique*, négresse libre nouvellement mariée.

N° 10. *Mina*, première esclave d'un marchand européen (sultane favorite soumise aux coups de fouet).

N° 11. *Moujole*, ancienne nourrice, et bonne d'enfant, dans une maison riche.

N° 12. *Mulâtresse*, née d'un blanc et d'une négresse, femme entretenue.

N° 13. *Mosambique*, esclave d'une maison de moyenne fortune.

N° 14. *Banguelle*, esclave revendeuse de fruits, coiffée avec des tubes de verroterie.

N° 15. *Cassange*, première négresse d'un artisan, homme blanc.

N° 16. *Angola*, négresse libre marchande de légumes (*quitandeira*).

Les négresses *Moujoles* sont plus particulièrement mauvaises têtes, et ont en partage la gaieté, la coquetterie, et surtout l'ardeur des sens, qui caractérisent les *Congos*, les *Réboles* et les *Binguelles*.

PLANCHE 23.

Boutique de la rue du Val-Longo.

C'est dans la rue du *Val-Longo*, à Rio-Janeiro, que se trouve spécialement la *boutique du marchand de nègres,* véritable *entrepôt* où se déposent les esclaves arrivant de la côte d'Afrique. Parfois, ils appartiennent à divers propriétaires, et alors on les distingue à la couleur du morceau de toile ou de serge qui les enveloppe; à la forme d'une touffe de cheveux réservée sur leur tête, du reste entièrement rasée.

Cette *salle de vente*, silencieuse le plus souvent, est toujours infectée des miasmes d'huile de ricin qui s'échappent des pores ridés de ces squelettes ambulants, dont le regard curieux, timide, ou triste, vous rappelle l'intérieur d'une ménagerie. Cette *boutique,* quelquefois cependant convertie en *salle de bal,* par la permission du patron, retentit alors des hurlements cadencés d'une *file de nègres* tournant sur eux-mêmes et frappant dans leurs mains pour marquer la mesure; sorte de *danse* tout à fait semblable à celle des sauvages du Brésil.

Les *Ciganos* (Bohémiens vendeurs de nègres), véritables maquignons de chair humaine, ne le cèdent en rien à leurs confrères les marchands de chevaux; aussi doit-on avoir la précaution de se faire escorter par un chirurgien, pour choisir un nègre dans ces magasins, et lui faire subir les épreuves qui doivent suivre la visite d'inspection.

Quelquefois aussi, parmi cette exposition de nègres nouvellement débarqués, se trouvent mêlés des nègres déja civilisés, singeant le nègre brut, et dont il est prudent de se défier, parce qu'ils dissimulent certainement quelques imperfections physiques ou morales qui ont empêché de les vendre sans l'intermédiaire du courtier.

Cet examen doit être d'autant plus scrupuleux que, s'il échappe à la prévoyance de l'inspecteur quelques défauts physiques dans le *nègre vendu,* à peine sorti de la *boutique,* l'acquéreur n'a plus le droit de l'échanger : usage appuyé par plusieurs décisions émanées des tribunaux. J'en donnerai un exemple.

Un *beau nègre,* de haute structure, acheté dans une de ces *boutiques,* avec toute la confiance qu'inspirait son superbe physique, gardait, pendant l'examen, une orange à la main, avec un air de facilité que lui avait enseigné le marchand. Ce stratagème réussit parfaitement, car le *nègre,* arrivé à la maison de son nouveau maître, toujours l'orange à la main, ne la quitta qu'en laissant apercevoir un défaut dans l'articulation de l'un de ses bras; et l'acquéreur, quoique trompé, fut obligé de le garder.

Cette supercherie du *cigano* équivaut presque à celle d'un marchand de chevaux, à Paris, qui, vendant un fort beau cheval, mais aveugle, disait à l'acquéreur : Monsieur, *faites voir ce cheval,* et je vous réponds du reste.

La dépréciation momentanée du papier-monnaie avait plus que doublé, depuis 1829, le prix de l'*achat d'un nègre;* mais l'habitant de *Saint-Paul* ou de *Minas,* toujours l'argent à la main, l'achetait au cours du change. Pour le *citadin,* au contraire, qui payait en papier-monnaie, le *nègre* valait de 1800 à 2,400 fr.; la *négresse* un peu moins cher, et le négrillon, *molekê,* 640 à 800 fr.

J'ai reproduit ici une scène de vente. On reconnaît, à l'arrangement de la boutique, la simplicité du mobilier d'un *cigano, brocanteur de nègres,* d'une médiocre fortune. *Deux bancs de bois,* un *antique fauteuil,* une *morinha* (pot à eau), et la *chicota* (espèce de cravache en cuir de cheval) suspendue près de lui, font l'ameublement de son entrepôt. En ce moment, les nègres qui y sont déposés appartiennent à deux propriétaires différents. La différence de la couleur des draperies qui les couvrent sert à les distinguer; l'une est jaune, et l'autre rouge foncé.

Le Brésilien exercé reconnaîtrait à leur physionomie, dans la file de nègres placée à gauche de la scène, les caractères distinctifs de chacun d'eux, et à peu près comme je vais le décrire.

Le premier, excédé par les démangeaisons et qui cède au besoin de se gratter, déjà un peu vieux, serait sans énergie; le second, encore sain, plus indifférent; le troisième, d'un caractère triste; le quatrième, patient; le cinquième, apathique; les deux derniers fort doux.

Les six du fond, presque de même nation, tous susceptibles d'une facile civilisation.

Les *moleks* (négrillons), toujours entassés au milieu, ne sont jamais les plus tristes. Un *Mineiro* en marchande un au *cigano* assis dans son fauteuil. Le costume de l'*habitant des Mines* n'a point varié, et se compose d'un grand chapeau de feutre gris, bordé de velours noir, et soutenu par des ganses attachées à la forme; la veste bleue, le gilet blanc, la ceinture rouge, la culotte de velours de coton bleu, et les bottes molles de cuir de daim, armées d'énormes éperons d'argent. La tenue négligée du marchand correspond à la grossièreté de ses mœurs; il a de plus, à en juger par le teint décoloré et l'enflure du ventre, le symptôme des obstructions qu'il a rapporté de la côte d'Afrique, dont l'air est si malsain, que les troupes étrangères ne peuvent guère y stationner plus de trois ans sans éprouver le besoin d'y être remplacées par d'autres plus fraîches.

La soupente grillée, placée au fond du tableau, sert de dortoir aux *nègres,* qui y montent par une échelle.

Les deux portes pleines forment une alcôve qui ne tire d'air et de jour que par les cinq ouvertures ou meurtrières placées dans les intervalles.

La porte ouverte donne dans une petite cour qui sépare la boutique du logement où se trouvent la maîtresse de la maison, la cuisine et les esclaves domestiques.

Tel est le bazar où se vendent des hommes.

PLANCHE 24.

Intérieur d'une habitation de Ciganos (Bohémiens).

La caste des *Ciganos* se distingue autant par sa rapacité que par la fourberie qu'elle met en œuvre dans son commerce exclusif, commerce qui consiste à vendre des nègres neufs, et à troquer des esclaves civilisés, qu'elle se procure par des agents captieux qui les séduisent, ou les enlèvent.

Les premiers *Ciganos,* venus du Portugal, débarquèrent à *Bahia,* et s'établirent peu à peu au Brésil, conservant dans leurs voyages les habitudes d'un peuple nomade.

Ils suivent le rite de la religion chrétienne, mais surchargée de ridicules superstitions : ainsi, ils croient aux sortiléges, au pouvoir magique de certaines oraisons répétées trois fois, et accompagnées de certains gestes; et entre autres pratiques erronées, ils personnalisent, par exemple, les *douleurs de la sainte Vierge,* les *clous de la vraie croix;* et s'adressent à ces intermédiaires, en cas de malheur, pour implorer la clémence divine. Ces stupides chrétiens exercent sur l'image du Christ et de leurs saints protecteurs, de grossières vengeances, lorsque le miracle qu'ils en attendent ne s'effectue pas. Éprouvent-ils quelques pertes? ils s'empressent de parer leurs petites idoles protectrices, en les couvrant d'une infinité de nœuds de rubans de diverses couleurs, et attachent à leurs pieds des pièces de monnaie, etc. Mais si l'événement ne réalise pas la protection miraculeuse qu'ils attendent, ils châtient la petite image de bois ou de terre cuite, en la dépouillant de ses ornements, et relèguent dans un coin l'injuste divinité, jusqu'à ce qu'un autre malheur réveille le besoin d'implorer sa protection.

Les *Ciganos,* uniquement voués aux spéculations, négligent singulièrement l'éducation de leurs enfants; les plus riches se contentent de leur faire apprendre, tant bien que mal, à lire, écrire et compter, et les abandonnent, sans préceptes de morale, à la fougue de leurs caprices : tout petits, vous les voyez, le cigare à la bouche et la tabatière à la main, s'exercer impunément, et même au milieu de coupables encouragements, à la tricherie dans le jeu, à la subtilité dans le vol domestique, et adresser à leurs parents les insultes les plus révoltantes.

Abaissés au service intérieur du ménage, le moindre retard qu'ils y apportent les expose à la brutalité de leur père.

Le fils aîné seul a quelque privilége; il est toujours l'idole de sa mère, mais dont l'immoralité vient souiller plus d'une fois l'excessive tendresse.

L'éducation des filles n'est pas moins négligée; rarement s'élève-t-elle jusqu'à la lecture. Toutes petites, elles ont la guitare à la main; toujours à la fenêtre, elles n'emploient aux ouvrages d'aiguille que le temps exactement nécessaire pour disposer leur parure; du reste, paresseuses et coquettes, barbares envers les esclaves, elles ne s'occupent qu'à plaire aux hommes. Si le frère aîné captive la mère, elles sont les bien-aimées de leur père; mais aussi elles sont sévèrement surveillées par leur mère. Les plus vieilles femmes partagent avec les fils le service de l'intérieur de la maison.

Cette *race méprisée* se fait une habitude d'encourager et d'exercer le vol : ils dérobent toujours quelque chose chez les marchands où ils achètent, et, de retour à la maison, on les voit s'entre-féliciter de leur coupable adresse.

Les *femmes* sont généralement bien traitées par leurs maris, et répugnent à s'allier à une autre caste, pour éviter le mépris ou la haine de leurs parents. Aussi, est-il d'absolue nécessité que la volonté de ces derniers couronne l'amour des jeunes fiancés, pour effectuer leur union. Le mariage entre parents ne se contracte qu'entre collatéraux.

Les nouveaux époux, au sortir de l'église, retournent à la maison de la mariée pour y recevoir la bénédiction paternelle; à la suite de cette religieuse sanction, la nouvelle mariée reçoit, des mains de la parente la plus respectable par l'âge et la richesse, une chemise de prix, presque entièrement recouverte de broderies; aussitôt après cette dernière formalité, à laquelle assistent tous les parents et amis, les nouveaux époux, livrés à eux-mêmes, jouissent en paix du reste de la journée.

La mariée se couche revêtue de cette chemise nuptiale, qu'on lui redemande le lendemain matin; ce premier trophée de l'hymen est religieusement présenté aux plus proches parents qui habitent dans la maison, et est transporté tout de suite chez les autres alliés et amis. Au second jour seulement, a lieu le repas de noces, suivi des réjouissances d'usage.

Chez les Ciganos, les femmes, quoique coquettes, sont généralement chastes, mais moins par vertu que par crainte de la vengeance et de l'exécration de leur caste. Il y a pourtant des exemples d'enfants adultérins, recueillis et soutenus jusqu'à leur établissement, par leur père.

Les *célibataires* y respectent les femmes mariées, et recherchent les mulâtresses et les négresses libres.

Aussitôt après l'*accouchement d'une femme*, les parents s'emparent du *nouveau-né*, et se relaient près de lui, pour le garder nuit et jour jusqu'au moment du baptême, afin de le préserver, disent-ils, des sorcières ou fées malfaisantes, transformées en papillons noirs ou en chauve-souris, et qui se rendent invisibles pour sucer le sang de l'enfant tant qu'il est païen. Sur ces gardiens pèse aussi le soin de renouveler les branches d'herbe *de rue* placées aux angles du berceau, et de conserver religieusement les talismans et les amulettes déja suspendus au cou de l'enfant.

Le *Cigano* consacre la plus grande partie de sa fortune à la gastronomie et à la danse, ses plaisirs dominants : un beau clair de lune, une fête d'église, ou celle de ses nombreux patrons (car chacun d'eux en a au moins quatre), sont les prétextes de ses orgies, qu'il saisit exclusivement pour se livrer à l'état d'ivresse.

Les *réunions* commencent presque toujours à la nuit, et, grace à la douceur de la température du Brésil, les invités s'établissent dans une cour intérieure ou dans le jardin, lorsque la maison n'est pas assez spacieuse. A ces splendides repas, les convives sont assis sur des nattes posées par terre, autour d'une nappe où se placent les mets; d'énormes cônes formés de farine de *manioc* sont placés aux angles, et chacun en mêle une partie avec la sauce de chaque ragoût, pour s'en faire une espèce de pâtée, qu'il prend ensuite avec les doigts.

Dans ce *repas*, où règne la confusion, on porte des santés aux saints, au pape, aux ancêtres et aux alliés défunts. Le progrès de l'ivresse, chez les assistants, produit l'attendrissement, qui rappelle le souvenir des bienfaits dont ils se sont comblés mutuellement, et, les larmes aux yeux, ils s'en réitèrent les remercîments : scène à grande pantomime, et signal des réconciliations générales, auxquelles succèdent brusquement des chants entrecoupés de clameurs d'allégresse, prélude de leurs danses lascives.

Leur *chant* est monotone et discordant; ils préfèrent à tout autre rhythme le langoureux cantique, toujours orné de son chœur répété par les convives; entendu d'abord avec le plus respectueux silence, il est applaudi ensuite avec fureur.

Leur *danse* se compose de frappements de pieds, à la mode anglaise. Chaque danseur s'accompagne en imitant les castagnettes avec ses doigts; et les spectateurs renforcent l'accompagnement par des battements de mains. La *chula* et le *fandango* sont les deux danses qui fassent briller la souplesse et la vivacité des mouvements du danseur, qui termine son pas, au milieu des applaudissements, par des attitudes progressivement voluptueuses.

Pour dissimuler les spéculations de leur commerce, qui n'est qu'un trafic de mauvaise foi, ils se sont créé entre eux un langage assez pauvre, mais spécial, dont les expressions dérivent de l'hébreu.

Ils portent même entre eux l'esprit de négoce au point de profiter de la beauté de leur fille, pour la refuser aux premiers partis qui se présentent, afin que cet obstacle, irritant les désirs, lui attire un établissement plus avantageux.

Orgueilleux par richesse, ils font volontiers des dépenses considérables en achats de bijoux; mais, exposés par leurs bassesses à de fréquentes poursuites, ils n'ont qu'un mobilier très-simple, composé ordinairement de quelques malles et d'un hamac, indispensables objets peu embarrassants pour les déménagements d'urgence.

Naturellement assez poltron, le *Cigano* est pourtant brave en réunion, et se déclare toujours le protecteur de son frère malheureux.

A la *mort d'un Cigano,* les parents et les amis viennent se rendre, en habit de cérémonie, auprès du *défunt,* pour lui exprimer leurs regrets par des contorsions et des hurlements (qui rappellent ceux des sauvages); et, après l'enterrement, ils reviennent encore à la maison, pour gémir tout le reste de la nuit; mais le lendemain sèche les larmes et les voit se régaler, avec sécurité, au splendide repas qui leur est donné par le plus riche ou le plus proche parent du *défunt.*

PLANCHE 25.

Feitors corrigeant des Nègres.

On nomme *feitor*, dans une *roça* (bien de campagne), le gérant commis par le propriétaire pour surveiller la culture des terres, la nourriture des esclaves, et maintenir l'ordre parmi eux; ces fonctions entraînent le droit de leur infliger des corrections.

Les vices punissables sont: l'ivrognerie, le vol et la fuite; la paresse se réprime à toute heure par un coup de *chicota* (fouet), ou d'énormes soufflets distribués en passant.

A notre arrivée *au Brésil*, la plupart des *feitors* étaient Portugais. Généralement irascibles et vindicatifs, il leur arrivait souvent de corriger eux-mêmes les esclaves : dans cette circonstance, le patient souffrait avec résignation toutes les préparations de la torture qui l'attendait.

Le malheureux représenté sur le premier plan, après avoir eu les mains liées ensemble, s'est assis sur ses talons, portant les bras en dehors des jambes, pour laisser au *feitor* la faculté de passer sous les jarrets un bâton qui sert d'entraves; ensuite, facilement renversée d'un coup de pied, la victime conserve une posture immobile et favorable à l'assouvissement de la colère du correcteur, auquel n'osant à peine adresser que quelques cris de miséricorde il n'en obtient pour réponse qu'un *cala boca, negro* (tais-toi, nègre).

Un second exemple de correction se trouve dans le plan plus éloigné; là, c'est un des plus anciens esclaves qui est chargé d'appliquer les coups de *chicota*.

Lorsque le *feitor* doute du courage de ce correcteur, il fait placer derrière lui un second esclave pareillement armé d'une *chicota*, pour le frapper au moment où il faiblit; et, poussant plus loin encore sa tyrannique précaution, l'implacable *feitor* se place au troisième rang pour frapper le surveillant dans le cas où il ne s'acquitterait pas de son devoir avec assez de sévérité.

Les deux lanières de l'extrémité de la *chicota* enlèvent du premier coup l'épiderme, et rendent ainsi la suite de la correction plus douloureuse; elle se compose de douze à trente coups, après lesquels on a le soin de laver la plaie avec du vinaigre et du poivre, pour crisper les chairs, et prévenir la putréfaction, si rapide sous un climat chaud.

Le site représente l'intérieur d'une *roça*. A droite, sur le devant, les marches de la *varanda* annoncent la maison d'habitation où loge le *feitor*. Dans le fond, et sur les bords d'une petite rivière, se trouvent placées les petites cabanes habitées par les nègres; à gauche sur le même plan, une plantation de cannes à sucre longe une partie de cette petite rivière; à droite et à gauche, les hauteurs sont couvertes de plantations de cafiers.

A certaines époques, dans les grandes plantations de cafiers et de cannes à sucre, le travail des esclaves se continue jusqu'à minuit; ce qui s'appelle faire *serão*. S'il arrive, par exemple, des pluies abondantes, ou de grands coups de vent, lors de la maturité du café, on occupe tous les bras, et même on en loue, pour accélérer la cueille, et éviter la perte des grains tombés, qu'on ne saurait empêcher de pourrir.

Il en est de même lors de la maturité de la canne à sucre, qu'il faut couper, botteler, et transporter au moulin avant qu'elle fermente.

Ce travail extraordinaire se continue à la lueur des flambeaux de bois de *camarin*, fendu en petites baguettes réunies, et liées ensuite avec des *cipòs*. Ces espèces de torches, de grosseur ordinaire, s'allument facilement et éclairent aussi très-bien; aussi s'en sert-on ordinairement pour voyager la nuit.

La nourriture du nègre, chez un riche propriétaire, se compose du *cangique* (blé de Turquie concassé et bouilli dans l'eau), de haricots noirs, lard, *carne secca* (viande sèche et salée), d'oranges, de bananes et de farine de *mandioca*.

Chez le pauvre, au contraire, l'esclave est réduit à la farine de *mandioca* détrempée dans de l'eau, aux oranges et aux bananes. Cependant il est permis à ce nègre mal nourri d'utiliser le produit de la vente de sa culture particulière, pour acheter du lard et de la viande sèche. Enfin, pendant ses heures de loisir, la chasse ou la pêche lui procurent encore un surcroît de nourriture succulente.

Comme un propriétaire d'esclaves ne peut, sans avoir à lutter contre la nature, empêcher ses nègres de fréquenter des négresses, il est presque d'usage, dans les grandes propriétés, d'accorder une négresse pour quatre hommes; c'est à eux ensuite de s'entendre pour partager paisiblement le fruit de cette concession, faite autant pour éviter tout prétexte de fuite que pour entretenir l'avantage d'une propagation destinée à balancer, un jour, les effets de la mortalité.

Administrateur prévoyant, le *planteur brésilien* sait, comme on voit, entretenir par l'exigence sa fortune dans le présent, et, par une flexible moralité, se ménager des ressources pour l'avenir.

Planche 26.

Camp nocturne de voyageurs.

Quoique harassé par une marche pénible, sous l'influence d'une excessive chaleur, le *voyageur au Brésil* doit encore avoir la force d'apporter des soins attentifs, chaque soir, pour préparer sa station au milieu des innombrables forêts, toujours si longues à traverser. La journée finie, il commence par faire allumer du feu, ensuite se construit une *tente* avec les cuirs qui servent de couverture à la charge de ses mulets, s'en réservant cependant quelques-uns pour en garnir la terre sur laquelle il couche enveloppé dans son manteau; ou bien encore, il se forme un *abri* composé d'un toit en feuillage, prolongé jusqu'à terre, et dont la partie supérieure est appuyée sur une traverse attachée entre deux arbres, à la hauteur de 4 à 5 pieds; *cabane* absolument semblable à celles des *Puris* et autres sauvages, figurées dans la planche 26 du premier volume. Il *parque* ensuite ses mules, en formant une enceinte de barricades autour de sa station : les feux entretenus pendant la nuit préservent des animaux malfaisants, et éclairent en même temps les factionnaires relevés tour à tour.

Mais plus à plaindre est encore le *voyageur* isolé au milieu des plaines qu'il traverse sur les confins des provinces de *Saint-Paul,* de *Rio-Grande du Sud,* ou de *Sainte-Catherine;* il est obligé, dans ces déserts, de *camper* derrière les *canastres* (*) et les *harnais* de ses mulets; il attache ses chiens aux *angles de sa forteresse*, et conserve, toute la nuit, un factionnaire en dehors et près d'un feu, dont le tigre redoute la lueur.

Ainsi environné de créneaux, et les armes chargées, cet *industrieux nomade,* abrité entre deux cuirs de bœuf, dont l'un le préserve de la pluie, et l'autre de l'humidité du terrain sur lequel il dort, enveloppé dans son *ponche,* oublie un moment les fatigues d'un voyage long et souvent périlleux; tandis que ses mulets paissent en liberté, à quelque distance de lui. Mais au point du jour, rechargés comme la veille, ces animaux dociles emportent à la fois les trésors et les remparts de leur maître, pour les réédifier le soir.

Telle est la vie du *voyageur au Brésil,* privilégié du reste, s'il faut en croire la remarque que l'on m'a signalée: « Lorsque le tigre, dit-on, attaque ces *camps retranchés,* il exerce d'abord sa férocité sur les chiens, et se porte ensuite sur les nègres avant d'oser s'élancer sur les blancs. »

N° 2. — Le dessin n° 2 représente l'*intérieur du campement,* et donne la *situation du voyageur endormi.* En examinant ensuite les *deux mulets*, dont l'un est chargé de ses *quatre canastres*, et l'autre dont la charge est entièrement recouverte du *cuir* fait pour la préserver de l'ardeur du soleil, comme de l'humidité de la pluie, on prendra une juste idée des matériaux dont se forment les murailles du *camp nocturne d'un voyageur au milieu des plaines du Brésil.*

L'étranger qui a *séjourné au Brésil* reconnaît ici, sans étonnement, la constance infatigable du *Pauliste* poursuivant sans cesse, à travers les plaines désertes, le cours de ses spéculations.

Mais combien n'admire-t-il pas plus encore le *naturaliste européen*, emporté par l'amour des découvertes à partager toutes les *calamités du nomade,* délaissant volontairement les

(*) Petites malles.

douceurs d'un bien-être si séduisant au centre de la civilisation, pour enrichir un jour de ses immenses récoltes les musées d'histoire naturelle et les bibliothèques des grandes puissances européennes!

Et c'est ici qu'il faut le déclarer avec le *Brésilien* qui l'admire : cela est encore du courage héroïque! vertu désormais inséparable des noms révérés des *Maximilien de Neuwied,* des *Auguste de Saint-Hilaire,* des *Spix,* des *Marcius,* des *Langdorf,* et des *Frédérick Celaw,* que j'ai eu l'avantage de connaître au *Brésil.*

PLANCHE 27.

Petit Moulin à sucre portatif.

Ce fut très-peu d'années seulement avant notre arrivée à Rio-Janeiro que l'on cultiva au Brésil la canne à sucre de Cayenne, de préférence à la canne indigène; à la vérité d'une espèce beaucoup plus petite, car la tige de cette dernière, haute de 5 à 6 pieds, ne porte guère que 18 lignes de diamètre, tandis qu'au contraire la *canne de Cayenne,* de la grosseur du bras d'un homme, s'élève souvent jusqu'à 25 pieds, avec l'avantage de pouvoir supporter trois coupes.

Cette énorme différence dans le produit du sucre se compense cependant, pour le consommateur, par la supériorité de la *cristallisation* du sucre de la *canne indigène,* plus savoureuse, plus ferme et plus susceptible de se conserver long-temps emmagasinée.

C'est au mois de janvier que cessent les travaux dans les fabriques de sucre, et ils ne recommencent qu'en avril; on s'occupe, pendant les excessives chaleurs qui règnent dans cet intervalle, à couper, nettoyer et replanter les *cannes à sucre.*

Le *plan* de la *canne à sucre* n'est autre chose qu'un de ses morceaux coupé de la longueur de trois yeux (ou naissance des feuilles), que l'on couche horizontalement à 2 ou 3 pouces de profondeur en terre, et de manière à laisser en-dessus l'œil qui se trouve au milieu du morceau, d'où s'élève perpendiculairement un rejet bon à couper au bout de l'année. (Voir la planche 25.)

Nous citerons la *ville de Campos* comme distinguée spécialement par son commerce de *sucre :* située au pied de montagnes boisées, les propriétaires de ses *belles sucreries* ont le double avantage de faire exploiter dans leurs possessions tout le bois nécessaire à la fabrication de leurs *caisses à sucre* (*); seconde branche de commerce de cette ville renommée pour son industrie.

Aussi doit-on à l'usage des caisses dans ce commerce, l'habitude d'évaluer la fortune de chaque propriétaire de ce canton par le nombre de *caisses de sucre* qu'il met sur la place chaque année, et de fixer la valeur d'une *dot* par le nombre de *caisses de sucre* qu'une

(*) Le bois appelé *jetahy* jaune est celui qu'on choisit de préférence.

jeune fille apporte en mariage; en ce cas, un des plus riches partis est de 2 *à* 3000 *caisses.* On fixe le terme moyen du travail d'un esclave au produit annuel d'une *caisse de sucre* et d'une *pipe d'eau-de-vie de canne.*

Il est peu de voyageurs qui ne soient allés visiter, aux environs de *Campos*, l'ancien collége des Jésuites, monument du XVIe siècle, dont les constructions et le vaste domaine, transformés aujourd'hui en une superbe fabrique de sucre, l'*ingenhio do collegio dos Jesuitos*, offrent l'étonnant exemple de la fortune la plus colossale d'un propriétaire de ce genre.

On compte dans cette espèce de peuplade plus de 300 mulâtresses, extrêmement blanches maintenant, parfaitement mises, et jouissant dans leur esclavage de toutes les douceurs d'une vie aisée, quoique encore soumises à une portion de service réservée. Voici comment cela s'explique : à *Campos* le travail d'un esclave, mulâtre ou nègre, se réduisant à l'obligation de fournir annuellement à son maître un certain nombre de *caisses de sucre*, travail qui peut s'exécuter en un mois ou deux, et après lequel l'esclave laborieux peut se livrer, pendant le reste de l'année, à toute son industrie, pour son propre compte, on le voit spéculer sur les produits des vastes plaines de la propriété dont il dépend, y élever des chevaux d'une race fort estimée et qui s'y multiplie à l'infini, ou s'y livrer simplement à l'agriculture, ou bien encore à un travail manuel, etc.; et même après s'être acquitté de sa redevance annuelle, honoré de la confiance de son maître, voyager à la faveur d'un congé limité, pour suivre le cours de ses spéculations.

Le but constant de son activité est de parvenir à acheter lui-même des esclaves qui l'aident dans son travail ou dans son commerce; fortune qui honore autant son industrie que la philanthropie de son maître, heureux de le voir jouir paisiblement d'une aisance si justement acquise, avec le droit de la transmettre à ses descendants.

C'est à deux lieues de *Campos* que se trouve située cette célèbre *Fazenda* dont les avenues, dominées par deux églises, ressemblent à une petite ville commerçante; les nombreuses boutiques de cette population esclave offrent aux acheteurs un choix très-complet de toutes espèces de marchandises, même en sucre et en café.

C'est encore à *Campos* qu'on se plaît à faire remarquer aux étrangers le faste de la veuve du propriétaire brésilien, qui, le dimanche, en se rendant à l'église, entourée du nombreux cortége de ses femmes esclaves; déploie le luxe d'un ambassadeur oriental d'autrefois.

On cite la *marquise de Palma*, femme d'un des premiers nobles de la *cour impériale du Brésil*, comme possédant une portion héréditaire du revenu de cette *Fazenda*, digne, sous tous les rapports, de sa grande réputation.

Description du dessin.

Cette petite *machine* assez commune (moulin à sucre portatif), que j'ai vue établie dans une des boutiques de la place de *la Carioca*, sert à exprimer le *jus de la canne à sucre*, employé à Rio-Janeiro sous le nom de *calda de cana* (sirop de sucre).

Cette liqueur, sans préparation, ne peut se garder que vingt-quatre heures sans fermenter, et sert journellement aux limonadiers pour sucrer les verres d'eau qu'ils se plaisent à nommer capillaires; boisson assez rafraîchissante dont l'économie a propagé l'usage.

On peut se faire une idée des *grands moulins à sucre*, d'après le petit modèle que je donne, en supposant un moteur hydraulique ou à manége. Les cylindres de cette mécanique ont alors de 4 à 5 pieds de haut. Elle est toujours construite sous un grand hangar. (Voir une de ses auges à la planche 6 *bis*, remplacée ici par le petit baquet qui reçoit le jus de la *canne à sucre*.)

La simplicité du mécanisme de ce petit modèle nécessite un nègre de plus, placé par derrière pour repasser la canne déja aplatie entre l'autre cylindre qui doit l'écraser pour la dernière fois.

Dans les grands moulins, au contraire, l'usage du second nègre est remplacé par deux rouleaux de plus, placés de manière à forcer la canne à repasser sans interruption entre le dernier rouleau qui achève de l'écraser en la ramenant vers le côté où elle avait été introduite.

La petitesse de la machine et le peu de force du moteur représentés ici ne permettent d'écraser que la *petite canne indigène*. Le plus intelligent des nègres est chargé d'introduire la *canne* entre les cylindres, et d'en ressaisir les morceaux écrasés. Ces tiges aplaties et encore pleines de substance, données comme nourriture aux chevaux et aux bœufs travailleurs, les fortifient et les engraissent en peu de temps.

On voit dans le fond de la boutique une table et son banc préparés pour les consommateurs qui y viennent boire, ou seulement acheter une certaine quantité de *sirop de sucre*, qu'on leur vend à la mesure. La *botte de cannes* accotée à un banc placé sur le devant de la scène, donne la proportion des rejets assez mesquins de la plus petite espèce de *canne indigène*.

PLANCHE 28.

Transport de viande de boucherie.

Dans les pays méridionaux, en général, mais surtout au *Brésil,* placé sous l'influence d'un climat tout à la fois chaud et humide, on fait peu d'usage de la viande insipide du bœuf, qui y dépérit toujours en traversant des pâturages dont les herbes aqueuses manquent tellement de substance, que l'on est forcé d'y remédier en donnant, pendant le voyage, deux fois par semaine, du sel à manger aux animaux; précaution qui ne les empêche pas d'arriver toujours exténués à Rio-Janeiro.

L'*approvisionnement de bœufs* est particulièrement fait par les habitants de *Saint-Paul, Taubaté,* etc. Les capitalistes de cette province emploient pour ce genre de commerce des agents nommés *capataces,* qu'ils envoient dans la province de la *Corityba* pour acheter les animaux qui se trouvent toujours rassemblés en grand nombre dans les plaines voisines de sa capitale dont elle a pris le nom.

L'acheteur a toujours soin de choisir les bœufs les plus forts et les plus gras, comme plus capables de soutenir les fatigues d'un assez long voyage.

C'est ordinairement vers les mois de septembre et d'octobre que les *capataces* se rendent dans ces plaines; ils ramènent leurs *troupeaux* à *Saint-Paul,* et s'acheminent tout de suite vers *Rio-Janeiro,* pour y être rendus avant les mois de janvier et de février, évitant ainsi de traverser les pâturages pendant la floraison du *timbò*, plante vénéneuse et à peu près semblable à la violette.

En 1816, les *bouchers de Rio-Janeiro* achetaient la *viande* au seul *abattoir,* alors affermé à un riche négociant chargé de l'approvisionnement; mais ce monopole cessa sous l'empire, et, depuis, chaque boucher achète ses bœufs et, moyennant une rétribution, les fait abattre à la *boucherie.* Des *nègres* attachés à l'établissement transportent la *viande* chez les propriétaires.

En voyage, les *fournisseurs de bestiaux* échelonnent leurs troupeaux dans leurs stations, de manière à fixer l'arrivage d'une quantité suffisante de *bœufs* pour l'approvisionnement de Rio-Janeiro aux jours indiqués. Ces animaux, parqués pendant vingt-quatre heures auprès de l'abattoir, sont à la disposition des bouchers, qui y viennent faire leurs achats. C'est aussi à ce même abattoir que se vendent les peaux et les tripes.

Avant l'arrivée de la *cour du Portugal* à *Rio-Janeiro*, il s'y consommait très-peu de *viande de bœuf,* et alors, les extrémités, les entrailles, même les têtes, se donnaient gratuitement aux citoyens qui se présentaient à la *tuerie.* Mais, maintenant, des marchandes *tripières,* établies près de la *tuerie,* en font un commerce qui ne laisse pas que d'être encore assez lucratif.

Les *têtes de bœufs,* dont on extrait la cervelle, sont spécialement destinées à l'approvisionnement des hôpitaux; et les pieds de bœufs, appelés *mocotoës,* remplacent sur les tables les pieds de veaux et de moutons, qui n'y figurent jamais: les affections de poitrine, assez fréquentes au *Brésil,* y font recommander l'usage de ce mets mucilagineux et substantiel; aussi, préparé en fricassée comme le poulet, a-t-il le privilége de paraître sur les meilleures tables. Les marchandes les vendent blanchis et déjà coupés en deux.

La *viande de bœuf,* non seulement peu substantielle, est encore généralement mal saignée; et quoique, à *Rio-Janeiro,* un règlement de police en fixe le prix à 3 *vintems* la livre, les étrangers surtout préfèrent y mettre 5 *vintems* (12 sous et demi) pour l'avoir belle; usage peu à peu introduit par les bouchers français, qui font abattre leurs bœufs devant eux, et savent mieux saigner et couper la viande.

Le *Brésilien* ne fait aucun usage de la *viande de veau*, et, comme nous l'avons dit précédemment, les bouillons rafraîchissants se font avec le poulet.

Le *mouton*, naturellement délicat, ne peut que difficilement soutenir les fatigues d'un long voyage, pour arriver des plaines de l'intérieur où il s'élève; aussi, le petit nombre qui arrive à Rio-Janeiro est-il très-maigre.

Depuis 1830, un spéculateur de la capitale y conserve un chétif troupeau de moutons, que l'on mène tous les jours paître sur les hauteurs du *Castel*. Cette viande, toujours chère, s'y vend 1 pataque et demie (3 francs) la livre.

Le dessin représente une partie de l'extérieur de *l'abattoir de Rio-Janeiro*, situé rue Sta *Luzia*, et le départ d'un char à bœufs chargé de viande fraîchement tuée et destinée à l'approvisionnement d'un des établissements publics de cette capitale. On voit aussi, dans la prolongation de cette même rue, deux *nègres* de la Tuerie, portant chacun sur la tête un quartier de bœuf appartenant aux bouchers de la ville : chargés de ce pesant fardeau, ils accélèrent leur marche réglée par la cadence d'un refrain qu'ils chantent pendant la route. (Revoir la note de la pl. 13.)

J'ai rassemblé sous le N° 2 le *joug tournant* dont se servent les *Paulistes* pour dompter les bœufs destinés aux charrois; et de plus, la machine hydraulique (bascule à pilon) nommée la *paresseuse* ou la *manjola*, généralement employée *au Brésil* pour piler la farine de *manioc*, ou blé de Turquie (*maïs*). (Revoir la note de la pl. 20.) Cet exemple se reproduit sur une plus grande échelle, et abrité sous un hangar fermé par des barreaux; *l'auget* seul passe en dehors, pour recevoir la chute d'eau qui le fait mouvoir.

En parcourant les campagnes habitées, on entend de loin les coups redoublés *de ces pilons*. Par ce mécanisme très-simple, *l'auget* bientôt rempli se vide aussitôt lorsqu'il touche à terre, à la faveur de l'un de ses côtés horizontalement placé, et est relevé de suite par le contre-poids *du pilon*. Il n'y a de distance entre les coups que le temps de remplir *l'auget*, ce qui peut s'évaluer à une demi-minute lorsque la chute d'eau est forte.

La scène est supposée se passer dans l'intérieur d'une propriété. *Le nègre* qui s'achemine vers *le pilon* porte sur la tête une auge de bois remplie de grains de *maïs*.

Je remarquai avec étonnement qu'au milieu des immenses progrès de la civilisation *dans la capitale*, on conservait, même à l'époque de mon départ, une teinte de l'ancienne barbarie *brésilienne* dans *la manière de tuer les bœufs* : cruauté routinière qui dut sa conservation, sans doute, à la disposition intérieure de *la Tuerie*; car, *à Prahia-Grande*, et dans les établissements où se prépare *la viande sèche*, on se servait de moyens infiniment plus convenables et auxquels je reviendrai plus tard.

Enfin ce véritable *massacre*, que pouvaient regarder les curieux à travers les barreaux extérieurs, consistait à faire entrer une quarantaine de bœufs dans une salle d'allée, donnant sur la rue et aérée par deux de ses cotés fermés par de doubles barreaux. Les animaux introduits, trois ou quatre *nègres* armés de haches s'élançaient et assommaient à coups de tranchant les bœufs, qui tombaient successivement après s'être précipités les uns sur les autres, la tête mutilée. Les animaux à peine abattus, on se hâtait de leur couper la tête, on les dépouillait, et, à coups de hache encore, on les dépeçait.

Il n'était pas moins répugnant de voir, après cette scène de carnage, ces mêmes *nègres* tout couverts de sueur et de sang, haletants de soif, traverser la rue pour entrer dans les boutiques d'épiciers, *vendeiros*, et s'y désaltérer avec un grand verre d'eau-de-vie ou de *sangria* (vin sucré).

Ces *sacrificateurs dégoûtants* et conversant avec des *nègres* leurs amis, offraient le plus hideux spectacle à l'œil de l'Européen, pendant le quart d'heure de suspension employé à laver *la Tuerie*, qui se remplissait une seconde fois d'une pareille quantité de bœufs destinés au sort des précédents.

Planche 29.

Boutique de Cordonnier.

L'Européen qui arrivait à Rio-Janeiro en 1816 avait peine à croire, en voyant le nombre considérable *des boutiques de cordonniers*, toutes remplies d'ouvriers, que ce genre d'industrie pût se soutenir dans une ville dont alors les cinq sixièmes de la population marchaient pieds nus. Mais il le comprenait bientôt, dès qu'on lui faisait observer que les dames brésiliennes ne portant exclusivement que des souliers de soie, pour marcher en tout temps sur des trottoirs dallés en granit tendre, de nature à érailler en un instant la trame délicate de leur chaussure, ne pouvaient guère sortir deux jours de suite sans la renouveler, surtout pour faire des visites; luxe poussé au dernier degré sous le ciel pur *du Brésil*, où les femmes, généralement favorisées d'un très-joli pied, déploient, pour le faire ressortir, la coquetterie naturelle aux peuples du midi. Les couleurs seules adoptées alors étaient le blanc, le rose et le bleu de ciel; mais depuis 1832, on y ajouta le vert et le jaune, couleurs impériales et affectées au costume de la cour.

Ce luxe, du reste, ne s'arrête pas aux maîtres; il force la riche Brésilienne à faire chausser, comme elle, en souliers de soie, les six ou sept négresses qui la suivent à l'église ou à la promenade. La mère de famille moins fortunée a la même dépense pour ses trois ou quatre filles et ses deux négresses. La mulâtresse entretenue tient à se chausser fraîchement chaque fois qu'elle sort, ainsi que sa négresse et ses enfants. La femme du pauvre artisan se prive presque du nécessaire pour paraître avec une chaussure neuve à toutes les fêtes; et enfin la négresse libre y ruine son amant pour satisfaire à cette dépense trop fréquemment renouvelée.

Et pourtant, cette coquetterie ne peut briller que pendant le trajet de la maison à l'église; car une fois entrée sur les tapis étendus par terre dans la nef, *la Brésilienne* en s'agenouillant cache scrupuleusement ses talons avec sa robe, et ne quitte cette posture que pour s'asseoir à l'asiatique, c'est-à-dire, les jambes reployées sous son corps, usage que l'on retrouve dans les réunions particulières des classes inférieures de la population, toujours assises par terre.

C'est donc, à vrai dire, dans les *jours de fête* seulement que l'on voit à *Rio-Janeiro* des femmes de toutes les classes fraîchement chaussées, car, aussitôt rentrées à la maison, les esclaves serrent leurs souliers, et la femme de chambre seule en conserve une paire éraillée qu'elle porte en pantoufles.

Il en est de même dans l'intérieur de la plupart des familles, dont les femmes, toujours jambes nues, et constamment assises sur des nattes étendues par terre, ou sur leur *marquesa*, conservent habituellement près d'elles une paire de souliers fanés qui leur sert de pantoufles, pour ne pas marcher pieds nus dans la maison.

En un mot, ce gaspillage de chaussures, fait par des femmes qui n'en portent réellement pas chez elles, suffit d'autant plus à entretenir l'activité des cordonniers, qu'ils ne fabriquent que de très-minces souliers de soie et de couleurs extrêmement fraîches, comme nous l'avons vu.

L'anglomanie portugaise du petit nombre de courtisans arrivés à la suite du roi au *Brésil*, et imitée d'abord par les riches négociants à Rio-Janeiro, leur avait créé l'habitude de faire venir leurs chaussures de Londres.

Mais à peine Rio-Janeiro fut-il capitale d'un royaume, qu'on y trouva des cordonniers-bottiers, français et allemands, munis d'excellents cuirs d'Europe ; et, comme c'était indubitable, les ouvriers nègres ou mulâtres employés dans ces boutiques devinrent, par suite, les rivaux de leurs maîtres : on trouve, en effet, maintenant, dans les magasins de ces gens de couleur, toute espèce de chaussures parfaitement confectionnées.

A l'époque de notre arrivée, la réunion *des boutiques de cordonniers* occupait la petite rue *dos Barbeiros*, première de la *rue Droite,* et qui longe *la chapelle des Carmes;* en moins de deux ans, l'accroissement de cette industrie prolongea son envahissement jusqu'au tiers de la rue *do Cano,* qui est presque contiguë à celle *dos Barbeiros ;* et aujourd'hui ces boutiques commencent à se répandre dans les autres rues de *Rio-Janeiro.*

La distribution intérieure de *ces boutiques* et l'harmonie de leur décor ne varient point. Le blanc, le vert clair et le rose sont les couleurs exclusivement adoptées. De plus pauvres, cepndant, privées d'armoires vitrées, n'ont qu'une simple cloison dans le fond, pour cacher, comme dans celle-ci, le lit et une porte qui communique à une petite cour où se trouvent la cuisine et la pièce dans laquelle couche *le nègre* esclave du cordonnier.

Le dessin représente *la boutique opulente d'un cordonnier portugais*, corrigeant son esclave ouvrier; sa femme mulâtresse, quoique occupée à allaiter son enfant, ne peut résister au plaisir de voir corriger un *nègre.*

L'instrument de correction dont se sert le maître se nomme *Palmatoria,* espèce de férule percée de plusieurs trous, afin de ne point comprimer l'air, et laisser toute l'énergie du coup sur la main frappée. La correction se compose, selon la gravité du motif, d'une à trois douzaines de coups de suite.

Les autres *nègres* sont des journaliers, envers lesquels le cordonnier agirait de même en pareille occasion.

N° 2. — J'ai dû donner des détails *de la plante* qui se trouve rassemblée en botte sur le premier plan, et qui figure en première ligne chez les cordonniers, en ce qu'elle leur sert de colle.

Cette plante grasse, de la famille des *aloës,* nommée vulgairement *gruda de sapateiro* (colle des cordonniers), ne s'élève pas à plus de trois pieds ; ses fleurs sont d'un jaune d'or, et ses graines d'un brun noir : elle se plaît également dans l'humidité et dans les terrains sablonneux.

Son suc, amer et gommeux, est employé par les cordonniers, les bourreliers et les relieurs, de préférence à toute autre colle, comme redouté des insectes. Mais ce préservatif devient presque nul dans les bibliothèques, et notamment dans celle impériale de Rio-Janeiro, où le gouvernement entretient un préposé, dans chacune des salles, spécialement occupé à épousseter feuille par feuille les volumes, pour en enlever les œufs, ou même les vers des insectes : mesure tellement indispensable, que j'ai vu plusieurs volumes attaqués par un très-petit insecte de la famille *des tarières ou taret,* dont les feuilles, percées de part en part et criblées de petits trous parfaitement ronds, n'étaient plus qu'un réseau de dentelle. Ce qui entrave l'application des procédés découverts pour la conservation de la librairie au *Brésil,* c'est la difficulté d'employer un préservatif puissant qui ne devienne pas, en même temps, nuisible à la santé des lecteurs.

La facilité de se procurer à tout instant une colle sans apprêt n'a pas peu contribué au succès général de la *gruda de sapateiro :* en effet, il suffit d'en racler la tige, dégagée de sa première enveloppe, pour en obtenir une espèce de gélatine blanc-verdâtre, dont on se sert tout de suite et qui sèche assez promptement.

Planche 30.

Maison à louer, cheval et chèvre à vendre.

Aujourd'hui, la population de *Rio-Janeiro* est tellement considérable, qu'il est rare d'y voir rester, plus de vingt-quatre heures, des *feuilles de papier blanc collées à l'extérieur des fenêtres d'une maison inhabitée.*

Lors de notre arrivée, on ne voyait guère ce *signal de maison à louer* qu'aux masures malsaines par leur humidité; parce qu'alors on cherchait à louer d'avance une maison qui pouvait devenir vacante.

Les propriétaires s'y prêtaient d'autant plus volontiers pour se soustraire au joug de *l'aposentadoria real,* oppression féodale qui imposait à tout propriétaire d'une maison à louer l'obligation d'accepter pour locataire un individu adressé par ordre du gouvernement; obligation qui entraînait la funeste conséquence, en cas de non-paiement, de ne pouvoir attaquer le locataire privilégié sans l'autorisation de la *Cour royale,* dont la complaisance au pouvoir multipliait à l'infini les *remises de cause,* et décourageait ainsi le poursuivant, trop heureux, au bout de quelques années, de déterminer son débiteur à déloger sans payer.

Parfois, plus insidieusement encore, on supposait que le propriétaire lésé avait dû toucher le loyer des mains d'un agent du gouvernement; ce qui rendait toute poursuite dangereuse! Aussi, pour se soustraire à cet enchaînement d'abus, nous avons vu, en 1817, plusieurs propriétaires, et notamment celui d'une fort belle maison située à l'entrée du faubourg de *Catété,* laisser leurs bâtisses inachevées, dans l'espoir d'une prochaine révocation de *l'aposentadoria real,* fléau qui cependant ne cessa que sous l'empire. (Nous y reviendrons dans le troisième volume.)

Auprès de cette cruelle coutume, je rappelle ici une trace de la bonhomie brésilienne, dans la reproduction de l'antique manière d'offrir au public le prix d'un objet à vendre, que l'on promène dans les rues. J'en offre l'exemple dans deux inscriptions placées, l'une sur la tête d'un cheval que deux passants examinent, et l'autre attachée aux cornes d'une chèvre promenée par une esclave chargée du jeune chevreau. La tenue misérable de la négresse dénote en même temps l'état de détresse de ses maîtres réduits à la pénible extrémité d'un dernier sacrifice.

Il n'en est pas de même du cheval, dont mille raisons ont pu déterminer la mise en vente. Une des plus communes est le départ subit du maître, forcé de s'embarquer ou de s'en défaire à cause de quelques défauts peu apparents. On sait d'avance que le nègre chargé de monter le cheval à vendre est assez bon cavalier pour le faire valoir à l'œil de l'acquéreur, qui a cependant le droit de le faire essayer ou de le monter lui-même pendant quelques jours avant de le payer, avantage qui donne presque toujours lieu à quelque diminution de prix.

En général, on peut avoir un cheval ordinaire, quelquefois fatigué du voyage, mais qui par le repos retrouve ses moyens, pour le prix de 40,000 reis jusqu'à 70,000 reis (240 à 380 francs), et un beau cheval pour 6 à 800 francs.

Marchands d'oignons et d'ail.

L'esprit de commerce, et l'habitude de baser les revenus de l'état sur le produit de la douane, firent conserver à *Lisbonne* et à *Bounos-Aëres* la prérogative de l'approvisionnement assez considérable d'*oignons de grosse espèce,* seuls en usage à *Rio-Janeiro.* Mais depuis plusieurs années l'industrie étrangère en introduisit la culture au *Brésil,* et l'on sait même à présent profiter des *rejets des oignons* qui, à leur arrivée, commencent à germer, en les plantant tout de suite. On fait plus encore; l'expérience a prouvé qu'en partageant la *portion de l'oignon* qui tient au chevelu, on en obtient autant de *rejets* que de morceaux séparément repiqués en terre. Cette récolte prompte et savoureuse se consomme presque tout en vert; ressource d'autant plus lucrative dans le principe pour le cultivateur, qu'il pouvait profiter de la hausse excessive de cet *indispensable oignon,* lorsque l'arrivage des bâtiments éprouvait quelque retard.

Quant à l'*ail,* ce sont maintenant les *provinces de l'intérieur du Brésil* qui en fournissent l'approvisionnement nécessaire à la consommation de la *capitale.*

A *Rio-Janeiro,* c'est dans quelques-unes des boutiques du marché au poisson que se déposent l'*ail* et les *oignons;* là, on les fixe sur des tresses de paille pour les distribuer aux colporteurs.

Forcé au Brésil, comme dans tous les pays chauds, de relever l'assaisonnement des comestibles, on fait usage journellement dans les cuisines ordinaires, et chez tous les traiteurs (*casas de pasto*) de la *linguiça,* espèce de cervelas très-sec, sans graisse et très-poivré, que l'on combine avec les différents herbages ajoutés à la viande de bœuf pour faire le bouillon gras.

Des deux *nègres* placés dans l'arrière-plan, à gauche de la scène dessinée, et supposés appartenir à un marchand charcutier, l'un porte, suspendues à un bâton, des *linguiças* toutes prêtes à vendre; tandis que l'autre, de retour d'une *tuerie de porcs,* en rapporte à la maison de son maître des *boyaux tout préparés* pour servir d'enveloppe de ce *cervelas,* très-semblable à celui d'Italie, moins *la feuille de laurier hachée qui ne s'y trouve pas.*

Quant au *site,* il représente une *place irrégulière,* à l'extrémité de l'un des faubourgs de *Rio-Janeiro.*

Planche 31.

Monnaies brésiliennes.

On s'étonnera sans doute d'apprendre qu'au Brésil la Province des Mines d'or soit la seule qui ne fabrique point de monnaie. En effet, on doit ce contre-sens local à l'introduction dans un territoire aurifère des spéculateurs étrangers, parmi lesquels toujours, des aventuriers de mauvaise foi déshonorent par des crimes l'industrie commerciale.

Il est donc réel que, de toutes les villes du Brésil qui se distinguent par leur hôtel des monnaies, celle de *Villa Rica* a renoncé à l'activité de cette fabrication, par suite de la contrefaçon de ses pièces d'or; fraude étrangère qui discrédita cette monnaie d'un métal trop pur, et en interrompit le cours dans toute la *Province de Minas,* où elle circulait exclusivement.

On admit ensuite pour le commerce la simple *poudre d'or* (*), dont la quantité, réglée par une valeur reconnue, satisfaisait aux échanges; mesure qui nécessitait à tout instant l'emploi d'une petite paire de balances, devenue indispensable à tout voyageur : léger inconvénient qui donna naissance à un bien plus grave; celui de la falsification du poids de cette *même poudre,* par le mélange d'un sable brillant nommé *ango.*

Enfin, forcé d'abandonner ce métal trop corrupteur pour les Européens, on y substitua *un papier-monnaie,* et l'on créa des *billets* sous le nom de *permuta,* dont la valeur graduée va depuis *un vintem* (**) d'or (37 reis), trois sous six deniers, jusqu'à une *demi-oitava* (3 francs 15 sous). Des maisons de change, *casas de permuta,* délivrent ces *billets* en échange de la *poudre d'or,* mais seulement pour la valeur de quatre *oitavas*, (30 francs).

Autrement, pour se procurer la valeur numérique en papier d'une plus forte quantité, il faut s'adresser aux employés du gouvernement, qui vous la délivrent réduction faite de l'impôt du *quint.*

Il existe en outre, dans cette province, comme valeur monétaire ou mercantile, le *lingot d'or,* sorti de *l'Intendance de la ville,* et marqué de l'empreinte des armes du Brésil, ainsi que du chiffre de son poids, toujours accompagné d'un certificat nommé *Guia,* exigé dans la circulation.

Mais comme le *gouvernement brésilien* gagne vingt pour cent sur l'or, il reste encore aux fraudeurs de *poudre d'or* le bénéfice de dix-huit pour cent sur cette espèce de monnaie, plus de deux pour cent d'essayage; spéculation qui alimente la contrebande, au point de soustraire chaque année de très-grandes valeurs aux droits du gouvernement, malgré l'active surveillance qui s'observe dans l'intérieur et sur les limites de la *Province des Mines.*

Désirant donner à mes lecteurs une idée de la variété de *couleur* et de *qualité* de l'or exploité dans les *mines du Brésil,* j'en rapporte consciencieusement ici le résumé précis du véridique M. *Denis,* qui s'exprime ainsi : « *Les mines d'Itabira, de Mato*

(*) La poudre d'or est un composé de parcelles de ce métal, un peu plus petites que le grain du millet, et dont la forme irrégulière est arrondie par le frottement du sable au milieu duquel elles roulent dans les rivières qui découlent des montagnes aurifères.

(**) Le vintem d'or de *Minas* est de 37 reis, tandis que celui de Portugal, reçu dans toutes les autres provinces, est de 20 reis.

« *Dentro,* fournissent de *l'or* de toutes les nuances, depuis le beau jaune jusqu'à la teinte « de plomb; on remarque la belle couleur de celui de *Villa do Principé*, et particulièrement « de l'*Arassuahi;* celui de *Minas Novas* est d'un jaune superbe; mais, au contraire, « *l'or* de *Cocaës* et d'*Inficionado* n'a qu'une teinte pâle, qui s'approche quelquefois de « celle du cuivre... L'*or* de Minas Novas, quant à la valeur, ajoute-t-il, est généra- « lement de vingt-quatre *karats;* celui des environs de *Sabara* est de vingt-deux à « vingt-trois karats, terme moyen de *Congonhas;* celui de Sabara en particulier est de dix- « huit à dix-neuf karats; et celui de *Villa Rica,* de vingt à vingt-trois karats. » Ici le scrupuleux historien s'arrête et laisse de l'indécision sur le *titre de l'or* des mines de *Tijuco,* de *Mato Grosso,* et de *Goyaz.*

Description de la Planche.

Toujours fidèle observateur de chaque pas progressif de la *colonie portugaise au Brésil,* je rassemble dans ce tableau une succession de ses *types monétaires,* depuis le règne de Jean V jusqu'au règne de D. Pédro dans ces contrées.

Le système monétaire brésilien se compose de monnaies de compte, ou idéales, et d'espèces métalliques ayant cours.

Les premières, représentées en partie par le *papier-monnaie,* sont le *conto de reis* (6,250 fr.); *mil crusados* (2,500 fr.); le *dobrão*, valeur de la pièce d'or portugaise (80 fr.); le *crusado* (2 fr. 50 c.), et le *reis* (0 fr. 00625).

Les secondes, monnaies métalliques, sont *les pièces d'or* de la valeur de 4,000 *reis* (25 fr.), de 2,000 reis (12 fr. 50 c.), et de celle de 1,000 reis (6 fr. 25 c.).

Les pièces d'argent donnent la division de 3 *patacas* (6 fr.), 2 *patacas* (4 fr.), 1 *pataca* (2 fr.), et 1/2 *pataca* (1 fr.).

Celles de cuivre donnent seulement le *quadruple vintem*, 80 reis (50 c.); le *double vintem,* 40 reis (25 c.); *le vintem*, 20 reis (0 fr.,125); *le demi-vintem*, 10 reis (0 fr.,0625), et le *quart de vintem*, 5 reis (0,03125).

Qu'il me soit permis de me servir ici de l'évaluation des sommes exprimées le plus souvent dans le langage familier, pour établir un rapport de fortune entre les différentes classes de la population brésilienne.

En effet, admis dans un cercle de riches négociants brésiliens propriétaires de *fazendas,* on retrouve, à chaque instant, dans leur conversation, le *conto de reis* (6,250 fr.) multiplié par cent, comme échelle de leurs spéculations.

Parcourt-on la *varanda* du palais du souverain, on y entend le *mil crusados* (2,500 fr.) multiplié par cent, reproduit avec profusion dans l'entretien du courtisan (portugais) au Brésil, pour évaluer les revenus de son aïeul; et tout animé des souvenirs de sa mère-patrie, il finit par multiplier, en criant, le *mil crusados* par 1,000,000, pour donner une idée du bénéfice des anciennes opérations de la *Compagnie des Indes portugaises.*

Revenu dans un *salon,* au milieu des confidences de bonne société, la *dobra* (80 fr.), multipliée par 24 ou 30, dévoile l'achat de quelques fantaisies, comme cheval, beau nègre, pièce de mousseline des Indes brodée ou lamée, bijoux, etc.

Quant au *mil reis* (6 fr. 5 sous), il n'est admis dans la conversation des gens riches que lorsqu'il est multiplié par cent.

Enfin la *pataca* (2 fr.), qui, multipliée au nombre de 12, perd son nom, remplacé en valeur par 4,000 *reis* (24 fr.), et le modeste *vintem* (2 sous 6 deniers), dont le produit, multiplié par 16, se confond en valeur avec la *pataca*, sont relégués dans le langage universel des marchands détaillants et des consommateurs de toutes les classes.

Au commencement de l'empire, la pénurie de métal monnayé, à Rio-Janeiro, fit créer un *papier-monnaie*, qui représente une série de divisions, depuis le *conto de reis* jusqu'à

4,000 reis, et quelques *bons,* acceptés volontairement dans les maisons de commerce, aidèrent à passer ce temps difficile, pendant lequel le gouvernement prit les mesures les plus actives pour la fabrication de nouvelles pièces de cuivre d'abord, et d'argent ensuite; leur émission journalière facilita le commerce, et enfin l'équilibre se rétablit peu à peu, en redoublant de surveillance contre l'exportation du métal monnayé; exportation qui fut le premier motif de cette disette momentanée. (Voir le 3e vol.)

La ligne N° 1 offre deux pièces de monnaie de cuivre, dont la plus petite représente la valeur d'un *demi-vintem,* 10 reis (1 sous 3 deniers), chiffre au-dessous duquel se voit le millésime de 1737. La légende qui l'environne indique seulement la *monnaie portugaise* ayant cours au Brésil : on reconnaît, dans son armorial, la somptuosité du règne de *Jean V,* roi de Portugal, auquel le Brésil, et particulièrement Rio-Janeiro, doivent l'érection de beaucoup de monuments utiles.

L'autre, au contraire, évidemment *monnaie brésilienne*, et frappée à Bahia, porte un B : sa lettre initiale, placée au centre de la sphère armoriale de cette colonie, et sa légende, attestent à la fois l'activité de cette ancienne capitale de Brésil et ses relations commerciales avec le reste du globe. Le chiffre de sa valeur, placé sur sa seconde face, indique le *double vintem,* 40 reis (5 sous 6 deniers); elle est au millésime de 1762. L'on y voit aussi que le génie brésilien, qui a présidé à l'arrangement de la *légende*, s'est plu à laisser voir en toutes lettres le nom du roi *Joseph Ier,* ainsi que celui du Brésil, tandis que le reste est indiqué par des abréviations.

Le N° 2 contient également deux pièces de monnaie de cuivre; *la plus grande*, de la valeur d'un *quadruple vintem,* 80 reis (10 sous), frappée à Rio-Janeiro, d'après l'R placée au centre, et dont le *millésime* de 1811, atteste la présence de la cour dans cette ville à cette époque. Aussi y remarque-t-on plus d'élégance dans la composition de ses empreintes, fruit des soins du *ministre comte d'Abarca,* zélé promoteur de l'industrie et des arts au Brésil.

La plus petite, à effigie, et au millésime de 1813, d'un caractère tout particulier, donne plus ostensiblement une preuve de la libéralité de ce ministre, par la rédaction de la légende qui entoure l'armorial, au bas duquel se trouve le chiffre de la valeur de 40 reis (5 sous).

La régularité de l'inscription, la forme de l'écusson, les détails des armes et l'exécution extrêmement pure de tous ces détails laissent voir que les poinçons de cette médaille, frappée au Brésil, ont été gravés en Angleterre; effort du Mécène brésilien vers une perfection de plus dans la *monnaie.*

N° 3. Cette ligne contient les empreintes de trois pièces d'argent, chacune de la valeur d'une demi-pataque, 320 reis (1 fr.).

La première, au millésime de 1817, frappée à Rio-Janeiro, fut composée et dirigée pour l'exécution par un graveur portugais, alors chef des graveurs de la monnaie, qui avait été pensionné par le roi pour aller perfectionner ses études à Londres. Elle porte à son revers l'R au centre de la sphère armoriale du Brésil; de plus, la croix pattée de l'ordre du Christ, posée immédiatement sur le fond, et qui laisse voir entre l'intervalle de l'extrémité apparente de ses branches, cette nouvelle légende : *Nata. stabat. subque signo*, dernière époque de la régence de Jean VI.

La mort de la reine ayant préparé la naissance du nouveau royaume brésilien, le gouvernement adopta le dessin emblématique du royaume-uni, et le fit frapper au Brésil, aussitôt l'adhésion des puissances européennes.

C'est ce même dessin qui est représenté sur la pièce du milieu, donnée comme revers de la troisième pièce.

Et enfin, la troisième pièce, face principale de la précédente, porte le chiffre de la valeur d'une *pataca* (2 fr.) et le millésime de 1820, couronnés et groupés entre deux

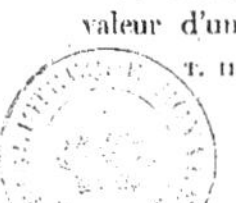

branches de laurier; la légende atteste la domination du roi Jean VI sur ses états, rangés dans le nouvel ordre assigné entre eux. On doit la gravure et la composition gracieuse de ces coins au talent de notre collègue *Zéphirin Ferrez*.

N° 4. *Cette ligne* se compose de trois pièces de *monnaie d'or*, dont chacune est accompagnée de son revers.

La première, de grande dimension, représente à la fois, par la circonférence, la valeur d'*a meia dobra* (40 fr.) et de 8,000 *reis* (48 fr.). Sa face armoriale, adoptée en 1818, se retrouve sur toutes les monnaies frappées sous le règne de Jean VI.

Quant à sa face à effigie, dont tous les coins de ce genre se faisaient précédemment graver en Angleterre, elle fut la première gravée et frappée au Brésil par le même artiste français dont je viens de citer le nom, et sous ce rapport, devint un monument de l'utilité des premiers artistes de cette nation, appelés et pensionnés par le gouvernement portugais au Brésil pour y fonder une académie des beaux-arts.

La seconde, de même dimension et de même valeur, se reporte, par son millésime, à l'époque de la fondation de l'empire brésilien, première année de *D. Pédro*, fils aîné de Jean VI.

Sa face armoriale se compose d'un écusson qui renferme la croix pattée de l'ordre du Christ, au centre de laquelle se trouve la sphère brésilienne, elle-même environnée d'une plate-bande circulaire contenant dix-neuf étoiles, emblème des dix-neuf provinces dont se compose l'empire du Brésil; et, comme support de l'écusson, deux branches, l'une de *tabac*, à droite, l'autre de cafier, à gauche (emblème des productions du sol), et unies à leur extrémité inférieure par la cocarde nationale : le tout surmonté de la couronne impériale. Le chiffre de la valeur de 8,000 reis (48 fr.) accompagne les deux côtés de la couronne impériale, et la légende porte : *In hoc signo vinces*.

On voit sur l'autre face de cette médaille l'effigie du souverain en costume impérial, et entourée par l'inscription *Petrus I, D. G. cons. imp. et Bras. def.* Le millésime 1822 est immédiatement placé au-dessous du buste.

La troisième, plus petite, porte le chiffre de 4,000 reis (24 fr), et ne diffère, du reste, des deux autres que par sa dimension.

A cette époque, l'artiste français Zéphirin Ferrez, habile statuaire et graveur de médailles, fut chargé par l'empereur de l'exécution du dessin et de la gravure des poinçons de toute la série des nouvelles pièces de monnaie.

N° 5. Cette ligne se compose de *monnaies d'argent* ayant cours sous la dénomination de *pataca*.

La première, et de la plus grande dimension, nommée conventionnellement pièce de trois pataques, *peça de trez patacas*, offre la face armoriale adoptée généralement pour les monnaies de l'empire du Brésil, et, à son revers, le chiffre de 960 reis, équivalent de trois pataques (6 fr.), placé au centre d'une couronne de feuilles et de grains supposés de cafier; de plus, la légende invariable : *Pierre premier, par la grâce de Dieu, empereur constitutionnel et défenseur perpétuel du Brésil*, ainsi que le millésime des précédentes.

La seconde, diminuée de proportion, et nommée pièce de deux pataques, *duas patacas*, ne diffère de la première que par le chiffre de 640 reis, valeur de *deux patacas* (4 fr.).

Et *la troisième*, *peça d'huma pataca*, la plus petite de toutes, se distingue aussi par le chiffre de 320 reis, équivalent à *une pataque* (2 fr.).

Il manque ici, comme subdivision, la pièce *meia pataca*, au chiffre de 160 reis (1 fr.)

N° 6. *Monnaie de cuivre, multiplication du vintem.* Ces pièces ne diffèrent de la proportion et du dessin des précédentes que par le caractère romain de leur chiffre.

La première, peça de quatro vintems (de 4 vintems), porte le chiffre de 80 reis (10 sous).

La seconde, peça de dois vintems (de 2 vintems), porte le chiffre de 40 reis (5 sous).

Et la troisième, peça d'hum vintem (d'un vintem), porte le chiffre de 20 reis (2 sous 6 deniers).

N° 7. *Ces deux pièces, aussi de cuivre,* représentent au contraire la *subdivision du vintem.*

La première (demi-vintem), appelée vulgairement le *dez reis,* se distingue par sa petite dimension et le chiffre de 10 *reis,* (1 sou 3 deniers).

La seconde (quart de vintem), de même dimension que la précédente, ne porte que le chiffre de 5 *reis,* trop minime dans notre monnaie, mais très-appréciable au Brésil, comme premier degré de la multiplication de la monnaie de cuivre.

Et le *reis*, enfin, dont l'unité n'est qu'une valeur idéale, accréditée depuis longtemps chez les Portugais, sert encore aujourd'hui de base au système monétaire brésilien.

Planche 32.

Négresses libres vivant de leur industrie.

Déjà encouragé par les heureux résultats des missions chrétiennes au Brésil, le gouvernement portugais, tout en consacrant par une loi l'*esclavage des noirs* dans ses colonies américaines, a senti la nécessité d'en modifier la dureté, au moins par une apparence de religion et d'humanité. Aussi trouve-t-on au premier article du texte, que tout acquéreur d'*esclaves nègres* sera tenu de les faire instruire dans la religion catholique pour être baptisés dans un délai prescrit, sous peine d'expropriation. Le second, tout fiscal à la vérité, ordonne la vente de *ces nègres non baptisés*, au profit du gouvernement; mais le troisième, vraiment philanthropique, détermine *le temps de servitude* après lequel l'esclave devient libre, etc.

Cette loi, comme toutes les lois primitives, subit des altérations, et son troisième article surtout, peu favorable aux propriétaires d'esclaves, tombe tellement dans l'oubli, qu'aujourd'hui non-seulement on compte au Brésil une foule d'esclaves de 20 à 30 ans de servitude, mais bien plus encore, dans les grandes propriétés rurales, on trouve l'exemple d'une *quatrième génération noire,* qui s'éteint très-chrétiennement dans la captivité! A la vérité, il existe infiniment peu de *noirs* non baptisés. Un autre article de cette loi favorable aux noirs, quoique comprimé, existait encore à Rio-Janeiro en 1816, et fut remis dans toute sa vigueur sous l'empire; j'en rapporte ici le texte : « Tout esclave, après dix années de service, qui peut offrir à son maître la somme d'argent équivalente au prix de son achat sur la place, formant une demande soumise à l'approbation du souverain, peut forcer ainsi son maître à lui vendre un certificat de liberté. » Cette somme peut s'évaluer de 1,800 jusqu'à 2,000 francs de France, et quelquefois plus, en raison de la force et de la capacité de l'esclave.

Il n'y a guère que le nègre ouvrier qui puisse aspirer à ce bonheur, parce que déjà placé par son maître chez l'artisan qui l'occupe, il peut, par son habileté et sa bonne conduite, l'intéresser en sa faveur, au point d'en obtenir l'avance de la totalité de cette somme, en se constituant, par écrit, son esclave ouvrier jusqu'à ce que le nombre de ses journées, évaluées à un prix convenu, ait amorti la dette contractée.

L'esclave de qualité inférieure, et par conséquent moins cher, trouve aussi cette ressource dans la générosité de ses compatriotes, qui s'unissent pour l'obliger, à titre d'aumône ou de prêt.

En pareille circonstance, la *négresse* a toujours plus de chances favorables, même à mérite égal, en ce qu'elle se trouve placée sous l'influence directe de la générosité de son parrain, souvent homme riche, et des enfants ainsi que des amis de ses maîtres, et enfin de ses amants, quelquefois même d'un *blanc,* qui, seul, lui fait cette avance à titre de prêt, en se constituant légalement son maître jusqu'au remboursement de la somme, évaluée à un temps limité de service.

Il serait injuste de ne pas ajouter qu'il est de générosité au Brésil, parmi les gens riches, d'accorder par testament, et à titre de récompense, la liberté à un certain nombre de leurs esclaves des deux sexes, acte de charité infiniment profitable pour les nègres d'un maître qui meurt à la fleur de l'âge, et dont les dispositions libérales s'étendent quelquefois jusqu'à la donation d'une somme d'argent ou la constitution d'une petite pension viagère.

Il en est de même de l'artisan célibataire plus ou moins riche qui, scrupuleux au moment de sa mort, donne religieusement la liberté à sa première négresse pour lui avoir servi de femme.

On remarque aussi que, dans la classe des négresses libres, les mieux élevées et les plus intelligentes cherchent de suite à entrer, comme ouvrières à l'année ou à la journée seulement, dans un magasin de modiste ou de couturière française, titre qui leur procure plus tard de l'ouvrage pour leur compte dans les maisons brésiliennes, où elles apportent, avec leur talent, l'imitation très-bien singée des manières françaises, sous une mise recherchée et un extérieur très-décent.

D'autres, peu propres au travail d'aiguille, se livrent au commerce de légumes et de fruits, en s'installant sur les places; plus riches et établies en boutique elles se nomment *quitandeiras*, position qui nécessite l'appui d'un *mulâtre* ou *d'un nègre libre et ouvrier,* chargé de payer le loyer et les vêtements : l'industrie de la marchande doit faire le reste, en suffisant, par son gain, à l'approvisionnement de la boutique et aux réserves d'économies destinées à l'achat d'un ou de deux petits négrillons *molèkes* qu'elle élève au service, au travail, ou à la vente dans les rues, et dont le salaire doit faire la ressource pour sa vieillesse.

La plupart finissent par se marier à *des nègres libres travailleurs,* avec lesquels elles vivent régulièrement; et beaucoup d'autres servent de femmes à des ouvriers blancs, qui ne s'en séparent jamais.

Quant à celles qui s'adonnent au libertinage, elles meurent bientôt victimes de la brutale jalousie de leurs amants.

On a vu à Rio-Janeiro beaucoup d'exemples de générosité exercée par des artisans français, qui, par reconnaissance, au moment de leur départ, donnèrent la liberté au plus habile de leurs esclaves travailleurs, comme compagnon de leur fortune, ainsi qu'à la négresse chargée du soin de l'intérieur de leur maison, et qui, presque toujours, leur avait servi de bonne d'enfants. Formés avec plus de douceur et d'intelligence, comme ouvriers ou domestiques, ces nègres, à peine libres, étaient recherchés et assimilés aux blancs pour le salaire.

N° 2. — *Marchandes d'aloà, de limons doux, de cannes à sucre, de manoé et sonhos.*

Il se fait, comme on le pense sans doute, *à Rio-Janeiro,* pendant les excessives chaleurs de l'été, une grande consommation de liqueurs rafraîchissantes, et surtout de l'économique *aloà,* eau de riz macérée et sucrée, le nectar de la classe peu aisée. Viennent ensuite le *limà,* limon doux, et *la cana d'assucar,* la canne à sucre; végétaux acclimatés qui offrent, à cette époque, le secours bienfaisant de leur suc en pleine maturité. Ces substances rafraîchissantes, indispensables pendant les mois de septembre, janvier et février, sont alors colportées dans les rues de la capitale par une foule de marchandes la plupart esclaves *du petit rentier* ou *de la négresse libre.*

Ces marchandes *d'aloà* se font remarquer par l'élégance ou au moins la propreté de *leur tenue,* nécessairement proportionnée à la fortune de leurs maîtres, toujours intéressés à leur procurer par là quelque avantage dans cette concurrence momentanée; recherche dont profite doublement la négresse, naturellement coquette et intéressée, pour se faire de nouvelles connaissances lucratives qu'elle cultive, pendant le reste de l'année, par des visites furtives qui lui procurent de temps en temps quelque argent, à titre d'aumône ou de récompense, pour de légers services de complaisance.

L'aloà, boisson très-rafraîchissante, est une eau de riz fermentée, légèrement acidulée quoique sucrée, et fort agréable à boire.

Il suffit à la marchande, pour établir son commerce, de posséder un vase de terre, une assiette et une grande tasse de faïence, et enfin *le coco à manche de bois,* espèce de grande cuiller, et tout à la fois mesure de capacité, qui lui sert à puiser, dans le vase de terre, la quantité suffisante de liqueur pour remplir la tasse, portion qu'elle vend 10 *reis* (1 sou 3 deniers de monnaie de France).

On peut voir dans le dessin que tout cet appareil, solidement groupé et enveloppé d'une serviette, est facile à porter sur la tête.

Le limon doux, *lima,* est une espèce de *bergamote* dont l'écorce très-épaisse contient une grande quantité d'huile essentielle, d'une odeur aussi forte qu'agréable; mais sa chair, au contraire, inodore et aqueuse, est agréablement sucrée, seulement à son point de parfaite maturité; car autrement elle n'est qu'insipide au palais, quoique toujours rafraîchissante. Ses *lobes,* très-prononcés, sont séparés par des cloisons d'une substance cornée.

Les marchandes vendent ce fruit tout décortiqué, non seulement pour s'en réserver l'écorce qu'elles savent confire dans le sucre, mais encore pour procurer à l'acheteur un moyen plus prompt de se désaltérer. Elles donnent jusqu'à *trois limons* pour 1 vintem (2 sous 6 deniers de notre monnaie).

Si la marchande *d'aloà* joint à son commerce le débit de *la canne à sucre*, elle la vend coupée par morceaux appelés rouleaux, *cana em rolas;* préparation bien convenable pour en exprimer plus facilement le suc. Elle consiste à couper la *canne* en petits morceaux de la longueur de l'intervalle de deux œilletons (ou naissance de feuilles); ratissés et entièrement dégagés de leur écorce ligneuse, on les plonge dans l'eau fraîche, jusqu'à ce qu'enfin, liés en bottes de sept ou huit morceaux, on les conserve couverts d'un linge mouillé. Chaque botte se vend 10 *reis* (1 sou 3 deniers).

Ces petits morceaux, alors d'un vert blanchâtre et transparents, vous invitent par leur fraîcheur à vous désaltérer; car, à chaque pression de la dent, ils vous remplissent la bouche d'une eau abondante, inodore, très-sucrée. Leurs fibres aqueuses, cependant, offrent assez de résistance à l'effort des dents molaires, seules capables de les aplatir convenablement pour en exprimer tout le suc. Le morceau alors desséché dans la bouche n'est plus qu'un faisceau de filaments à dédaigner pour l'homme, mais dont les chevaux, les bœufs et les mulets sont très-friands encore.

Dans les maisons opulentes et dans les cafés, on vous offre de la limonade faite avec *le petit citron* ou avec *la pomme du cajou,* fruits également rafraîchissants, mais d'un goût très-différent. (Voir la planche des fruits.) Le sirop d'orgeat est aussi fort en usage; il se fait spécialement avec l'amande de la graine de *melon d'eau,* qui remplace généralement à Rio-Janeiro le fruit de l'amandier, arbre non cultivé au Brésil. On a recours aussi à la chair rafraîchissante de plusieurs fruits d'été, tels que le melon d'eau, *melancia, la pitanga, le jumbouticaba, l'arassa, la pulpe de tamarin,* etc.

Au commencement du mois de mars, le nombre de ces *marchandes improvisées* diminue sensiblement, et enfin retirées du commerce, elles abandonnent aux *quitandeiras* (marchandes fruitières en boutique) le privilége de vendre la *canne à sucre* pendant le reste de l'année. Mais à l'emploi des substances rafraîchissantes succède le goût, toujours renaissant, des friandises, qui entretient successivement en circulation les marchandes de *manoé,* de *pastel quinte,* de *sonhos*, *doces,* etc., friandises tout à fait différentes de celles *de Bahia.*

Le *manoé* est un petit pâté farci de viande, assez succulent, et bon à manger chaud : aussi la marchande *de manoé* a-t-elle le soin de couvrir constamment son *taboleiro* d'une serviette et d'un morceau de laine.

Comme cette pâtisserie, de façon bourgeoise, se confectionne avec les restes de viande du dîner du maître, l'esclave ne la vend que le soir : elle est, du reste, le mets favori des négresses de maison opulente, ou des ouvrières en boutique, seules capables d'y mettre le prix; car chaque petit pâté se vend 2 *vintems* (5 sous de notre monnaie).

Les *sonhos* sont des tartines de pain glacées avec la *raspadura,* caramel de mélasse que l'on parsème d'une grande quantité d'amandes de graines de *melon d'eau.* Ce manger dur et croquant, un peu insignifiant, et toujours plein de poussière, parce qu'il se porte à découvert et amoncelé en pyramide sur une assiette, se vend 10 *reis* le morceau (1 sou 3 deniers); il est, plus particulièrement, le régal des enfants, aussi peu difficiles, à Rio-Janeiro, pour les *sonhos* poudreux, qu'à Paris, pour les pains d'épice plus poudreux encore.

Planche 33.

Scène de Carnaval.

Le carnaval, à Rio-Janeiro, et dans toutes *les provinces du Brésil,* ne rappelle généralement ni les bals masqués, ni les files bruyantes des gens déguisés qui, chez nous, circulent à pied ou en voiture dans les rues les plus fréquentées, ni les courses de chevaux libres si usitées en Italie.

Les seuls préparatifs du *carnaval brésilien* sont la fabrication des *limões de cher* (limons odoriférants), spéculation qui occupe toute la famille *du petit rentier, la veuve* de médiocre fortune, *la négresse libre* réunie, à frais communs, avec deux ou trois de ses amies, et enfin *les négresses* des maisons riches, qui toutes, deux mois à l'avance, cherchent à se procurer, à force d'économie, leur *provision de cire.*

Le *limão de cher,* puissant et unique mobile *des réjouissances du carnaval,* n'est que le simulacre d'une orange, *frêle capsule de cire,* d'un quart de ligne d'épaisseur, et dont la transparence laisse voir le volume d'eau qu'elle contient. Sa *couleur* varie du blanc au rouge et du jaune au vert; sa *grosseur* est celle d'une orange ordinaire: il se vend 1 vintem (2 sous 6 deniers), et diminué de moitié, on l'achète 10 reis (5 liards). Quant à sa *fabrication,* elle consiste simplement à se procurer une orange verte de moyenne grosseur, et dont on remplace la queue par un morceau de bois assez effilé, long de quatre à cinq pouces, qui lui sert de manche pour la plonger dans une fusion *de cire très-chaude.* Cette immersion opérée, on retire promptement ce fruit légèrement recouvert de cire; on le replonge dans l'eau froide, au sortir de laquelle il se trouve à l'instant revêtu d'une pellicule de cire d'un quart de ligne d'épaisseur, qui offre cependant assez de résistance. On fend ensuite ce moule encore élastique, pour en retirer l'orange, et rapprochant les parties incisées, on les soude avec de la cire chaude, en ayant soin de réserver l'ouverture formée par le volume du manche en bois pour l'introduction de *l'eau aromatisée* qui doit plus tard remplir et compléter *ce limão de cher.*

L'odeur de cannelle qui s'exhale de toutes les maisons de Rio-Janeiro pendant les deux jours qui précèdent *le carnaval,* décèle *cette dernière opération,* source des plaisirs que l'on se promet.

Ainsi donc, pour le Brésilien, *le carnaval,* réduit *aux trois jours gras,* commence à Rio-Janeiro, *le dimanche* dès cinq heures du matin, par les *joyeux glapissements du peuple noir,* déjà répandu dans les rues pour l'approvisionnement d'eau et de comestibles de ses maîtres; réuni dans les marchés, autour des fontaines publiques, et chez les épiciers *vendeiros* (espèces de cabarets).

On le voit plein de joie et de santé, mais peu chargé d'argent, satisfaire aux dépenses de son innocente folie avec de l'eau qu'il se procure gratuitement, et le *barato polvilho* (amidon en poudre), qui lui coûte 5 reis (1 sou 3 deniers).

Muni *d'eau* et de *poudre blanche, le nègre,* ce jour-là, exerce impunément sur *la négresse* qu'il rencontre toute la tyrannie de ses grossières facéties, et quelques *oranges de cire,* dérobées chez les maîtres, font, pendant le reste de la journée, une honorable addition à ses *munitions de carnaval.*

Au contraire, un peu honteuse, la malheureuse *négresse* pourvoyeuse, revêtue volontairement de son plus mauvais vêtement, presque toujours bleu foncé ou noir, rentre à la maison la poitrine inondée, et le reste de sa robe marbré de l'empreinte des mains poudreuses du *nègre,* qui lui a *blanchi le visage* et *une partie des cheveux.* Quant à sa figure, qu'elle s'est empressée d'essuyer pour éviter les moqueries de ses compagnes, il y reste, dessinée en blanc, la cavité de tous les plis de la grimace qu'elle fit en se débarbouillant; et cette expression fixe, qui domine la mobilité habituelle de ses traits, produit une monstruosité de laideur difficile à décrire (*); autrement, la face aplatie du nègre également blanchie perd à l'œil ses saillies et son expression.

Pendant les après-dîners de ces jours d'allégresse, les plus turbulents, mais cependant toujours respectueux envers les blancs, se rassemblent sur les plages et sur les places, autour des fontaines, pour s'y jeter de l'eau, ou s'y plonger à titre de plaisanterie; et le submergé, en sortant du bain, saute et fait des contorsions grotesques, à l'aide desquelles il dissimule souvent son amour-propre froissé.

Pour les *négresses*, on ne rencontre que les vieilles ou les pauvres qui circulent dans les rues, *le taboleiro sur la tête* (**), et rempli de *limões de cher*, qu'elles vendent au profit de ceux qui les ont fabriqués. Beaucoup de *nègres de tout âge* sont employés à ce commerce jusqu'à *l'Ave Maria,* signal de la suspension des jeux.

J'ai vu cependant, à la fin de mon séjour, se promener, pendant *le carnaval,* un ou deux groupes *de nègres masqués* et déguisés en vieillards européens, imitant très-adroitement leurs gestes, lorsqu'ils saluaient, de droite et de gauche, les personnes aux balcons; ils étaient escortés par quelques musiciens *de leur couleur*, également déguisés.

Mais *les plaisirs du carnaval* ne sont pas moins vivement partagés par le tiers le plus actif de *la population blanche brésilienne :* je veux dire *la génération de l'âge moyen,* ardente à épuiser gaiement, dans cette circonstance, toutes ses forces et son adresse à consommer l'énorme masse de *limões de cher disponibles.*

Le *dimanche* aussi, mais après l'heure du déjeuner, *le boutiquier* commence à provoquer le voisin d'en face par quelques questions insignifiantes, pour l'attirer sur le seuil de sa porte et lui lancer le premier *limon* au visage. Quelques *jeunes Français,* employés dans les maisons de commerce, se promènent en éclaireurs, le *limon* à la main droite, et deux autres dans la gauche, saisissant en passant l'occasion d'inonder *une Française* occupée dans le fond de son magasin à moitié fermé. On voit encore de *jeunes négociants anglais*, moins astucieux dans leurs manières, et consacrant volontiers 12 à 15 francs pour un premier quart d'heure de *plaisanterie licite*, se promener hostilement et orgueilleusement, suivis d'un *nègre vendeur de limões*, dont ils épuisent peu à peu le *taboleiro* en jetant, à tort et à travers, des *limons* au nez des personnes qu'ils ne connaissent pas ; alors quelques cris, entrecoupés d'éclats de rire, avertissent le *locataire du premier*, dont l'appartement du devant est démeublé d'avance, d'ouvrir ses croisées, soit comme précaution contre la casse de ses vitres, ou comme préparation *au combat du limon.* Quelques curieux ne font que paraître et disparaître aux balcons, et la matinée se passe en légères escarmouches.

Mais, à la sortie de table, tous les partis animés du désir de combattre se mettent joyeusement aux fenêtres et sur les balcons, se demandant de loin et du geste la permission de s'attaquer : au moindre signal d'adhésion, quelques limons échangés avec adresse donnent le signal d'une attaque générale, et pendant plus de trois heures, on voit une quantité innombrable de ces projectiles hydrofères, lancés de tous côtés dans les rues de la ville, et s'y croiser pour venir se briser sur *un visage, un œil, ou une poitrine,* et y répandre, en l'éclaboussant, à peu près la valeur d'un *verre d'eau aromatisée,* espèce de douche tolérable, grâce à l'extrême chaleur de la saison.

(*) C'est toujours une des plus vieilles esclaves qui est chargée de cet emploi.

(**) Le *taboleiro* est un plateau de bois garni de rebords.

L'on pourra facilement croire qu'après un quart d'heure d'un *semblable combat* toute la société d'un balcon, mouillée comme au sortir du bain, se retire pour changer de vêtements; mais elle y reparaît bientôt animée de la même ardeur. Aussi, une jeune dame ou une jeune demoiselle se vante-t-elle toujours du grand nombre de robes qu'on lui a mouillées dans ces jours glorieux pour son adresse.

Si *le combat au limon*, par cette espèce de familiarité spontanée, tolérée pendant trois jours de suite, devient souvent le motif d'une liaison nouvelle entre les partis belligérants, il devient, au contraire, celui de l'isolement pour les gens paisibles, qui se renferment chez eux et redoutent de se mettre à la fenêtre. Telle est, en général, l'histoire *du carnaval brésilien;* quant à l'épisode retracé ici, voici son explication :

La scène se passe à la porte d'une *venda*, boutique d'épicier toujours placée aux angles des carrefours. *La négresse* victime sacrifie tout au soin de conserver l'équilibre de son *cesto*, déjà rempli de la provision qu'elle rapporte chez ses maîtres, tandis qu'un petit *moleké* (négrillon), plus loin, la seringue de fer-blanc à la main, dirige sur elle un jet d'eau qui l'inonde, et ajoute le dernier incident à cette *catastrophe de carnaval.*

Assise sur le pas de la porte de la *venda*, une plus vieille négresse, marchande de *limões* et de *polvilho*, déjà barbouillée, le *taboleiro* sur les genoux, tient d'une main le prix, donné d'avance, des *limons* qu'elle laisse choisir à un *jeune nègre tatoué* volontairement de terre jaune, comme champion zélé des luttes qui se préparent. Près de lui, et à la petite porte de la *venda*, un *autre nègre*, fier de la ligne de vermillon tracée sur son front, achète un *paquet* de *polvilho* à un petit marchand *négrillon*, de neuf à dix ans; au-dessus de la marchande de *limões*, et à travers l'ouverture de la grande porte de la *venda*, une *négresse* se prépare à venger, avec un limon, l'outrage d'une *pincée d'amidon* qui lui couvre la joue et une partie de l'œil; tout près de la même porte, un *autre nègre*, grotesquement *tatoué*, est en embuscade.

Le vendeiro (l'épicier) ayant retiré prudemment tous les comestibles qui environnent ordinairement ses portes, n'y a laissé que des objets de vannerie, bouteilles d'osier, éventails de paille tressée, servant à animer le feu, et des balais.

Dans le fond du tableau, on aperçoit aux balcons des *familles atteintes de la frénésie du moment*, une marchande de *limões* parcourant les rues, *des nègres* se poursuivant, et un *pacifique citadin* abrité par son parapluie ouvert, circulant au milieu des débris des *limons de cire.*

L'*Ave Maria* impose une trêve, et quelques rondes de police armée achèvent de ramener la paix.

La venda change alors d'aspect; à demi éclairée, et remplie de fumée par la friture qui s'y fait, comme tous les jours du reste, elle devient le rendez-vous de tous *les nègres*, déjà plus calmes, qui y viennent, l'assiette à la main, acheter des *sardinhas* ou des *gallos* frits (de grosses sardines, ou un poisson plat assez délicat), mets qu'on leur sert avec un peu de vinaigre; souper presque universel de la classe peu aisée et des esclaves : ressource d'autant plus préférable, que le *vendeiro* peut leur donner jusqu'à six poissons sortant de la friture pour le modique prix d'un vintem (2 sous 6 deniers); et le lendemain, pour écouler ceux qui lui sont restés de la veille, il en donne le double pour la même somme.

Négresse bahiane, marchande d'Atacaça.

Ce fut aux troubles politiques survenus en 1822, dans la province de *Bahia*, et à l'émigration d'un grand nombre de ses habitants, que l'on dut la présence d'une nouvelle population transfuge à *Rio-Janeiro.*

Dès ce moment aussi, on distingua parmi les *quitandeiras* répandues dans les rues de la ville, *les négresses bahianes*, remarquables par leur costume et leur intelligence; les unes, colportant des mousselines, des indiennes, des schalls, etc. : d'autres, moins commerçantes, offrirent comme nouveauté, quelques *friandises* importées de *Bahia* dont le succès ne fut pas douteux : de ce nombre furent l'*atacaça,* une crême de riz sucrée, enveloppée froide dans un cornet fait avec une feuille de bananier, et les *bolas* de *cangic*, bouillie sucrée faite avec de la farine de blé de Turquie et du lait, formée en boule et enfermée dans une feuille de mamão. Elles introduisirent aussi l'usage du *polvilho de forma*, préparation d'amidon moulée en petites tablettes carrées, d'un pouce d'épaisseur, et propre à empeser le linge.

Il est facile de reconnaître *la négresse bahiane,* à la forme de son turban, ainsi qu'à la hauteur exagérée du falbala de sa jupe; quant au reste de son costume, il se compose d'une chemise de mousseline brochée très-claire, sur laquelle elle jette une baïette, *baeta,* dont la rayure indique *la fabrique de Bahia*. La finesse de sa chemise et la multiplicité de ses joyaux d'or sont les objets sur lesquels s'exerce sa coquetterie.

J'ai représenté ici un exemple de la gourmandise d'une esclave infidèle; elle tire de son sein une petite pièce de monnaie, profit illicite déjà prélevé sur un premier achat du matin, tandis qu'elle porte suspendu à son autre bras le petit sac qui contient le reste de la somme d'argent destinée à l'approvisionnement du jour.

Nègres paveurs.

L'énergie et le zèle qui se déployèrent, depuis 1816 jusqu'en 1818, dans toutes les parties de l'administration brésilienne, pour concourir dignement à la solennité de l'installation du trône de *Jean VI*, firent sentir également leur influence sur l'amélioration et l'achèvement du *pavage* des rues et des places de l'ancienne ainsi que de la nouvelle ville *de Rio-Janeiro,* dernière partie située au delà *du Campo de Santa-Anna*. Dans cette circonstance, on s'occupa spécialement de mettre en état tout le chemin que devait parcourir *le cortége royal,* depuis *Saint-Christophe* jusqu'à *la Chapelle royale :* ce qui détermina à établir un nouveau nivellement pour faciliter l'écoulement des eaux dans les rues d'*a Cadea* et de *San-José,* de celle *d'Ouvidor,* et l'achèvement du pavage de la place de *Saint-François de Paul,* dont le milieu servait alors de lieu de décharge pour les immondices.

Mais, en 1822, le gouvernement impérial appréciant avec raison la supériorité des lumières européennes, confia à quelques étrangers *la restauration du pavage*, et l'on vit alors s'élever *les chaussées* très-bien faites de la rue *Saint-Joaquim*, continuées jusqu'au chemin neuf de *Saint-Christophe*, et celle qui communique du pont de bois du même chemin jusqu'à *Mata Porcos;* modèle de plusieurs autres qui traversent en différents sens le vaste *campo de Santa-Anna*.

Depuis cette époque d'amélioration, le *pavage,* progressivement prolongé jusqu'à l'extrémité des faubourgs et dans leurs rues adjacentes, facilita la circulation des voitures dans les diverses parties de la ville; avantage de première importance pour le transport des matériaux au moment où les nouvelles constructions s'élevaient de toutes parts.

On emploie pour le *pavage un granit gris,* assez tendre, unique pierre de roche qui se trouve *à Rio-Janeiro. Les trottoirs sont dallés* et *les chaussées enrochées,* c'est-à-dire, pavées avec des éclats irréguliers dont les intervalles sont remplis de petits fragments de *la même pierre*.

Des *nègres* sont encore chargés de ces travaux, et ils les exécutent sous la surveillance d'inspecteurs blancs.

PLANCHE 34.

Pauvre famille dans sa maison.

Si l'on observe la progression décroissante d'une fortune brésilienne, dans une famille tombée de l'opulence au dernier degré de pauvreté, par des malheurs successifs, on y retrouve toujours le plus vieil esclave encore valide, resté seul auprès de ses maîtres, leur prodiguant les derniers secours de ses forces presque épuisées.

Cet exemple, en effet, n'est que la conséquence des formes sociales, qui, chez l'homme riche au Brésil comme partout ailleurs, commandent, au premier revers de fortune, la suppression des domestiques de luxe; suppression d'autant mieux entendue ici, que ces esclaves, doués d'un beau physique et remplis d'intelligence, se vendent infiniment cher.

Cette ressource épuisée, le *second revers* impose la dure nécessité de restreindre le nombre des serviteurs utiles; et, enfin, poursuivi par un enchaînement de nouveaux malheurs, le maître est réduit par le besoin à repousser de sa maison le plus caduc de ses deux derniers esclaves, en lui accordant une liberté tardive qui le réduit à la mendicité, tandis que l'autre, un peu plus valide, prodigue dans l'obéissance de ses maîtres le reste de sa vie, et zélé, regrette encore à son dernier soupir de mourir le premier!

Le dessin représente l'intérieur de l'habitation d'une vieille veuve infortunée, restée seule avec sa fille et une vieille négresse.

Le système de construction de cette bicoque, imité des sauvages camacans par les premiers colons brésiliens, et continué depuis dans les biens de campagne, se retrouve aussi maintenant dans les masures des petites rues encore désertes : elles ont, comme toutes les anciennes constructions, l'inconvénient de se trouver en contre-bas du nouveau sol de la voie publique. On reconnaît encore ici, mais dans un extrême délabrement, les débris d'une fermeture européenne.

Modèle du plus chétif réduit brésilien, l'intérieur de la pauvre veuve se compose de deux pièces d'inégale grandeur; la plus petite, représentée dans le fond, servait de cuisine, à en juger par son âtre relevé, aujourd'hui ruiné et refroidi; la plus grande, seule habitée, n'a sur son sol humide qu'une petite estrade à moitié pourrie, sur laquelle stationne *la vieille mère*, occupée à filer du coton, dernière ressource analogue à son âge. Ce plancher mobile sert la nuit de bois de lit à la négresse qui y dort étendue sur sa natte. Le *hamac*, relevé pendant le jour pour ne pas obstruer le passage, redescendu le soir, devient le *lit* commun aux deux maîtresses de la maison. Le reste du mobilier est réduit à *un grand pot* cassé en partie, qui leur sert de fontaine, et à *une petite lampe* de fer-blanc extrêmement commune.

Sur le premier plan, la fille de la maison, encore dans la force de l'âge, est assise sur une petite escabelle, et elle emploie son industrie à fabriquer de la dentelle pour subvenir à l'entretien de son vêtement; tandis que la vieille négresse, utile compagne d'infortune, le baril sur la tête, fait toute la journée le métier de porteuse d'eau dans les rues de la ville, pour rapporter chaque soir à ses maîtresses de 6 à 8 vintems (de 15 à 20 sous), petite rente viagère destinée à soutenir l'existence de ces trois pesonnes.

J'ai choisi le moment du retour de la négresse, qui rend à sa jeune maîtresse le reste du gain de sa journée, sur lequel elle a prélevé l'achat de quelques bananes pour le souper frugal de toutes les habitantes de la maison.

Quelques poules de diverses espèces, errant en liberté autour ou dans l'intérieur de la maison, et se nourrissant exclusivement des insectes qui couvrent le sol du Brésil, deviennent chez ces indigents une spéculation économique, qui les met à même d'en offrir, comme cadeau, à leurs protecteurs, dont ils provoquent ainsi la générosité aux jours de grandes fêtes.

La poule placée au milieu de la chambre est de l'espèce des *gallinhas suras* (poules sans queue, dont les coqs sont de même); celle, au contraire, que l'on voit près de la porte, et singulière par ses plumes ébouriffées, se nomme *gallinha de pelucia;* elle possède aussi son coq absolument semblable : mais cette espèce a le double avantage de produire *une variété naine,* extrêmement petite, et très-appréciée comme cadeau de luxe.

Enfin je terminerai la description de cette scène par le résumé de l'emploi de la modique somme suffisante à la nourriture journalière de cette famille infortunée; dépense, le croirat-on? susceptible de se restreindre à la valeur de 4 *vintems* (10 sous de France), et dont les détails se composent de 1 *vintem* de *feijaös pretos* (petits haricots noirs), 1 *vintem* de *toucinho* (lard gras), et 2 *vintems* de *farinha* (farine de manioc). Il faut ajouter ici au chapitre des dépenses extraordinaires 1 *vintem* de *milho* (blé de Turquie), que l'on distribue chaque matin aux *poules* que l'on veut engraisser.

C'est ainsi qu'à Rio-Janeiro l'infortune parvient à faire face à ses besoins, grâce au prix modéré de la farine de manioc, déjà substantielle en elle-même, et par quelques fruits nutritifs, dont la fertilité du sol brésilien entretient l'abondance.

Menuisier allant s'installer dans un bâtiment.

On doit attribuer l'état stationnaire de l'architecture au Brésil à l'abus routinier de laisser employer, dans les ouvrages de bâtiment, des ouvriers encore inhabiles et presque incapables d'énergie : de là vient le prix excessif des matériaux et la mauvaise construction des petits rez-de-chaussée qui bordent, encore aujourd'hui, la presque totalité des rues de Rio-Janeiro.

Dans le plus petit de ces bâtiments en construction, tout s'exécute sur place et à la journée, tant pour l'ouvrier que pour les conducteurs de travaux; et encore, ces conducteurs de travaux, propriétaires pour la plupart d'un grand nombre d'esclaves, emploient-ils, par spéculation, leurs nègres comme ouvriers, afin d'en recevoir le salaire à la fin de chaque semaine. Quelquefois même, non contents de faire payer aux propriétaires des bâtiments en construction l'apprentissage de leurs ouvriers inhabiles, ils usent aussi du privilége d'y introduire, à titre d'aides, jusqu'à leurs nègres neufs; squelettes ambulants tout exténués encore des fatigues de leur importation, et d'une intelligence à peine développée, qui n'exécutent que lentement et très-imparfaitement ce qu'on leur commande, cependant, à grands coups de fouet!

Non moins inhabile à calculer le cubage du bois, pour le débiter avec plus d'économie, le charpentier, de son côté, en gaspille de superbes pièces, qu'il réduit en petits morceaux.

Il résulte de cette perte de temps et de matériaux, ruineuse pour le propriétaire forcé de bâtir, une source de richesse facile pour le *mestre d'obras* (conducteur et entrepreneur de travaux de construction), qui répugnerait à changer de méthode, autant par amour-propre que pour éviter toute innovation dans le travail de ses ouvriers, routiniers comme lui, et peu capables d'ailleurs d'ajouter quelque chose à ce qu'ils ont appris : aussi, toutes les maisons, absolument semblables à l'intérieur comme à l'extérieur, ne diffèrent-elles quelquefois entre elles que par le nombre des croisées.

Cependant, depuis l'affluence des étrangers au Brésil, la partie industrielle, exercée, en grande partie, par les Français, a déjà produit une amélioration sensible dans les travaux de bâtiment; la promptitude, le bon goût, et économie de main-d'œuvre, s'y trouvent maintenant réunis.

Me réservant de traiter cette partie dans le troisième volume, à l'article Architecture, je me contenterai ici, pour appuyer mon assertion, de dire que l'on comptait depuis 1822 un grand nombre de Français constamment employés dans les travaux appartenant à l'empereur.

J'ai représenté dans le dessin la vanité de l'ouvrier esclave d'un homme riche, ou du nègre libre, faisant porter par des *negros* de *ganho* son établi et sa caisse à outils, lorsqu'il va s'établir dans un atelier. On aperçoit plus loin un commencement de bâtisse surmontée d'une toiture, élevée à la hâte, pour abriter les ouvriers.

Transport de Pao pit (piteira).

Du côté opposé, et sur le dernier plan, s'élèvent des groupes de pito (aloès), plante gigantesque de 8 pieds de haut, qui se plaît, au Brésil, sur les parties nues des rochers de granit, et dont on utilise les feuilles fanées et noires, après les avoir encore bien séchées au soleil.

Elles se vendent en bottes, chez les *quitandeiras*.

Afin de s'en servir, on commence par les aplatir à coups de masse, ensuite on les divise en lanières d'un doigt de large, puis on les subdivise à l'infini; et alors elles peuvent remplacer, l'usage de la moyenne corde, de la ficelle, et même du fil. Ce *lien*, plein de séve, de force, et d'un usage universel, résiste parfaitement à l'humidité.

On se sert encore, sous le nom de *pao pit* (bois de Pit), de la tige ligneuse du *cactier en raquette*, arbre très-commun dans les haies vives : on le coupe lorsqu'il a 3 ou 4 pieds de haut. Ce bois léger, faisceau de filaments soyeux et blanchâtres, coupé en planchettes, remplace les garnitures de liége dans les boîtes à insectes des naturalistes. Les voyageurs s'en servent aussi pour conserver du feu pendant plusieurs jours, et il remplace l'amadou même chez les sauvages.

Planche 35.

Négresses cuisinières marchandes d'Angou.

C'est encore dans la classe des *négresses libres* que se trouvent *les cuisinières marchandes d'angou*. Il leur suffit, pour ce surcroît d'industrie, de deux marmites énormes de fer battu placées sur des fourneaux portatifs ; un morceau de laine ou de toile de coton, placé sur le couvercle de chacune, couronne cet appareil culinaire, auquel elles ajoutent deux grandes cuillers de bois à long manche. Du reste, quelques grandes coquilles plates et quelques tessons d'assiettes de faïence ou de terre composent la vaisselle offerte aux consommateurs qui désirent s'arrêter en passant, et une coquille de grosse moule se prête à chacun d'eux en guise de cuiller à bouche.

L'angou, *ragoût universel au Brésil*, et dont le nom générique se prodigue même à *la farine de manioc délayée dans l'eau chaude*, se compose, dans son plus haut degré de raffinement, de différents débris du bœuf, tels que cœur, foie, mou, langue, amygdales, et de quelques autres parties charnues de la tête, la cervelle exceptée ; le tout coupé en petits morceaux, et auxquels on ajoute de l'eau, de la graisse de porc, de l'huile de coco d'Inde à la couleur d'or et au goût de beurre frais, des quigombeaux, légume mucilagineux et légèrement acide, feuilles de radis (appelés navets), piment vert et jaune, persil, oignons, laurier, petite sauge, et tomates ; le tout réduit à consistance d'une sauce bien liée. La marchande place toujours à côté de la marmite au ragoût celle qui est uniquement remplie de farine de manioc détrempée. Ce mélange, servi proprement, ressemble, au premier aspect, à une assiette de riz glacé d'un coulis brun-doré qui recouvre quelques petits morceaux de viande.

Voilà le mets, d'ailleurs assez succulent et de bon goût, qui figure quelquefois sur la table des anciennes Brésiliennes de la classe aisée, et dont elles se régalent, à titre de plaisanterie, pour sauver leur amour-propre compromis.

L'ouvrier du plus fort appétit se contente pour son repas d'une portion de 3 vintems (7 sous 6 deniers de France), et l'on peut comparer la plus petite portion de 1 vintem (2 sous 6 deniers) au volume de deux cuillerées ordinaires, qui suffisent aux indigents et aux petits mangeurs.

On trouve les marchandes d'angou sur les places, près des marchés, ou dans leurs boutiques, alors garnies de légumes et de fruits. La vente de ce comestible, entretenu chaud, commence le matin depuis 6 heures jusqu'à 10, et continue de midi à 2 heures, moment où se rassemblent autour d'elles tous les esclaves travailleurs qui ne sont pas nourris chez leurs maîtres. On y voit aussi l'esclave, plus ou moins mal vêtu, d'une famille indigente et quelquefois nombreuse, remporter une portion de 4 vintems (10 sous), contenue dans une mauvaise soupière à demi fermée par son couvercle, ou recouverte seulement d'une feuille de ricin ou de chou ; et cette nourriture substantielle, à laquelle s'ajoutent quelques bananes ou quelques oranges, suffit à l'existence de 5 ou 6 individus, à Rio-Janeiro.

Quant à la composition du souper, nous en parlerons à la *venda* d'une journée de carnaval.

Description de la scène.

J'ai choisi pour le lieu de la scène la plage du marché au poisson (*la prahia do Pexe*) : elle est naturellement très-fréquentée, et de plus à proximité de la douane. Au fond s'élève *l'île das cobras ;* et sur le plan coupé, un canot de pêcheur tiré à terre, et contenant un reste de poissons de qualité inférieure, sert de boutique improvisée aux nègres de l'embarcation, qui approvisionnent de leur triste marchandise les négresses, les consommateurs économes et les *vendeiros* (épiciers qui vendent aussi du poisson frit).

Il est sept heures du matin : c'est l'heure du coup de feu *des marchandes d'angou,* fournisseuses privilégiées du déjeuner du boutiquier comme de l'habitué nomade de la *prahia do Pexe.*

Les deux que l'on voit campées à l'abri de leur châle étendu sur des perches, servent en ce moment les pratiques du plus grand appétit, c'est-à-dire, les *nègres de la douane.* L'un d'eux, assis sur le devant, porte à sa bouche la succulente *boulette* de farine de *manioc,* préalablement pétrie avec les doigts : il a eu, comme son compagnon, la précaution dont on leur rappelle souvent l'importance, de préserver sa tête des rayons du soleil, pour éviter une hémorragie, ou une attaque de fièvre chaude.

De l'autre côté et sur le premier plan, une des marchandes de tomates, habituées du marché au poisson, le châle sur la tête, et la cuiller en main, déjeune beaucoup plus décemment, assise sur sa petite escabelle.

Quant aux *cuisinières,* celle dont le nègre achève de détremper la farine de *manioc,* paraît être de la nation *Conga,* à en juger par sa tête rasée et l'arrangement particulier de son turban ; tandis que l'autre, d'une origine plus distinguée et d'une fortune plus avancée, étale le luxe du turban blanc. Aussi, naturellement plus gracieuse que sa compagne, malgré son mal de dents, sert-elle avec une adresse remarquable l'assiette d'*angou* bien dorée.

Parmi les consommateurs prêts à se faire servir, l'un tient une moitié de calebasse, tasse modeste nommée *couïa ;* et un simple *nègre de ganho,* arrivé le dernier, attend patiemment son tour, le *cesto* sur l'épaule.

Four à chaux.

L'exploitation de la *pierre à chaux* est si négligée *au Brésil,* que l'on cite comme une rareté celle qui provient d'une carrière située à l'une des extrémités du plateau qui domine la *ville de Saint-Paul.* On prétend qu'il en existe aussi dans les hautes montagnes de *Mines.*

Mais comme *Rio-Janeiro* et ses environs sont privés de cette ressource, on y remédie par la fabrication d'une *chaux de coquillages calcinés ;* aussi voit-on, de loin, les fumées de ces manufactures couronner les *petites îles habitées* qui peuplent si pittoresquement l'intérieur de la *baie.*

Le *four,* de forme circulaire, et entièrement construit de combustible, se compose de la superposition de plusieurs rangs alternés de *bois* et de *coquillages.* La rangée de *bois* est de deux palmes et demi d'épaisseur, tandis que celle de *coquilles* n'est que de deux palmes seulement.

Cet arrangement terminé, on y met le feu, et après l'entière combustion il ne reste qu'un énorme monceau de *cendres blanches* mêlé, au centre seulement, de quelques charbons faciles à extraire.

Quant à sa *qualité*, des ingénieurs français, employés au service particulier de l'*empereur du Brésil*, ont trouvé cette *chaux de coquilles* supérieure à celle de *pierre* qu'on apporte de *Lisbonne;* et, loin de se laisser influencer par l'opinion contraire accréditée à Rio-Janeiro, ils ont acquis la certitude que, malgré le refroidissement opéré par un premier lavage dans sa fabrication, en faisant recuire cette *chaux* mêlée avec un peu d'*argile ferrugineuse*, on en obtient un *ciment* très-durable, dont les heureux résultats se sont fait sentir dans les travaux exécutés chez l'*empereur*.

Cependant on l'emploie plus généralement *au Brésil*, combinée avec une terre ocreuse d'un rouge orangé, dont on fait un premier enduit, que l'on recouvre ensuite avec un *lait de chaux* donné à deux couches, opération qui s'imite plus économiquement avec le *badigeon* ordinaire fait avec une *pierre* commune *au Brésil*, nommée *tabatinga*.

La *chaux de coquilles* se vend au *molho*, mesure de capacité qui se divise en *alkers* (*); cette dernière se paye de 3 à 4,000 reis (24 à 25 francs).

Les *bateaux de transport*, construits spécialement pour ce commerce, portent leur charge proportionnée sur *tant de molhos*, et ont leur atterrage affecté dans *plusieurs ports de la ville*.

(*) L'alker peut se comparer à un *quart de muid*, mesure de France.

PLANCHE 36.

Nègres porteurs de Cangalhas.

La profession distincte des *Cangueiros*, ou porteurs de *cangalhas*, doit son nom aux cordes à crochets dont on se sert au Brésil pour suspendre les charges des bêtes de somme aux crochets de leur bât, appelés *cangalhas*.

Ces porteurs emploient effectivement ces mêmes cordes pour suspendre les fardeaux à un énorme bâton appuyé sur leur épaule; et cette méthode, regardée à juste titre comme la meilleure pour transporter les meubles pesants et fragiles, tels que commodes, pianos, glaces, etc., s'emploie aussi pour le transport des pipes d'eau-de-vie et des caisses de sucre.

La pesanteur du fardeau détermine le nombre des porteurs, qui varie depuis *deux* jusqu'à *huit*. Ils marchent à très-petits pas et toujours obliquement, afin de modifier l'effet du balancement de la charge, qui, sans cette précaution, entraînerait tous les hommes, et les empêcherait de dégager le pied qui doit se porter en avant. Du reste, la cadence du refrain qui règle leur pas avertit de loin les cochers ou les cavaliers distraits de respecter leur marche pénible et entravée.

Le plus court et le plus simple transport, fait à deux hommes, se paye de 16 *à* 20 *vintems* (2 francs à 2 francs 10 sous de France). Un esclave cangueiro doit, chaque soir, rapporter à son maître de 6 à 8 francs; taxe exigée sous peine de correction.

On est assuré de trouver de ces porteurs à certaines places de la ville où l'on voit de loin, adossé à la muraille, l'énorme bâton cerclé de fer aux deux extrémités, et au sommet duquel est attachée une grosse corde pelotonnée avec soin.

Cette classe de *porteurs*, si utile au négociant, ne l'est pas moins à l'artiste, qui y rencontre les formes athlétiques les plus pures, pour lui si précieuses à étudier.

La scène se passe dans l'intérieur de la douane, près des magasins où se débarquent les liquides.

Porteur des plus pesants fardeaux, et par cela même obligé, pendant l'excessive chaleur du jour, de découvrir au moins la partie supérieure de son corps, le *Cangueiro* met une certaine coquetterie à grouper autour de ses reins le reste de son vêtement. On le voit, fier de sa force, orner sa tête de quelque vieux débris de coiffure militaire, pour rehausser l'originalité de son costume : mais c'est surtout dans la pièce indispensable, dans le *bourrelet-collier* qu'il porte en sautoir, que brille le luxe de sa parure : cet utile coussin, qui adoucit, sur l'épaule du porteur, la pression du bâton, est toujours orné d'une *vieille frange de soie*, qu'il fait ajuster solidement par un bourrelier. Mais non content de ce lambeau, bariolé souvent de plusieurs couleurs, il y ajoute encore un fragment de petit miroir, des boutons de métal et quelques petites coquilles (coris). La *gourde* à l'eau-de-vie, et le *sachet de cuir* dépositaire de son argent et de ses cigares, complètent le fourniment du *grenadier de la douane*, titre splendide dont le *Cangueiro* a été décoré entre tant de *nègros de ganho*.

Le principal groupe, qui représente le *transport* d'une *pipe d'eau-de-vie*, offre un tableau de la variété de costumes qui vient ajouter au pittoresque des scènes animées de l'intérieur de la *douane;* et le *second groupe* plus simple, placé dans l'éloignement, donne une idée de la *corde à crochets*.

Têtes de Nègres de différentes nations.

Nul doute que le désir si naturel à l'homme de se distinguer de ses semblables n'ait inspiré aux peuples qui vont nus la coquetterie du *tatouage*.

Aussi voit-on le *sauvage* brésilien, retiré dans ses forêts vierges, en présenter divers exemples, et l'*esclave africain* importer à Rio-Janeiro les *tatouages variés* qui distinguent les différentes *nations nègres*.

Le *tatouage* se pratique de plusieurs manières, soit en faisant sur la peau des incisions de forme différente, des gravures pointillées, ou simplement des lignes colorées : à Rio-Janeiro, ce dernier mode se reproduit mille fois dans la journée, sur des *négresses* spontanément entraînées par un souvenir de leur patrie. Le matin, par exemple, lorsque ces revendeuses sont rassemblées sur la plage du marché aux légumes, il suffit qu'une des plus gaies entonne une chanson africaine en se balançant avec le geste analogue, pour électriser subitement toutes ses compatriotes qui, devenues frénétiques pendant ce chorus d'enthousiasme, et cherchant à se surpasser mutuellement, prennent tout ce qu'elles trouvent pour se *tatouer*, depuis la terre et la chaux jusqu'au vermillon, etc.

Puis à son tour, ce *masque grotesque*, qu'elles conservent ordinairement pendant le reste de la journée, électrise les compatriotes mâles ; heureuse disposition dont elles profitent pour se faire régaler successivement de petits verres de liqueur, d'eau-de-vie (*cachaça*) ou de quelques friandises : il est même rare que toutes ces galanteries nationales ne se terminent pas par un tendre rendez-vous nocturne ; moment délicieux qui, souvent trop prolongé, attire une sévère correction à la *belle tatouée*.

Je joins ici, au *tatouage* particulier de différentes nations africaines, le *mode de coiffure* des plus élégants *esclaves nègres* de *cangalhas* (porteurs de fardeaux), chef-d'œuvre des *barbiers ambulants*, et légèrement indiqué dans la note de la *pl.* 12.

Le nº 1 est un *nègre Monjole*, reconnaissable par les *incisions verticales* placées sur ses joues. — Le nº 2, un *nègre Mina* au teint cuivré assez clair ; son *tatouage* se compose d'une continuité de petits points saillants par le gonflement des cicatrices : ils se détachent sur la peau en noir violâtre. — Nº 3, *beau Mozambique du Sertāon :* c'est un *nègre* d'élite employé dans les magasins de la douane ; on le reconnaît non-seulement à sa lèvre supérieure et à ses longues oreilles percées, mais encore à l'espèce de croissant saillant qu'il porte sur le front, marque appliquée avec un fer chaud sur les nègres que l'on vend dans les comptoirs de la côte de Mozambique. — Nº 4, autre *Mozambique*, d'une taille moins élevée, et d'un teint plus clair, sur lequel se détachent, en noir bleuâtre, les *cicatrices du tatouage :* la couleur de sa peau indique qu'il est du littoral de la côte. — Nº. 5, beau *nègre Banguel*, dont la coiffure, recherchée dans ses détails, se compose de trois teintes graduées ; la plus claire est la partie rasée, celle qui suit est produite par les cheveux coupés presque ras avec les ciseaux, et la plus foncée, par les cheveux coupés à un pouce de leur racine. — Nº 6, même système de coiffure, mais de deux teintes seulement. — Nº 7, *nègre Calavà*, vendu sur la côte de Mozambique : son teint est cuivré rougeâtre, et ses cicatrices, noires bleues ; mais sa coiffure, quoique simple, offre l'exemple du plus grand luxe national, qui consiste dans le rang de mèches de cheveux bouclés qui bordent le front. S'il n'a pas la lèvre supérieure trouée, il a au moins la lèvre inférieure allongée ; opération qui se fait, dans l'enfance, en la comprimant entre deux petits morceaux de bois aplatis, et fortement liés ensemble. — Le nº 8, autre exemple du diadème de cheveux séparés par mèches longues, au moins, de cinq pouces. Le Mozambique, au repos, s'occupe continuellement d'en rouler l'extrémité ;

et ceux qui n'ont aucune partie de cheveux rasée, divisent la totalité de leur coiffure en petites mèches, ce qui leur rend la tête semblable à l'enveloppe épineuse d'un marron d'Inde. On peut remarquer ici l'analogie qui existe entre la mutilation de la tête du *Botocudo* et celle du *Mozambique;* mais celui-ci orne du moins ses oreilles de fleurs, de feuilles, ou d'anneaux, et profite souvent de leurs incisions pour y conserver ses cigares. Enfin, le n° 9, exemple de la plus simple coiffure de ce genre, est la plus générale des élégants porteurs de fardeaux, *negros* de *Cangalhas* ou de *Carros*.

Je crois devoir, afin d'éviter la répétition, renvoyer à la note de la pl. 22, pour la nomenclature des *races nègres* employées au service à *Rio-Janeiro*.

Planche 37.

Voitures et meubles prêts à être embarqués.

Quoiqu'il paraisse singulier, dans un siècle de lumières, de retrouver à Rio-Janeiro l'antique usage de faire *transporter d'énormes fardeaux* naïvement posés sur la tête *des porteurs nègres,* il est cependant constant que la totalité de la population brésilienne de cette ville, accoutumée à ce système qui assure le gain journalier de ses esclaves employés dans les rues au service public, s'oppose même aujourd'hui à l'établissement de tout moyen de transport, tel que des voitures attelées; innovation qui compromettrait, en très-peu de temps, non-seulement les intérêts du propriétaire de nombreux esclaves, mais encore l'existence de la classe la plus nombreuse, celle *du petit rentier* et *de la veuve indigente*, dont *le nègre,* chaque soir, rapporte *quelques vintems* nécessaires, bien souvent, à l'achat des provisions du lendemain. C'est *ce moyen de transport,* généralement adopté, qui peuple à chaque instant les rues de la capitale de ces essaims de *nègres porteurs,* dont les chants multipliés importunent si fréquemment le paisible étranger livré à des occupations sérieuses dans sa maison de commerce. Depuis quelques années, cependant, un règlement de police interdit *aux nègres,* dans les rues, toutes les exclamations trop bruyantes qu'ils se permettaient dans leurs chants.

Le dessin représente les détails *du transport d'une voiture démontée,* et dont toutes *les parties séparables sont enveloppées, comme le reste, dans des nattes de roseaux;* précaution usitée pour l'embarquement des objets de cette nature que l'on envoie de Rio-Janeiro dans quelque autre partie du Brésil.

Ce *mode d'emballage,* suffisant contre l'ardeur des rayons du soleil et l'humidité de la pluie, est peu dispendieux, et d'une flexibilité qui offre l'avantage de tenir peu de place dans l'embarcation.

La *natte de roseaux*, fabriquée au Brésil de la même manière que les paillassons employés en France par nos jardiniers, est aussi *le lit commun du nègre* et *de l'indigent.* Une seule se vend 5 *vintems*, et achetée à la douzaine elle ne revient qu'à 4 *vintems* (10 sous de France).

Le nombre des *porteurs* représentés dans cette petite scène donnera une idée de l'immense quantité de nègres employés au transport du déménagement d'une maison riche, dont chaque meuble se porte isolément; en effet, cette entreprise s'effectue en un seul voyage, pour en rendre la surveillance plus facile. Aussi, lorsque l'on rencontre un semblable convoi, ou plutôt cette peuplade noire émigrante, on voit sa longue colonne toujours précédée par un ou deux domestiques blancs, et commandée par un *intendant* ou *feitor* qui la suit à cheval.

Ces surveillants, toujours la *chicota* à la main, entretiennent sévèrement pendant le trajet l'ordre établi dans la file.

Mais c'est surtout lors du chargement des nègres que brille le discernement de *l'habile feitor :* on le voit profiter de la force et de la taille des porteurs, et entremêler à propos, dans le transport d'un pesant fardeau, quelques hommes courageux, capables de maintenir constamment l'équilibre pendant la marche; il ne néglige pas, cependant, de placer près du groupe quelques *nègres* destinés à remplacer de temps à autre les plus faibles porteurs. La colonne une fois en mouvement, le cavalier en parcourt sans cesse le flanc, et réveille, en passant, par un coup de fouet la nonchalance *du porteur isolé* qui, peu à peu, laisse perdre l'aplomb au fardeau qu'on lui a confié; ou bien encore, à quelques pas de là, luttant avec lui de finesse, il corrige sans pitié le malicieux porteur, qui feint, pour se reposer, le tremblement nerveux, précurseur ordinaire de l'épuisement des forces.

Enfin, arrivée à sa destination, la caravane inondée de sueur se décharge et se range sur une seule ligne, avec défense de la doubler. Là, *chaque noir,* immobile, les mains pendantes, attend qu'on le paye à son tour; et, pour éviter les discussions, le salaire est égal pour tous les porteurs : il va de 3 à 4 *vintems* (10 sous) pour un long trajet, mais se réduit à deux vintems pour l'intérieur de la ville. Aussitôt payé, on force le nègre à s'éloigner, pour lui ôter tout prétexte de rentrer en ligne.

Lorsque la paye est terminée, s'il se forme quelques groupes de *câlins demandeurs d'indemnité,* on se dispose alors à faire droit à grands coups de fouet à leur réclamation ; mais à ce signal ils fuient à toutes jambes, en riant eux-mêmes du malheureux succès de leur injuste spéculation.

Négresses vendeuses de Café brûlé en poudre.

L'usage *du café* est tellement général *au Brésil, qu'à Rio-Janeiro* une maison riche qui possède d'ailleurs des plantations, peut se défrayer de la nourriture de ses esclaves par le bénéfice journalier de la *vente du café brûlé et pulvérisé* colporté dans les rues. Cette spéculation devient aussi une ressource pour la famille indigente, presque toujours secourue, d'ailleurs, dans cette espèce d'approvisionnement, par ses parents et ses amis; car le plus petit propriétaire *brésilien* possède, indubitablement, sa modeste *plantation de cafiers.*

En effet, tous les jours un grand nombre de *marchandes de café torrado* (café torréfié) circulent dans les rues de la capitale depuis six heures du matin jusqu'à dix.

Celles qui appartiennent à des maîtres opulents ou soigneux vendent le café en poudre renfermé dans de petites boîtes de fer-blanc fermées d'un couvercle, et contenant chacune le volume de trois fortes cuillerées. Ces *marchandes,* en faisant leur tournée, déposent successivement leurs petites boîtes chez les abonnés, et à leur retour les reprennent vides. D'autres ne portent qu'une grande boîte de fer-blanc, aussi à couvercle, et y puisent le *café* avec une petite mesure de la dimension même des boîtes que je viens de décrire. Cette quantité se vend 1 *vintem* (2 sous 6 deniers de notre monnaie).

Les plus pauvres *débitantes* se contentent de porter *le café* dans des vases de faïence ou de terre, et le mesurent avec une cuiller d'étain ou de bois.

Enfin, à la campagne aussi, il n'est pas de propriétaire qui n'ajoute, chaque matin, comme boisson tonique, une légère infusion de café sans sucre au déjeuner de ses nègres travailleurs.

A défaut de moulin à café (ustensile à peine en usage à Rio-Janeiro), le *Brésilien* fait piler *le grain brûlé* dans un grand mortier de bois; opération routinière qui prive en pure perte ce végétal d'une grande partie de son huile essentielle.

Convoi de Café.

Le cafier par excellence, cet utile arbrisseau connu seulement depuis soixante ans à *Rio-Janeiro,* se cultive maintenant avec soin au Brésil, et y devient, par la belle qualité de son fruit, une excellente spéculation pour le propriétaire qui s'en occupe; car *le café de la province de Rio-Janeiro,* spécialement, rivalise de prix avec celui de Moka.

Quant *à sa culture,* il est nécessaire, dans *les bons terrains du Brésil,* de planter les boutures *du cafier* à 7 pieds de distance les unes des autres, pour éviter qu'elles ne finissent par s'étouffer mutuellement. Mais il suffit d'un intervalle de 4 à 5 pieds dans les terrains médiocres. On en peut déjà récolter quelques fruits au bout de quatre ou cinq ans de plantation; mais, pour cela, il faut détruire constamment les mauvaises herbes qui ne cessent d'envahir les nouveaux plants. Aussi, calcule-t-on l'entretien de cette culture sur la proportion *d'un nègre* par *mille pieds de cafiers.* Sa pénible tâche est d'entretenir l'arbre dégagé des herbes qui croissent autour de lui; de légèrement, et plusieurs fois dans l'année, labourer la terre qui couvre à demi ses racines, et d'en dégager la tige des mousses qui y croissent spontanément.

Quoiqu'il existe toute l'année *des fleurs et des fruits sur la branche du cafier,* la grande *floraison* est en août, et *la récolte,* qui commence en mars, se prolonge jusqu'en mai, époque de la plus grande abondance et de la parfaite maturité *du café,* mais souvent menacée d'être endommagée par les coups de vent et les fréquentes pluies qui surviennent presque aussitôt. (Voir la note de la planche 25 du même volume.)

La *récolte terminée,* le *fruit mûr,* étalé sur un terrain sec ou sur des nattes, reste exposé chaque jour aux rayons du soleil jusqu'à son état de parfaite dessiccation, c'est-à-dire, jusqu'à ce que sa pulpe soit devenue ridée, dure et cassante comme du bois. On le *soque* ensuite au pilon, dans de grands mortiers de bois, pour faire éclater l'enveloppe et opérer la séparation des deux *lobes* de la *graine.* Il ne reste donc plus qu'à le vanner, et le trier ensuite, pour en former deux qualités très-distinctes, quoique de même nature.

La première, en effet, se compose *du grain parfaitement entier;* et *la seconde,* bien dépréciée dans le commerce, ne se compose que *de grains cassés,* et l'on conserve le tout dans des sacs soigneusement préservés de l'humidité : *dernier soin du cultivateur de café.*

Les poids et *la mesure* employés dans le commerce du café et du sucre, au Brésil, sont l'*alqueire* (mesure portugaise) et l'*arroba* (espèce de poids). *L'alqueire* pèse 2 *arrobas,* et l'*arroba* pèse 32 livres.

Le sac de café reçu dans le commerce pèse 128 livres, et contient 2 *alqueires.* Le prix de l'*arroba de café* varie de 20 à 30,000 reis (120 à 180 fr. de notre monnaie).

Pour faciliter encore *la vente déjà si commune du café à Rio-Janeiro,* on y trouve des entrepôts de ce genre, bien approvisionnés, où les acheteurs peuvent choisir et traiter avec les propriétaires ou les courtiers.

Quant au *transport,* souvent pénible en raison de la longueur du trajet, il faut, pour l'effectuer sans inconvénient, non-seulement se procurer un nombre *de porteurs* égal à celui *des sacs,* mais surtout un *chef entraînant,* capable d'animer *la troupe* par ses chants improvisés. Ordinairement *le premier porteur* est le porte-étendard, et se distingue par son mouchoir noué à une baguette.

Toute *la colonne* est dirigée par un *camarade chef,* habile à se munir d'une corne de bœuf ou de bélier, *trophée protecteur* qu'il tient à la main : c'est pour lui un talisman contre tous les malheurs qui pourraient menacer sa troupe en marche, et qui anime sa verve en même temps qu'il entretient la superstition de ses soldats de circonstance; mais une fois *la colonne* arrivée à sa destination et payée, l'égalité reprend ses droits, et la fraternise au cabaret le plus voisin (*a venda mais perta*).

PLANCHE 38.

Nègres de Carro.

Le *Carro* est le nom générique de *plusieurs voitures* au *Brésil;* il s'applique ici à un *humble chariot* à quatre petites roues pleines, de 18 pouces de diamètre, construit très-simplement et entièrement en bois. Il se compose d'un plateau de 4 pieds de large, sur 6 de long, monté sur deux paires de roues, dont chacun des deux essieux tournants exécute son mouvement à la faveur d'une encastration aisée, que forment d'énormes chevilles, aussi en bois, adhérentes aux deux côtés du plateau. Un anneau de fer, à chaque angle, sert à passer les cordes qui traînent *le chariot* privé d'un avant-train brisé, et dont on n'oblique la marche qu'en le tirant d'un seul côté pour obliger le plateau à glisser peu à peu sur l'extrémité de l'essieu du devant, qui, ainsi que l'autre, en excède toujours la largeur de plus de 18 pouces. Arrivé ainsi au coin d'une rue, on soulève le devant de la voiture que l'on entraîne, en frottant les roues immobiles sur le pavé, pour achever un demi-tour.

Six *nègres* sont employés au service d'une semblable voiture, dont quatre, placés en avant, la tirent avec des cordes, et les deux autres poussent par-derrière la masse roulante.

Le *chariot* et les *six nègres* appartiennent au même propriétaire. Chaque voyage se paye 2 *pataques* et 4 *vintems* (4 francs 10 sous de France).

On trouve un nombre prodigieux de ces voitures rangées le long du mur qui se prolonge jusqu'à la porte de la *Douane.* Là, pendant les heures d'activité de cet établissement, une partie *des nègres* se reposent sur leurs *chariots,* tandis que leurs camarades surveillent de près les négociants dont ils espèrent de l'ouvrage.

Mais il est indispensable aussi, pour le négociant qui les emploie, de charger un affidé d'escorter le transport de ses marchandises, afin de se préserver des vols que commettent ces infidèles porteurs, à la faveur des repos inévitables pendant le trajet.

Voici un exemple à l'appui de cette assertion. Un commerçant français, à son arrivée à Rio-Janeiro, fut obligé de retirer de la *Douane* une partie de chapeaux de feutre; il organisa donc une file assez nombreuse de *negros de ganho,* dont chacun portait sur la tête un *cesto* (panier) rempli d'une égale quantité de cette même marchandise. Suivant avec trop peu de défiance la marche de ce convoi monotone, il ne s'aperçut qu'à son arrivée chez lui, de la désertion d'un des porteurs. Il était déjà trop tard pour se mettre à la recherche du voleur, qui sans doute avait profité du tournant d'une rue pour rompre la ligne et se cacher dans une allée, dont il ne sortit ensuite que pour porter le vol chez un recéleur, qui retira, certainement, la plus grande partie du bénéfice.

Mais ce qu'il y a de plus malheureux, c'est l'indélicatesse de plusieurs marchands qui encouragent ces crimes en achetant à vil prix les vols offerts par des esclaves infidèles.

Plus heureux cependant dans ma seconde citation, j'ajouterai qu'un nègre ayant offert, dans un magasin français, une très-belle carafe de cristal taillé, pour la vendre à vil prix, la maîtresse de la maison lui observa qu'il en fallait une pareille pour lui donner quelque valeur; le nègre encouragé la lui promit pour le lendemain, et laissa la carafe comme arrhes du marché projeté. On fit suivre le nègre jusqu'à sa demeure, et le lendemain, à son retour, le marchand français fit remettre le voleur et les deux carafes à la maison de leurs maîtres, où le nègre reçut, comme on le pense bien, le châtiment de son crime.

Je ne nommerai pas cet honorable compatriote, pour ne pas donner à croire à mes lecteurs qu'il soit le seul à citer.

Esclaves paresseux et buveurs, souvent libertins, et sévèrement obligés de rapporter chaque soir une somme déterminée, sous peine de châtiment, les plus spirituels de *ces vicieux negros de ganho* deviennent, de toute nécessité, de très-adroits filous.

La scène se passe *rue Droite*, à la hauteur *de la porte de la Douane*. On reconnaît à l'attitude variée *des nègres qui traînent le chariot*, les *deux* qui en *dirigent la marche*, et qui sont placés plus près des anneaux, tandis que les deux autres, ainsi que ceux qui poussent, ne servent qu'à multiplier la force motrice du fardeau.

On concevra que le peu d'élévation où se trouvent les caisses entr'ouvertes et remplies de marchandises, nécessite la plus grande vigilance de la part des personnes chargées d'escorter un semblable convoi.

Une seconde voiture, arrêtée immédiatement auprès de la porte de la Douane, donne l'exemple de la manière d'*y charger une pipe d'eau-de-vie*. On aperçoit dans le fond du tableau, le profil de *la porte de l'arsenal de la marine*, dominée par *le couvent de San-Bento*, placé sur la hauteur qui borne l'extrémité de la *rue Droite*.

Pelota, barque brésilienne.

En parcourant, au Brésil, le sol fertile *de la province de Rio-Grande du sud*, souvent entrecoupée de lacs et de fleuves, on rencontre *le Rio das Pelotas* (rivière des Pelotes), nom emprunté d'une espèce de *nacelle improvisée, faite avec un cuir de bœuf*, et dont on se sert effectivement pour traverser cette même rivière pendant ses fréquents débordements.

Ce fut à *l'habitant de Rio-Grande*, toujours industrieux à utiliser les cuirs de ses énormes bœufs, que l'on doit l'heureuse invention ainsi que les perfectionnements de la *barque pelota*.

La plus simple *pelota*, et la première du nom, est celle que *le cavalier isolé* fait avec le cuir de la selle de son cheval, et dans laquelle il renferme son porte-manteau et ses vêtements. Se jetant ensuite à la nage, précédé par son nègre et son cheval, il remorque avec son *laço* (lacet) cette *véritable pelote de cuir* imperméable, et qui surnage facilement avec lui.

La *pelota reboulha*, déjà supérieure à la précédente, sert spécialement au voyageur qui porte avec lui des bagages. C'est une grande caisse plate, faite d'un *cuir de bœuf*, dont les bords relevés sont assujettis aux angles par des lanières. Ce léger *radeau* peut transporter même une femme et un enfant; mais, en cette circonstance, on en garnit le fond avec du fourrage.

Nous plaçons ensuite la *pelota* dont la forme se rapproche davantage de celle de la nacelle.

C'est un *cuir de bœuf* ployé sur sa largeur, et cousu à ses deux extrémités de manière à former un sac plus large que profond, dont on soutient l'écartement de son ouverture en assujettissant solidement deux morceaux de bois placés transversalement à sept pouces au-dessous du bord; le sac acquiert alors suffisamment, quoique d'une manière imparfaite, l'évasement de la nacelle à sa partie supérieure, pour surnager sans peine; tandis qu'au contraire sa partie plongée dans l'eau, et graduellement amincie jusqu'au pli qui lui sert de quille, en entretient naturellement l'équilibre. Il suffit donc au voyageur de s'asseoir à cheval sur son bagage, de manière à ce que ses pieds écartés pèsent sur le fond, pour faire tout à la fois le chargement et le lest de cette petite embarcation improvisée.

Je terminerai par la dernière perfection ajoutée aux *pelotas;* elle consiste à en garnir l'ouverture de deux plates-bandes de bois, très-flexibles, qui reçoivent, pour entretenir leur écartement, une assez large traverse de bois assemblée à queue d'aronde : cette même traverse sert souvent de banc aux voyageurs qui veulent s'y tenir à cheval, au lieu de s'asseoir simplement dans le fond de la nacelle.

Toutes ces embarcations, plus ou moins submersibles, se font remorquer par un nageur.

Quant à l'étranger voyageur qui se fait guider par un *pion*, pour traverser la province de Rio-Grande, il est dispensé de se munir d'une *pelota,* parce qu'en route, trouvant le gué d'une rivière submergé, son compagnon de voyage prend, selon sa coutume, le premier cuir étendu qu'il trouve sous la main (*), et, à l'aide du grand couteau qu'il porte, découpe le nombre de lanières nécessaire à la confection de la *pelota* qu'il improvise; et ainsi, en moins d'un quart d'heure, prêt à se jeter à la nage, il se prépare à remorquer lui-même le voyageur étranger embarqué dans une *nacelle portative* qui lui sert jusqu'à la fin du voyage.

Le négociant brésilien, au contraire, ne se met jamais en route sans charger sa *pelota* ployée sur le bagage d'un de ses mulets. Il lui suffit donc, pour l'utiliser, de la déployer et d'y emboîter la traverse qui doit lui servir de banc. Après chaque passage, il reploie sa barque, qui n'est véritablement plus qu'un *cuir de bœuf ployé en deux,* et facile à recharger sur le bagage d'un des mulets de la caravane.

Je donne, dans la lithographie, l'avant-dernier exemple de la *pelota* perfectionnée, utilisée par un *voyageur pauliste* remorqué par son esclave nègre.

(*) Toutes les prairies de la province de Rio-Grande sont couvertes de cuirs de bœuf étendus pour sécher.

Planche 39.

Boutique de Carne secca.

La *carne secca* (viande sèche) est un aliment de première nécessité au Brésil; il se prépare dans la province du *Rio-Grande du sud,* généralement renommée par la réunion de ces nombreuses *charquiadas*, placées en grande partie sur la *rive gauche do Rio de San-Gonzales*, fleuve qui facilite l'exportation considérable de ce comestible, faite à bord des *hyates* et *soumaques*, petits bâtiments caboteurs employés à l'approvisionnement des ports du *Brésil* et du *Chili*.

La *charquiada*, vaste établissement où se prépare la viande salée et séchée au soleil, réunit, dans son enceinte, le *coral*, parc où se gardent les bœufs vivants; la *tuerie,* adjacente au *coral;* le *saloir,* bâtiment oblong; le *séchoir,* vaste champ hérissé de pieux supportant des cordes tendues; et les *chaudières,* ainsi que leurs *fourneaux,* abrités sous un *hangar spacieux.* Toute cette *fabrique* est dominée par un petit plateau sur lequel est élevé le *corps de bâtiment* habité par toute la famille du *charquiadeiro* (maître de l'établissement).

Le *coral* est une enceinte de six à sept pieds de haut, plus ou moins vaste, et formée de la réunion d'une grande quantité de troncs d'arbres enfoncés très-près les uns des autres, et à laquelle on ménage une entrée, qui se ferme par une barrière. Un *petit couloir,* de douze pieds de long sur quatre de large, et adhérent au *coral,* communique à la *tuerie;* ses murailles, de même système de construction que l'*enceinte*, mais plus épaisses et hautes seulement de cinq pieds, servent de chemin élevé au nègre chargé de lancer le *laço* (lacet) aux cornes du bœuf qu'il vient d'amener dans le *couloir.* L'autre extrémité du même *lacet,* attachée autour d'un *moulinet,* force peu à peu le bœuf de s'approcher de la *tuerie* et de venir apporter sa tête à l'endroit où il reçoit le coup qui l'abat.

Déjà placé sous le *palan* d'une grue tournante, l'animal est enlevé tout de suite et descendu à la place où il doit être dépouillé; première opération après laquelle on lui enlève, de chaque côté et d'un seul morceau, toute la partie charnue, depuis la mâchoire jusqu'à la cuisse, que l'on transporte ensuite au *saloir,* ainsi que quelques autres morceaux beaucoup plus petits. Quant au reste du corps à moitié décharné, il est abandonné à une autre destination.

Le *saloir* est un rez-de-chaussée assez spacieux, couvert et de forme oblongue, intérieurement garni, de chaque côté et dans toute sa longueur, de deux immenses tables inclinées, espèces de lits de camp, sur lesquels on étend les morceaux de viande pour les saler ensuite de leurs deux côtés. Des rigoles en bois, adhérentes aux tables, reçoivent les eaux produites par la salaison, et les jettent dans un petit égout découvert, commun à la *tuerie,* pour l'écoulement du sang; un filet d'eau vive lave continuellement ce petit canal qui aboutit au fleuve.

Passant au *hangar des chaudières,* nous vîmes, pour la première fois, des *négresses* occupées au *travail de la charquiada;* mais nous y trouvâmes aussi le cadavre du bœuf déjà cité encore attaché à la corde qui avait servi à le faire traîner par un cheval jusqu'auprès des *fourneaux,* où l'attendaient d'autres bouchers pour achever de le dépecer. Enfin coupé par morceaux, tout fut plongé dans l'eau bouillante des chaudières pour en écumer ensuite les graisses qui surnagent, et en extraire ainsi le *suif commun,* que l'on vend en pains.

Du côté opposé, et un peu en arrière, on nous montra une autre *espèce de graisse* d'une qualité infiniment supérieure, produite par la *moelle* et les cervelles bouillies, que l'on coule, encore liquide, dans des *vessies* de bœuf : c'est ce travail minutieux qui est confié spécialement aux *négresses* de l'établissement; tandis que les cuisiniers, chargés d'une opération non moins délicate, ont soin de retirer des chaudières tous les os, à mesure qu'ils se décharnent, et de les jeter dans les fourneaux, en guise de bois, pour alimenter ainsi le feu nécessaire à la confection de leur travail.

Ainsi disparaissent en un jour les restes du bœuf, dont le crâne seul, conservé tout armé de ses cornes, le lendemain ingénieusement entrelacé avec un millier de ses semblables, et sans autre liaison, suffit à la construction du mur d'enceinte de la *charquiada brésilienne.*

Nous dirigeant vers le fleuve, nous parcourûmes le terrain appelé *séchoir,* où l'on apporte successivement la viande, après deux jours de *salaison.* On en étendait les énormes morceaux sur des cordes de cuir rangées en ligne et soutenues par des pieux assez multipliés.

Ployée par son poids sur la corde qui la soutient, la *viande salée* reste ainsi exposée au soleil jusqu'à ce qu'elle ait pris une *teinte blanc-jaunâtre;* alors, réduite à un demi-doigt d'épaisseur, et desséchée jusqu'à consistance de cuir, on l'empile près du rivage sur des plateaux de bois exhaussés d'un pied.

Ces pyramides tronquées, recouvertes sur toutes les faces par des cuirs bien secs, servent de point de mire aux navigateurs qui veulent s'en approvisionner.

Le commerce de *cuirs de bœufs,* au *Brésil,* n'est pas une moins brillante spéculation pour le *charquiadeiro* de *Rio-Grande*, fixé dans une province privilégiée d'une espèce gigantesque de bœufs, dont seulement les *énormes cornes,* ainsi que la *belle bourre* du flocon de la queue, constituent une branche de commerce exploitée par les négociants français, comme d'excellents retours appréciés dans les ports du midi de la France. Mais aussi, le cuir, mal tanné au Brésil, y laisse à son tour une chance lucrative à l'introduction de ceux d'Europe, toujours recherchés à cause de leur perfection.

Explication de la planche.

Assis en dedans, et près de la porte de son *magasin de carne secca*, dort le marchand (de 1816) qui figure aujourd'hui parmi ses confrères modernes comme un assez grossier personnage issu d'un Portugais de basse extraction, et dont il conserve au Brésil la mise et les habitudes. On reconnaît aussi, à son teint livide, la malsaine influence de l'air corrompu de sa boutique, et dont il est plus particulièrement infecté pendant la nuit dans la petite soupente où il couche. On voit à côté de lui l'un des deux morceaux de *carne secca* dont il extrait à mesure les petites quantités qu'il vend au détail, depuis 1 *vintem* jusqu'à 8 *à peu près* (2 sous 6 deniers jusqu'à 10, monnaie de France). Ces morceaux, accrochés aux parois de la porte, indiquent au consommateur habitué la qualité des provisions du marchand; d'autres morceaux entiers, reployés sur leur longueur et empilés, forment dans l'intérieur du magasin trois masses carrées assez semblables, en petit, aux pyramides tronquées précédemment décrites.

Sur le premier plan, à gauche, quatre *pains de suif commun* rappellent l'industrie des ouvriers de la *charquiada;* derrière eux domine l'extrémité supérieure d'une masse de trois pieds de haut, entièrement formée de poissons secs (*guarupà,* espèce de vielle), salaison fabriquée dans la province de Sainte-Catherine.

Sur le premier plan, et plus avancée, une pièce de lard, encore enveloppée de sa natte, et trois autres à côté d'elle, groupées simplement sur un plateau, donnent aussi une idée de l'industrie des habitants de Saint-Paul et de Minas; c'est l'indispensable *toucinho,* dont un petit morceau, gros comme le doigt, suffit chaque jour à la cuisine du plus grand nombre des Brésiliens.

A gauche, et dans le fond, plusieurs rangs de planches soutiennent une forte provision de graisse superfine renfermée dans des vessies; de plus, une file de nombreux paquets de chandelles accrochés au bord de ces rayons forme au pourtour de la boutique une frange analogue *.

Enfin, des langues de bœuf salées et suspendues au plafond complètent l'assortiment général de ce magasin de comestibles d'une odeur repoussante.

Les boutiques de marchands de *carne secca* se trouvent réunies, en assez grand nombre, spécialement dans les anciennes et étroites rues adjacentes aux *Prahias, D. Manoël, dos Mineiros* et *do Pexe*. C'est là que viennent tour à tour s'approvisionner le capitaine d'embarcation, le propriétaire de Chacra, le marchand de nègres, l'intendant d'une maison riche, le simple particulier et le petit rentier.

Les plus nouveaux de ces marchands de *carne secca*, tous parents ou correspondants de *Charquiadeiros*, reçoivent directement leur approvisionnement par les embarcations qui arrivent exclusivement dans le port de *Rio-Janeiro;* prétexte spécieux dont ils abusent quelquefois pour augmenter le prix de leurs denrées, en cas de retard dans les arrivages.

Voyageurs habitants de la province de Rio-Grande du sud.

Le *Brésilien* de *Rio-Grande*, essentiellement cavalier, attache infiniment d'importance à la richesse de l'équipement de son cheval. Aussi, lorsque, dans cette province, un voyageur est obligé de s'arrêter dans une métairie, c'est au riche harnais de son cheval qu'il doit le gracieux accueil de l'hôte qui le reçoit; car, autrement, on ne lui ouvre qu'un des battants de la porte d'entrée, *demi-politesse* qui lui prescrit de passer la nuit relégué dans un modeste réduit auprès des écuries!

C'est encore aux nombreuses plaques d'argent du harnais de son cheval que le voyageur doit l'avantage d'être admis à la table du maître de la propriété (*estanceiro*), qui ne manque pas d'y joindre une invitation de séjour; repos embelli de tous les charmes de l'hospitalité, et pendant lequel le voyageur est dispensé de s'occuper de ses gens, de ses mulets et de son cheval. Enfin, au moment de la séparation, la promesse de se revoir devient la formule du congé qu'on lui accorde.

Pour s'expliquer l'importance qu'on attache, au Brésil, à l'équipement des chevaux, il faut se reporter à l'organisation toute militaire de sa population de l'intérieur, commandée, en effet, par des chefs qu'elle choisit parmi ses plus riches propriétaires; elle voit donc tout milicien de l'intérieur qui voyage comme un frère d'armes qui a droit de trouver sur sa route tous les secours de la plus cordiale hospitalité, et des égards proportionnés, réglés sur l'apparence du luxe de sa monture, qui le fait supposer revêtu d'un grade militaire supérieur.

(*) Ces chandelles (baguettes) se fabriquent par petite quantité, chez quelques habitants de la ville, qui forment leurs nègres à ce genre d'industrie exercée sous un petit hangar, dans le coin de la cour ou du petit jardin. La chandelle ordinaire se vend 1 *vintem* pièce (2 sous 6 deniers de France), et la plus petite 10 *reis*, moitié de prix et de proportion. C'est celle employée de préférence par les ouvriers. Fabriquées avec un suif mou et peu épuré, elles exhalent une fumée épaisse et une odeur fétide; cependant elles éclairent très-bien, mais durent peu.

A Rio-Janeiro, maintenant, beaucoup de Brésiliens et quelques Allemands fabriquent avec perfection de très-belles chandelles moulées, que leurs esclaves colportent dans les rues; elles se vendent jusqu'à 2 *vintems* et 10 *reis* pièce (6 sous 3 deniers), et s'achètent au demi-paquet de 6. Ce sont toutes ces petites fabriques qui fournissent la boutique du *vendeiro* (épicier) comme celle du *marchand de carne secca*, où se vend la chandelle en détail.

C'est par suite de cette confiance que tout étranger, recommandable par ses lumières, arrivé à Rio-Janeiro avec l'intention de parcourir le Brésil, reçoit un passe-port sur lequel le Gouvernement lui assigne un grade militaire assez élevé pour lui assurer la considération de tous les habitants qu'il doit visiter dans ses excursions. Mais le médecin botaniste, assez protégé par le premier de ses titres, est accueilli partout avec offre de résidence; ce qu'il accepte comme lieu de repos, et il s'éloigne ensuite en laissant presque toujours sur ses traces le souvenir de son utilité.

Je retrace ici l'habitude du *charquiadeiro* parcourant, toujours au galop, les immenses plaines qu'il habite. On reconnaît, dans le costume du cavalier, le manteau espagnol adopté par le *riche habitant* de *Rio-Grande,* dont les possessions confinent avec le territoire de *Monte-Video.* Ses étriers en bois, et surchargés d'ornements d'argent comme le reste du harnais de son cheval, sont, au contraire, de forme portugaise et transportés au Brésil. Quant à son grand chapeau de paille attaché sous le menton par un cordon à glands, c'est la coiffure de tous les voyageurs de l'Amérique du sud. La dame vêtue à l'européenne, montant à l'écuyère, porte un chapeau de feutre, un habit d'amazone en drap, un pantalon de mousseline garni, et des demi-bottes armées de longs éperons d'argent; de plus, un mouchoir passé devant la bouche la préserve de la vivacité de l'air pendant sa course. Les deux maîtres sont suivis de leur esclave, nouveau *Sancho Pança nègre;* il suit, couvert d'un manteau d'une étoffe commune, botté cependant, et monté sur une mule; il porte en bandoulière, d'un côté, le sabre de son maître, et de l'autre, une énorme tasse d'argent suspendue à une chaîne de même métal, instrument toujours prêt pour servir le grand verre d'eau pendant le trajet.

Planche 40.

Radeau de bois de charpente.

L'approvisionnement de bois de construction pour Rio-Janeiro se tire en grande partie des *provinces du sud du Brésil,* en raison de la facilité de transport qu'offrent les nombreuses rivières, plus ou moins navigables, qui traversent leurs forêts vierges, et viennent se jeter ensuite dans la baie. Aussi, les coupes de bois faites et marquées, on les jette dans les rivières sur le bord desquelles elles se trouvent; le courant se charge de leur faire franchir les différentes cataractes : puis on les recueille alors dans les derniers lits navigables, pour en former d'ingénieux radeaux. C'est, en effet, un jeune palmier dont le Brésilien écrase la tige à coups de masse, et qui bientôt n'est plus, sous ses mains, qu'un faisceau de longs filaments ligneux, qui sert à lier les pièces de bois qu'il veut réunir. Ces radeaux, d'une construction simple, sont mâtés, et presque toujours soutenus dans leur centre par une grande pirogue servant de chambre aux mariniers qui les conduisent au port marchand de la ville, lieu du débarquement. Le plus achalandé des ports de la capitale est celui de la *Prahia don Manoël;* viennent ensuite ceux de la *Prahinha, do Saco-d'Alfères* et quelques autres.

C'est à la variété de *toiture* des deux *canots brésiliens* reproduits, dont l'une est en *nattes* et l'autre en *cuir de bœuf,* que l'on reconnaît la différence de contrée qu'ils exploitent.

Ainsi, le *canot* amarré près de l'atterrage vient indubitablement des provinces de *Sainte-Catherine* ou de *Rio-Grande,* riches de leurs immenses troupeaux, et dont les peaux font la base spéciale du commerce et de l'industrie des habitants du *sud du Brésil.*

On y voit aussi le *monceau de terre, âtre relevé* naïvement improvisé, sur lequel s'établit le feu de la cuisine des mariniers.

Les trous percés aux extrémités de chaque pièce de bois déchargée sur la plage, et les *liens* détachés, épars auprès d'elles, font le complément des détails en grand de la construction d'un *radeau* de cette nature; détails de l'industrie indigène qui se retrouvent journellement sur les chantiers de *Rio-Janeiro.*

Parmi les nombreuses espèces de bois qui peuplent les forêts vierges du Brésil, les constructeurs ont fait un choix qui règle l'approvisionnement habituel des chantiers de Rio-Janeiro. Toujours abondamment fournis, ils offrent à l'industrie du charpentier, du charron, du tourneur, de l'ébéniste, ou du menuisier, les ressources variées de leur souplesse, de leur dureté ou de leur dimension colossale.

Je citerai quelques espèces plus remarquables, telles que le *connellier brun,* noir ou gris; l'*ahipè*, de couleur rouge, et qui ne pourrit point dans l'eau; l'*olhio*, arbre de *copahù,* employé dans le bâtiment pour former les tableaux et chambranles de toutes les baies; le *grépiapunha* (couleur jaune verdâtre), employé par le charron, seulement pour les *jantes de roues;* le *garabou* (couleur violette), moins liant que le précédent, et très-convenable, par sa roideur, à la fabrication des rais de roues et des brancards de cabriolets; le *cipipira,* brun foncé, réunissant la force et la roideur, et qui s'emploie spécialement pour les essieux tournant des *carros* (voitures de transport) et les arbres des mécaniques; le *vinhatico,* dont on fait les pirogues, les plafonds, les planchers, et généralement la plus grande partie des planches employées dans la menuiserie; le *cachète* (caxète), l'un des plus communs, qui peut se considérer comme bois blanc; le *jaquitiba,* qui fournit les petits mâts et les vergues : on l'emploie aussi, concurremment avec l'*olhio* rouge et le *jetahy* jaune, pour la fabrication des caisses à sucre. Le *sapucayà* sert à faire les quilles et les mâts des embarcations, les cabestans et les bordages. L'ébéniste se sert du *pekià* et du *jacaranda* aux belles veines, pour fabriquer les meubles précieux. L'*oyticica* est employé pour les courbes et les poulies; enfin, le *cedrò*, pour la sculpture. Les bois du Brésil, généralement pesants, offrent entre eux la différence, dans leur pied cube, de 2 *arrobas* 9 *arrates* (64 livres) à 1 arroba 5 arrates (32 livres à peu près).

Quant à la main d'œuvre, il est de fait qu'à *Rio-Janeiro* c'est le chantier de la marine qui fournit des charpentiers pour les constructions civiles. Alors dirigé par la niaiserie routinière du *mestre d'obra*, espèce d'entrepreneur, cet habile ouvrier se soumet aveuglément à une vieille méthode imparfaite qui l'entretient dans l'enfance de l'art. Construit-il un *plancher*, on lui fait monter peu à peu chaque pièce de bois à la hauteur prescrite pour y être coupée de mesure; travail souvent périlleux, et toujours long et pénible: fait-il une *mortaise*, on lui recommande de la tenir plus grande qu'il ne faut, pour se réserver la ressource d'y introduire des *cales* pour consolider ensuite l'emmanchement du *tenon*. Dans une autre occasion, renonçant à cet assemblage, on lui fait assujettir simplement une infinité d'autres pièces avec des clous. Voilà où en était l'art de la charpente à Rio-Janeiro, en 1816, mais qui s'y est développé sous l'Empire, par l'arrivée de quelques charpentiers étrangers, qui y furent dirigés par des architectes français.

J'excepte, cependant, de cette construction défectueuse, les édifices dont toutes les pierres et les charpentes numérotées furent envoyées de Lisbonne : exemple reproduit dans presque toutes les villes marquantes du littoral du Brésil.

C'est aussi au chantier de bois de construction que l'entrepreneur de bâtiments vient s'approvisionner de *lattes* (*ripas*); elles sont faites au *Brésil* du bois de jeunes palmiers; on choisit, pour cette fabrication, les *cocotiers* d'une espèce élancée qui croissent dans les gorges des montagnes. Les *lattes* ont trois *pouces* de largeur sur dix-huit *lignes* d'épaisseur, et quinze à dix-huit pieds de longueur. Ce sont les nègres employés dans les *roças* (biens de campagne), qui les fabriquent pour leur compte pendant leurs jours disponibles. Ils vont les vendre ensuite aux maîtres des ports placés sur les diverses rivières de l'intérieur.

Chaque botte est composée de douze à quinze *lattes*, et le prix se règle en raison de la longueur de la *botte*. Elles arrivent ainsi, par embarcation, sur les rivières affluentes de l'intérieur de la *baie*, et se trouvent dans les magasins des marchands de bois de construction.

Charroi de bois de charpente.

On retrouve dans le dessin d'*a carreta* (charrette attelée, du premier plan) la *mule dressée* par le *Pauliste*, docilement arrêtée devant l'extrémité de sa longe étendue à ses pieds; usage adopté par les *maquignons* de la province de *Saint-Paul*; et encore celui de fixer par de *larges courroies* les pièces de bois chargées sur la voiture : procédé importé de la province de *Sainte-Catherine*.

Sur l'arrière-plan, à gauche, chemine lentement un *char* à roues pleines et à essieux tournants, attelé de quatre bœufs; il transporte une énorme poutre sur l'extrémité de laquelle est assis un nègre pour servir de contre-poids.

Enfin, sur le même plan, mais à droite, on voit un assez grand nombre de nègres transporter péniblement une *longue poutre* immédiatement posée sur leur tête; le convoi est dirigé par un *contre-maître* à cheval (*feitor*.)

PLANCHE 41.

Marchand de tabac en boutique.

La province de *Minas* est celle du Brésil qui fournit le plus de *tabac;* aussi y voit-on cette *nicotiane*, quoique *indigène*, cultivée avec un soin particulier, qui en double le rapport, et favorise la spéculation si avantageuse de son exportation.

Voici le mode de culture adopté à *Minas* : On sème d'abord la *nicotiane* pour la replanter ensuite; devenue forte, on l'ébourgeonne et même on l'étête. Ainsi privée de fleurs, toute la sève se porte à la feuille et double son épaisseur et son étendue; sa tige alors, devenue plus ligneuse, prend une teinte d'un jaune rougeâtre, et la plante se transforme en arbrisseau.

Après en avoir cueilli les feuilles, on les fait macérer avec du *sucre* brut, et sécher ensuite au soleil. Il ne reste donc plus, après cette simple opération, qu'à les empiler, bien pressées dans des barriques, pour les embarquer.

Nous ajouterons ici le second procédé employé par le *Mineiro* dans la préparation du *tabac à fumer*.

Après un certain temps de macération, il enduit ces feuilles de mélasse et d'eau-de-vie de canne, ou bien encore de miel sauvage, substance d'une fermentation également active. Assouplies à l'aide de cet enduit, il en forme une espèce de corde, grosse comme le doigt, qu'il enroule autour d'un fort bâton de trois à quatre palmes de haut. Cette masse cylindrique, de deux palmes de diamètre sur quatre de haut, est renfermée dans un panier nommé *jacà*, qui en épouse la forme; simple mode d'emballage adopté pour la nombreuse exportation qui s'en fait dans l'intérieur et à dos de mulet.

Le *tabac*, arrivé en ville dans la boutique du détaillant, y est coupé ou pilé, selon qu'il veut obtenir les qualités différentes de *tabac à priser* ou à fumer; industrie non moins productive; car il n'est pas de *Brésilien* qui refuse une *prise de tabac*.

Toutes les *négresses* fument avec des pipes; mais les *nègres* préfèrent les cigares faits avec *du tabac coupé*. Souvent même ils s'en fabriquent avec du *tabac à priser*, qu'ils roulent dans un petit tube de papier; distraction qui ne préjudicie en rien à celle de chiquer le reste de la journée.

On y trouve aussi le *cigare charouto*, fait, comme celui de la Havane, avec de grandes feuilles de *tabac* roulées autour d'une petite paille. Aujourd'hui surtout, des Espagnols américains, établis depuis cinq ou six ans à *Rio-Janeiro*, en fabriquent d'excellents.

Notre arrivée à *Rio-Janeiro*, signalée par tant de nouveautés industrielles, y fournit une occasion de perfectionnement dans la fabrication du *tabac;* car notre mauvais cuisinier de bord, Français embarqué au Hâvre, aussitôt débarqué, se fit connaître comme *fabricant de tabac* capable d'imiter, au Brésil, les différentes qualités appréciées des plus fins gourmets. En effet, il ne lui fallut que très-peu de temps pour fournir à ses compatriotes la qualité et le grain qu'ils préfèrent; car le *tabac brésilien*, extrêmement fin, convient peu aux Français. Après avoir imité avec assez de succès quelques autres espèces de *tabac*, il partit pour Minas, et malheureusement y mourut peu de temps après.

Mais aujourd'hui, le commerce et l'industrie ne laissent rien à désirer aux consommateurs de la capitale, dans ce genre d'approvisionnement.

La réunion *des premiers magasins de tabac* se trouve rue *à Traz do Carmo*, où chaque petite boutique, à l'instar de celle de *l'illustre Civette de Paris*, se distingue par l'effigie d'un animal découpé et colorié; avec la différence que celles de *Rio-Janeiro*, très-barbares d'exécution, sont d'une dimension colossale proportionnellement à la petitesse du local qu'elles décorent. On conçoit, du reste, que ce monstre suspendu au milieu du plafond de la boutique facilite la mnémonique du consommateur curieux de retrouver le marchand qui l'a bien servi. Aussi, quoique bien désintéressé en pareille matière, me rappelé-je parfaitement *un cheval blanc, un grand cygne, un lion, et un mouton;* tous de grandeur naturelle, mais de l'épaisseur d'*une feuille de tôle*, se balançant accrochés au-dessus de la tête de leur maître, parfaitement détachés sur la couleur uniforme des vases de fer-blanc qui meublent le *magasin de tabac*.

Le marchand représenté dans la boutique est *un Portugais* d'un extrême embonpoint, toujours le mouchoir au cou, prêt à essuyer la sueur qui l'inonde, et servant avec la même indolence *le forçat et le rentier*.

Le nègre appuyé sur le comptoir, premier en tête, est le chargé d'affaires des autres, et préposé à la comptabilité de la mission. Chacune des petites boîtes de fer-blanc (tabatières communes) représente un de ses commettants.

Le second des forçats est obligé, par la dimension de la chaîne, de se tenir debout et oisif, tandis que le reste de ses compagnons, commodément assis sur leurs barils, tout en conversant, offrent aux passants des ouvrages en corne de bœuf, fruit de leur industrie, et dont le profit passe en grande partie au marchand de tabac: besoin impérieux, qui sert de prétexte aux moins adroits pour demander, à titre d'aumône, quelques *vintems* aux passants.

Le garde, pendant ce moment de repos, converse avec une *négresse* (marchande de légumes) chargée de son nourrisson à la manière africaine. Dans le fond, une autre *chaîne* en marche rapporte une provision d'eau.

On se sert de ces forçats, deux fois par jour, pour approvisionner d'eau les forteresses et les ateliers du Gouvernement. Fonctionnaires publics honorés d'une escorte, ils usent de la prérogative de s'emparer, en arrivant, des robinets des fontaines, toujours encombrés de *nègres* flaneurs qu'ils bousculent. Aussi, le moment de triomphe de cette canaille enchaînée s'annonce-t-il aussitôt par les clameurs des mécontents qui les entourent.

Le soldat de police qui les conduit est toujours muni d'un rotin, dont il se sert pour activer leur marche, ou écarter, chemin faisant, les amis un peu trop loquaces.

Le Nègre chanteur.

D'abord étonné de cette foule immense d'esclaves répandus dans les rues de Rio-Janeiro, l'observateur, plus calme, reconnaît cependant tout de suite, au caractère particulier de la danse et du chant, chacune des diverses nations nègres qui s'y trouvent confondues.

En effet, c'est surtout sur les places, et autour des fontaines publiques, lieux du rassemblement habituel de ces esclaves, que souvent l'un d'eux, inspiré par le souvenir de sa mère patrie, en rappelle le chant. C'est alors qu'aux accents de sa voix ses compatriotes, spontanément charmés, se pressent autour de lui, et, selon l'usage, accompagnent chaque couplet par un refrain national, ou simplement par un cri convenu; espèce de ritournelle bizarre, articulée sur deux ou trois tons, et très-susceptible, néanmoins, de varier de caractère.

Presque toujours ce chant, qui les électrise, est accompagné d'une pantomime improvisée, ou variée successivement par ceux des spectateurs qui désirent figurer au milieu du cercle formé autour du musicien. Pendant ce drame fort intelligible, on voit se peindre très-énergiquement sur le visage des mimes le délire dont ils sont possédés. Les plus froids, au contraire, se contentent de soutenir la mesure, marquée par un battement de mains composé de deux temps précipités et d'un lent. Les instrumentistes, aussi improvisés et toujours en grand nombre, ne sont armés chacun, à la vérité, que de deux tessons de vaisselle, ou de deux petits morceaux de fer, ou bien encore d'une coquille et d'une pierre, ou enfin de ce qu'ils portent à la main, comme boîte de fer-blanc ou de bois, etc.

Cette batterie, toujours exécutée avec un ensemble parfait, est plutôt, comme le chant, sourde que bruyante : les ritournelles, seules, sont plus forcées.

Mais la chanson finie, le charme cesse; et chacun se sépare froidement, en repensant au fouet du maître et à achever la commission qu'avait interrompue cet intermède délicieux.

Plus loin, un énorme groupe de plus de quarante nègres, mais d'une nation plus barbare, se contente d'un seul battement de mains général, et répété avec un ensemble parfait, qui remplace pour eux le charme des paroles et de l'harmonie.

Bien loin de cette barbarie, au contraire, les nègres *Bengueles et Angolais* doivent être cités comme les plus musiciens, et sont surtout remarquables par l'industrieuse fabrication de leurs instruments, tels que *le marimba*, *la viole d'Angola*, espèce de lyre à quatre cordes; *le violon,* dont le corps est un coco traversé par un bâton qui lui sert de manche, et auquel est attachée une seule corde de laiton tendue par une cheville; corde sur laquelle, par la pression alternée du doigt, ils tirent deux sons variés avec un archet, espèce de petit arc; et *l'oricongo* enfin, que je représente ici. Cet instrument est composé d'une moitié de calebasse adhérente à un arc formé d'une baguette courbée par un fil de laiton tendu, sur lequel on frappe légèrement.

On peut, en même temps, étudier l'instinct musical du joueur, qui appuie d'une main la calebasse sur son ventre à découvert, pour obtenir tout à la fois, par la vibration, un son plus grave et plus harmonieux : cet *effet*, dans sa plus grande perfection, ne peut se comparer qu'au *son d'une corde de tympanon,* parce qu'il l'obtient en frappant légèrement sur la corde avec une petite baguette tenue entre l'index et le médium de la main droite. (Voir la Planche des instruments.)

Ces troubadours africains, dont la verve peu châtiée est fertile en récits amoureux, finissent toujours leurs naïfs couplets par quelques paroles lascives qu'ils accompagnent, encore d'une pantomime analogue : moyen infaillible pour faire hurler de joie tout l'auditoire nègre, et dont les applaudissements se compliquent de coups de sifflets, de cris aigus, de contorsions et de gambades; mais dont l'explosion n'est, heureusement, qu'instantanée, parce qu'ils fuient aussitôt de toutes parts, pour se dérober à la répression des soldats de la police, qui les poursuivent à coups de rotin.

Le dessin représente le malheur d'un vieil esclave nègre réduit à la mendicité. La cécité a provoqué son émancipation : générosité barbare trop souvent répétée au Brésil par l'avarice. Son petit conducteur porte une canne à sucre, aumône destinée à leur commune nourriture.

Le second musicien joue du *marimba,* et par l'attraction de l'harmonie musicale rapproche son instrument de celui de son compagnon, sur lequel il lance un regard fixe et délirant.

Le *marimba*, espèce d'harmonica, se compose de lames de fer fixées sur une planchette de bois, et soutenues par un chevalet. Chacune de ces lames vibre en échappant à la pression des pouces du joueur, qui les force à fléchir, et produit un son harmonique en se redressant. Une portion d'énorme calebasse, approchée de la table d'harmonie de cet instrument, lui prête un son beaucoup plus grave et à peu près semblable à celui d'une harpe.

Marchandes de Pandelos.

De toutes les friandises brésiliennes, dont la fabrication devient une spéculation à Rio-Janeiro, celle du *pandelo* est, sans contredit, la plus lucrative, en raison de l'énorme consommation qui se fait de cette pâtisserie légère, adoptée généralement par tous les gourmets pour le café ou le chocolat.

Le *pandelo* est une espèce de biscuit de Savoie, sans caisse, mince, rond, et de la largeur d'une soucoupe ordinaire, qui lui a servi de moule. Le prix des plus *petits pandelos* est de 1 *vintem* (2 sous 6 deniers); on en fabrique du double, et du quadruple de grosseur, dont le maximum du prix est, par conséquent, de 4 vintems (10 sous de notre monnaie).

On citait le plus en vogue de ces établissements, comme l'antique patrimoine d'une très-nombreuse famille livrée à cette active spéculation, et dont on reconnaissait, à leur mise, les négresses, qui parcouraient la ville deux fois par jour; sorties de bonne heure de la maison de leurs maîtres, ces marchandes commençaient par approvisionner les cafés, et, chemin faisant, entraient chez les plus matinales de leurs pratiques habituelles pour y déposer la fourniture du déjeuner, c'est-à-dire, un *pandelo* par chaque personne : débit d'autant plus considérable, que les familles brésiliennes sont généralement nombreuses. Le simple débit dans les rues n'est pas moins lucratif; car il n'est pas jusqu'au plus petit esclave nègre, envoyé en commission le matin, qui ne prélève, sur l'argent qui lui est confié, le vintem pour l'achat d'un *pandelo;* les *quitandeiras* aussi (marchandes de légumes) ne manquent jamais d'acheter un *pandelo* pour leurs petits négrillons; et enfin, la première dépense du matin de la plupart des ouvriers est l'achat du *pandelo*, manger réputé, parmi eux, substantiel et pectoral.

Les négresses marchandes de *pandelos* sortent de chez leurs maîtres, à six heures du matin, et rentrent à dix, rapporatnt à la maison une certaine quantité d'œufs. Elles se reposent jusqu'à deux heures de l'après-midi, et ressortent pour ne rentrer qu'à la brune, vers six heures et demie du soir.

La vente de l'après-midi fournit les desserts du dîner et les provisions pour le thé, collation d'usage servie, dans toutes les maisons de la ville, de huit à dix heures du soir.

Beaucoup d'autres personnes, qui font la même spéculation, mais sur une échelle beaucoup plus réduite, ne cherchent qu'un léger bénéfice pour se défrayer de la nourriture journalière de leurs esclaves. Dans cette circonstance, la vente des *pandelos* n'occupe les négresses marchandes que jusqu'à dix heures du matin; et une fois rentrées, elles sont ensuite utilisées au service intérieur de la maison de leurs maîtres.

La mise de ces négresses marchandes est toujours extrêmement propre, et quelquefois fort élégante. Les colporteurs de nos villes me les rappellent bien rarement!

Planche 42.

Le fer au cou, châtiment des Nègres fugitifs.

Le *collier de fer* est la punition infligée au *nègre* qui a le vice de fuir; aussi la garde de police a-t-elle la consigne d'arrêter tout esclave qui le porte, trouvé la nuit errant dans la ville, et de le mettre aux arrêts jusqu'au jour suivant. Averti alors, le maître va chercher *son nègre*, ou le fait conduire par un soldat à la prison de correction des nègres, maintenant au *Castel*.

La même mesure est exécutée sur tous les chemins *hors de la ville* par *les Capitaõs de matto*, gardes champêtres, sans uniforme, secondés par des nègres rôdeurs leurs affidés, poursuivant les fugitifs sur les grands chemins et jusque dans l'intérieur des biens de campagne, où ils s'introduisent quelquefois. De cette manière, le propriétaire qui perd un *esclave*, à Rio-Janeiro, va de suite en faire la déclaration à l'intendance de la police, en donnant le nom et le signalement du fugitif; il renouvelle cette démarche chez les divers *Capitaõs de matto* des faubourgs de la ville; et dès que le *fugitif* est pris, le *Capitaõ de matto* le ramène, garrotté, à la maison de son maître, où il reçoit la gratification d'usage, fixée à 4,000 *reis* (25 francs).

Le *collier de fer* est armé d'une ou plusieurs branches, non-seulement pour le rendre ostensible, mais encore pour donner prise, lorsqu'on saisit le nègre, surtout en cas de résistance; car, en appuyant vigoureusement sur la branche, la pression inverse se produit de l'autre côté du collier, qui relève avec force la mâchoire du capturé; douleur affreuse, qui le fait bientôt céder, et beaucoup plus promptement encore, lorsque la pression se renouvelle par secousses.

Quelques maîtres plus doux, et surtout pour une jeune négresse fugitive, se contentent, lors d'une première faute, de lui faire mettre le collier de fer; car ordinairement, en pareille circonstance, on fait donner, préalablement, à l'esclave, 50 coups de fouet; et le double, en cas de récidive. On peut aussi augmenter le châtiment, en lui faisant mettre une chaîne du poids de 30 à 40 livres, adhérente à un anneau rivé au bas de la jambe, et dont l'autre extrémité est attachée à la ceinture. Si l'esclave est encore enfant, on lui fait mettre une chaîne du poids de 5 à 6 livres, dont une extrémité est attachée au pied, et l'autre à un billot de bois, qu'il porte sur la tête pendant son service : inutiles précautions, du reste, contre la passion de fuir, dominante chez les nègres, comme on le verra par les deux exemples que je vais citer.

Le premier, dont j'ai été témoin, est celui d'un beau nègre, parfait cuisinier dans une maison opulente de la ville. Après avoir été ramené et corrigé à plusieurs reprises, sans pouvoir renoncer au désir de fuir, il pria, en effet, son maître de le faire enchaîner à sa table de cuisine, auprès de laquelle il vivait patiemment depuis trois ans.

L'autre est celui d'un esclave surchargé de fers pendant six à sept ans, au point de ne pouvoir courir. Agile et d'une constitution robuste, il continuait cependant son service avec activité; vaincu par ce stoïcisme, son maître, cédant à un mouvement de compassion, commença à lui faire diminuer successivement le poids de ses fers, en récompense de l'excès de zèle qu'il montrait, et ne lui laissa plus qu'un gros anneau autour du cou, que la chemise pouvait encore cacher.

Dans cette occurrence, le maître fait une maladie, pendant le cours de laquelle le nègre renouvelle ses preuves d'attachement. Enfin rétabli, il dit à son esclave : *Je vais te faire ôter ton dernier fer, mais si tu fuis encore, je te fais mourir sous les coups.* Eh bien ! le malheureux nègre ne put résister un mois entier au funeste désir de se soustraire à la captivité, et repris, maintenant il ne sort même pas seul en commission, quoique chargé d'un poids énorme de fers, qu'il conservera probablement toute sa vie !

Feitor faisant river la fermeture d'un collier de fer.

C'est dans la rue de la *Prahinha,* connue par ses ateliers de grosse serrurerie pour la marine, que se trouvent certaines boutiques où l'on fabrique spécialement ces instruments de correction, tels que chaînes, colliers de toutes grosseurs, entraves en compas, bottes de fer, poucettes, instrument capable d'aplatir les pouces jusqu'à interrompre la circulation, du sang, et dont se servent les gardes forestiers, *Capitaõs de matto*, pour faire avouer au *nègre capturé* le nom et la demeure de son maître.

Comme tous les ouvriers, dans ces boutiques, sont esclaves, ces appareils de correction, à Rio-Janeiro, sont forgés et rivés par eux ; trop heureux lorsque l'ouvrier serrurier n'en est pas lui-même surchargé. Et dans ce cas, l'esclave devenu correcteur, par soumission à son maître, est sans compassion pour son semblable ; car, en dernière analyse, les nègres sont de grands enfants, dont l'esprit a trop peu de portée pour songer à l'avenir, et trop d'indolence pour s'en inquiéter.

L'*esclave* n'a que l'intelligence du présent ; il est glorieux, et aime à se distinguer par une parure quelconque ; une plume, une touffe de feuilles lui suffisent ; avec des sens d'une délicatesse parfaite, il manque de cette réflexion qui porte à comparer les choses pour en tirer des rapports ; un objet qui répugne à sa vue lui fait éprouver un frissonnement général, qui souvent excite chez lui un rire nerveux et prolongé.

Le nègre est indolent, il végète où il se trouve, se complaît dans sa nullité, et fait de l'oisiveté ses délices ; aussi la prison n'est pour lui qu'un asile de paix, où il satisfait sans terreur sa passion de ne rien faire ; indomptable penchant qui, sans cesse, remet le fouet à la main des préposés qui le dirigent !

Cependant l'amour est pour lui moins une passion qu'une frénésie indomptable, qui souvent le porte à fuir de la maison de ses maîtres, et subjugué par la fougue de ses sens, il s'expose ainsi aux plus cruels châtiments ; mais, grâce à la mobilité de ses fibres et de ses sensations, rentré ensuite dans sa prison, encore tout sanglant de la correction qu'il vient de subir, il oublie ses douleurs, au son du chétif *instrument africain*, dont il s'accompagne, en psalmodiant quelques paroles improvisées sur son malheur !

Cet état de nature s'améliore, néanmoins, chez les *créoles ;* car il existe *à Rio-Janeiro*, *des procureurs, des chapelains, d'anciens militaires, et des musiciens nègres* qui possèdent un degré de talent très-remarquable.

Transport de Tuiles.

Le goût des constructions, qui accroît journellement l'étendue de la ville de Rio-Janeiro, a provoqué l'établissement successif de nombreuses fabriques de tuiles et de briques, dont le débit est assuré. Quelques-unes ont même acquis un degré de perfectionnement dans la préparation de leurs terres, dont le mélange, autrefois composé d'une trop grande quantité de sable, en rendait les produits mous, spongieux et peu durables. Les fabricants, néanmoins, conservent encore la mauvaise habitude de faire trop peu cuire leur poterie.

Les briqueteries, presque toutes situées sur le bord des petites rivières affluentes à la baie, possèdent des bateaux et des esclaves mariniers pour exporter leurs produits à Rio-Janeiro, sur plusieurs ports affectés à leur débarquement.

La tuile, de forme cylindrique, porte 2 pieds de long sur 1 pied 4 pouces de large, et se vend, à *la Prahia,* de 18 à 25 francs le mille. Du port, aux travaux, le transport se fait par des petites charrettes, ou plus sûrement, pour éviter les déchets, sur la tête des *nègres.* Aussi, les rues sont-elles souvent obstruées par ces convois composés au moins de 30 à 40 *nègres* portant chacun sur la tête *neuf tuiles* et marchant à la file.

Nègres en commission, par un temps de pluie.

Le nègre naturellement sensible au froid et à l'humidité, devenu esclave, *au Brésil,* d'un maître qui le soigne, fait quelquefois usage de ce *vêtement* importé, dit-on, du Portugal, pour se préserver de la pluie pendant les commissions.

Ce *manteau,* quelquefois à capuchon, se compose de plusieurs rangées de paille de riz, solidement attachées par leur extrémité supérieure à des cordes horizontales, elles-mêmes fixées par intervalles à quatre ou cinq cordes perpendiculaires, espèce de trame qui détermine la longueur du vêtement. De cette manière, l'extrémité inférieure de chaque rang, restée flottante sur la partie qu'elle recouvre, achève de rendre cette enveloppe imperméable, et extrêmement flexible. On en trouve aussi le *simple capuchon* porté par des conducteurs de chars à bœufs, obligés de faire de longues marches pendant le mauvais temps.

La capote de gros drap, et de même *à capuchon,* est spécialement portée par les conducteurs de convois, dans les régions froides du Brésil.

Planche 43.

Chasse au Tigre.

De tous les animaux féroces du Brésil, le tigre est celui que l'indigène combat avec le plus d'opiniâtreté et même avec une sorte de régularité, autant peut-être pour en utiliser la pelleterie, que pour se délivrer de son redoutable voisinage.

Les trois plus grosses espèces connues sont le *jaguara* (onça pintada), *le jaguarete* (tigre noir) et le *cougouar*, tous trois *tigres mouchetés*.

Les forêts de l'intérieur sont principalement peuplées de ces animaux féroces; cependant on retrouve aussi le *jaguara* dans les vastes plaines de la *Corytiba*. Toujours sûr de trouver de l'eau dans les remises dont elles sont parsemées, il s'y retire pendant le jour, et n'en sort que pour ses excursions nocturnes, si funestes aux nombreuses troupes de bestiaux qui paissent en liberté dans les savanes de ce plateau.

A certaines époques de l'année, la population de cette *Comarca de la province de Saint-Paul* organise des battues faites par des chasseurs à cheval et à pied.

C'est dans cette chasse que l'on voit *le Pauliste*, intrépide cavalier, aussi habile à manier le fusil que le lacet, *laço*, s'élancer et poursuivre courageusement le tigre.

L'animal, bientôt devancé dans sa course par le *nœud coulant du lacet*, qui plane en tournoyant sur sa tête, est tout à coup arrêté par le *lien*, qui s'abaisse et l'enveloppe; alors le cou ou le garrot est pris dans une boucle qui se serre davantage à chaque effort qu'il fait pour fuir, et soudain un second cavalier, profitant de la stupeur du nouveau prisonnier, lui lance sa courroie. Le tigre, ainsi tenu par un *double lien*, à égale distance de ses deux agresseurs, est aussitôt saisi par quatre chasseurs à la fois.

Par cette manœuvre, l'animal, hors d'état d'attaquer ou de se défendre, reçoit bientôt le coup mortel, souvent donné par un chasseur à pied.

Cette chasse, exécutée avec autant de bravoure que d'adresse, se prolonge jusqu'à ce que les taillis soient à peu près dépeuplés.

Mais, au contraire, au sein des forêts vierges, le chasseur ne se sert, pour poursuivre le tigre, que d'un fusil et de chiens aguerris à ce genre de combat. Il trouve le tigre plus particulièrement retiré dans les cavités formées par les blocs de granit auprès des sources d'eau; c'est dans ce poste que le chasseur le fait attaquer par ses chiens.

Dans le premier moment, le *jaguara*, comme le chat, prend une attitude défensive, appuyé et immobile sur ses pattes de devant étendues, et se réserve l'élan de ses jarrets, et domine ainsi ses assaillants d'une manière plus sûre.

C'est dans cette posture, et à la faveur de son immobilité au milieu des glapissements des chiens, que le chasseur, toujours embusqué, le tire presque à bout portant. Quelquefois, aussi, il l'achève d'un coup de couteau, *facão* (*voir la note de la pl. 15 du 1er vol.*).

Souvent le tigre est dépouillé sur-le-champ, et de son corps, dévoré bientôt par des animaux carnassiers, il ne reste que quelques ossements épars, qui indiquent aux voyageurs le voisinage de ces dangereux repaires.

Planche 44.

Boutique de Boulanger.

L'usage général de la *farine de manioc*, au lieu *de celle de froment*, faisait de notre profession de *boulanger, au Brésil*, une industrie de luxe, consacrée à la consommation spéciale de quelques Portugais, et des étrangers attirés à Rio-Janeiro par les relations commerciales. Aussi, en 1816, comptait-on à peine six boulangers dans cette capitale, mais tous possesseurs de riches établissements situés sur les *Prahias don Manoël* et *dos Mineiros*, où s'approvisionnaient les équipages des embarcations marchandes. Ils fournissaient aussi toutes les *vendas* (magasins de comestibles) voisines des ports. On était donc assuré d'y trouver des *petits pains* (d'un quarteron ou d'une demi-livre) très-blancs, mais à peine cuits, selon l'usage du pays. On pouvait aussi s'en procurer par des *vivandiers marins*, qui embarquaient dans leur petit canot des oranges, des bananes, et du café chaud, qu'ils offraient, à l'heure du déjeuner, aux matelots des embarcations ancrées dans le port. Ces pourvoyeurs ne circulaient que depuis six heures du matin jusqu'à dix.

Mais deux ans après le *couronnement du roi*, l'affluence des étrangers, et surtout celle des Français, fit considérablement accroître la consommation du pain : circonstance qui nécessita l'établissement successif d'excellentes *boulangeries* françaises, allemandes et italiennes, et dont le nombre était prodigieux à Rio-Janeiro en 1829. Cette spéculation, du reste, ne laissa pas que de profiter aux premiers capitalistes qui s'y livrèrent; car, peu d'années après, on en comptait déjà plusieurs qui s'étaient retirés fort riches.

A l'époque de notre arrivée, la ville ne possédait que deux *moulins à vent*, situés sur la montagne et près du couvent de *San-Bento*; encore furent-ils abattus en 1820. On comptait, il est vrai, plusieurs *moulins à eau*, placés tout près de la ville, sur la petite rivière alimentée par les sources d'eau de *Tijouka*. Notre mécanicien a perfectionné plusieurs de ces machines hydrauliques, et notamment le *petit moulin* de la *Joaninha*, propriété royale située dans les jardins du palais de *San-Christovaõ*.

Quant au *froment*, la ville de Rio-Janeiro le reçoit de la province de *Rio-Grande du Sud*, dont les industrieux habitants embarquent ce *grain* dans de grands sacs de cuir, nommés *surrões*, formés avec des peaux de bœuf simplement ployées en deux et cousues des trois côtés avec des lanières. Pour la *farine*, on la tire de l'Amérique du Nord, qui l'expédie *au Brésil* enfermée dans de petits barils de sapin.

Dans la *capitale*, la *livre de pain* se maintient à 4 *vintems* (10 sous de notre monnaie); mais lorsque la *farine* augmente de prix, le *pain* diminue de poids. Cette balance est tolérée jusqu'à un certain degré.

Disons, cependant, que si le *boulanger brésilien* attache peu d'importance à la perfection du *pain* qu'il débite, il excelle du moins dans la fabrication du *biscuit de mer, des roscas* et des *bolachas*, espèces de *pain* croquant, sucré et anisé, également bon à embarquer.

Le dessin représente l'intérieur d'une *boutique de boulanger*, dont l'arrangement se reproduit exactement dans tous les établissements destinés à cette branche de commerce. A droite est placée la grande armoire du bluteau, dont la manivelle se trouve cachée par la disposition du point de vue. Cette machine, mise en mouvement par *un nègre*, incommode de son bruit les voisins et les passants, pendant une grande partie de la journée.

Il est sept heures du matin, et les nègres du *boulanger*, réunis autour d'une table placée dans le fond de la boutique, épluchent le froment récemment débarqué, et dont une partie s'aperçoit dans le *surrão* posé à terre. *Un autre*, déposé au milieu de la boutique, donne une idée de la *forme intacte du sac fermé*, et tel qu'il est au moment de l'expédition.

On voit aussi l'approvisionnement de *farine* renfermé dans des sacs ou des barils rangés le long des parois du fond de la boutique.

Le *petit nègre* d'une maison opulente achève de remplir son sac de la *provision* de *pain* destinée à ses maîtres, tandis qu'un *négrillon* et une *négresse* achètent le *petit pain* de 1 *vintem* (2 sous 6 deniers), indispensable base du déjeuner.

Colonie suisse de Canta-Gallo.

Déjà satisfait de l'heureuse influence des arts et de l'industrie réunis autour du trône brésilien depuis 1816, le gouvernement portugais voulut, peu d'années après, y joindre les progrès de l'agriculture; et la *Nouvelle-Fribourg*, située dans le *district* de *Canta-Gallo*, dépendant de la *province de Rio-Janeiro*, fut la *première colonie suisse* installée au *Brésil* sous le règne de Jean VI.

Le roi confia l'intendance générale de ce nouvel établissement à monseigneur *Miranda*, ecclésiastique portugais, courtisan distingué par les différents voyages qu'il fit dans les états de quelques hautes puissances de l'Europe.

On vit donc, en 1820, se répandre, comme spontanément, dans les rues de Rio-Janeiro, une nouvelle population, dont les cheveux blonds et la peau blanche contrastaient, d'une manière tranchante, avec le teint rembruni des spectateurs nègres, attroupés de toutes parts et étonnés de cette nouvelle apparition.

Le débarquement terminé, l'intendant général porta ses soins à faire diriger ces industrieux colons vers le point qui leur était concédé; mais la difficulté des chemins qui réduit le moyen de transport à la charge à dos de mulet, fut un obstacle funeste aux voyageurs suisses, forcés d'ouvrir leurs caisses pour en réduire la proportion ; opération assez longue, pendant laquelle ils perdirent beaucoup d'effets précieux, comme livres, outils perfectionnés pour différents genres d'industrie, etc. ; car, il faut le dire, dans cette circonstance, les infidèles agents subalternes s'enrichirent aux dépens de l'étranger.

Tout affligés de ce premier contre-temps, ils se résignèrent cependant à se mettre en route. La plupart, pères d'une nombreuse famille, opposaient philosophiquement leur courage et leur activité à l'influence momentanée d'un malheur qui semblait entraver leur début, et fondaient sur leur industrie le seul espoir d'un plus heureux avenir.

Enfin, divisés en plusieurs masses, dont chacune formait une immense caravane, ils se mirent successivement en route; et après dix à douze jours d'une marche toujours pénible et souvent périlleuse, ils arrivèrent à la terre promise ; c'est-à-dire, à l'une des plus belles vallées de la *Comarca* de *Canta-Gallo* et dont le sol est arrosé par une petite rivière divisée en plusieurs ruisseaux, qui contournent le pied de quelques monticules boisés, dominés eux-mêmes par diverses chaînes de montagnes.

C'est au milieu de cette fertile vallée que nos nouveaux voyageurs trouvèrent plusieurs lignes de maisonnettes, construites à la brésilienne, déjà garnies d'instruments de culture, et prêtes à les recevoir. Le gouvernement avait aussi eu le soin d'y envoyer un certain nombre d'esclaves nègres des deux sexes, destinés à être répartis entre chaque famille suisse.

Il ne fallut pas plus d'une année d'existence à la *Nouvelle-Fribourg*, pour donner aux Brésiliens l'exemple des ressources admirables de l'industrie européenne déployée sous toutes les formes à la fois.

Car on voyait déjà un moulin à eau, plusieurs maisons de différentes grandeurs, des chariots, des métiers à mécanique, des meubles, etc.; tous d'une construction qui portait le cachet de la mère patrie de ces *précieux colons.*

Fixait-on l'attention sur l'agriculture, on y trouvait l'essai varié d'une nouvelle culture qui se plaisait à naître pour la première fois sous le ciel du Brésil. Plus loin, de nombreux bestiaux savouraient quelques herbages, dont la graine, nouvellement importée, promettait une heureuse innovation dans leurs pâturages; et pour compléter l'illusion, on voyait, de toutes parts, dans la *Nouvelle-Fribourg,* les jeunes animaux domestiques obéir au langage, encore européen, des colons.

Le gouvernement, qui avait fait construire, dès le principe, une maison pour le gouverneur et une chapelle, y fit ajouter depuis une caserne et un hôpital militaire.

Tout prospérait dans la colonie, l'agriculture y étendait ses limites, et l'élevage des bestiaux y offrait déjà un but de spéculation lucrative; mais la rapidité de ses succès décéla l'imprévoyance du gouvernement, trop lent à faire ouvrir des chemins de communication. Bientôt, en effet, il s'aperçut, mais trop tard, que la chaîne des montagnes, la *Serra do Mar,* située entre la *Nouvelle-Fribourg* et Rio-Janeiro, devenait une barrière infranchissable et funeste à l'exportation des produits de cette nouvelle population.

Il en résulta donc que les seuls cultivateurs de profession se contentèrent provisoirement d'agrandir leur fortune agricole; tandis que les artisans, au contraire, découragés, se déterminèrent peu à peu à refranchir la *Serra do Mar,* pour venir exercer leur profession dans la *capitale du Brésil.* Dès ce moment, l'on y vit s'augmenter le nombre des ébénistes, des charrons, des charpentiers, des forgerons, des cordonniers, etc.; et leurs femmes, accoutumées aux soins de l'intérieur du ménage et au travail de l'aiguille, trouvèrent promptement de l'occupation dans les maisons françaises et anglaises. L'on cita même bientôt quelques-unes des plus vieilles comme excellentes garde-malades.

Néanmoins ce secours, apporté par la civilisation, fut balancé, je dois le dire comme historien, par le scandaleux abus de l'ivrognerie parmi les blancs, honteux exemple, jusqu'alors inconnu dans la classe des artisans libres. On vit donc aussi à Rio-Janeiro les suites inévitables de ce désordre réduire à l'extrême misère quelques familles allemandes, dont les enfants erraient dans les rues en demandant l'aumône.

Toutefois, l'archiduchesse autrichienne Léopoldine, alors princesse royale à la cour du Brésil, devenait naturellement l'auguste marraine de la colonie de la *Nouvelle-Fribourg;* aussi, épuisa-t-elle plusieurs fois sa cassette pour secourir des veuves et des orphelins (voir le 3e vol.). Sous cette heureuse influence, il fut facile d'organiser plusieurs autres expéditions allemandes qui arrivèrent successivement au Brésil.

Mais installées sur différents points du royaume, elles ne furent pas toutes également bien partagées, sous le rapport de la fertilité du sol; et l'on en fit passer plusieurs dans les provinces du sud, où la température plus fraîche est plus favorable à la culture européenne.

Située au delà des terres déjà défrichées, une de ces *nouvelles colonies* commençait bientôt à prospérer, quoique environnée de quelques *tribus sauvages.* Mais ces *hostiles indigènes,* convoitant toujours les dépouilles des Européens, *espionnaient constamment les colons.* Et enfin, ayant remarqué une absence momentanée et péridioque de tous les hommes seulement, ils acquirent la certitude que ces Allemands allaient vendre le produit de leur industrie au marché d'une petite ville distante d'une journée de chemin de la colonie. Leur audace, encouragée par une circonstance aussi extraordinaire, leur fit profiter d'une nuit d'absence des hommes, pour attaquer et massacrer les femmes et les enfants de ce village européen, et enlever ensuite tout ce qu'ils purent d'instruments aratoires et d'ustensiles, qu'ils emportèrent en fuyant.

On peut juger du désespoir des *colons* à leur retour! Aussitôt informée du désastre de la colonie allemande, toute la population du district (*Comarca*) prit les armes, et se portant sur les peuplades sauvages les plus voisines, extermina tout ce qui lui tomba sous la main.

Après cette sanglante expédition, on retrouva dans les bois la plus grande partie des effets volés, que les fuyards avaient laissés au pouvoir des vainqueurs.

Ce malheur irréparable, consigné dans les fastes de la province de *Rio-Grande du Sud*, provoqua la surveillance, toujours trop tardive, du gouvernement; et, à la faveur d'un cordon militaire formé à quelque distance au delà des possessions avancées, la colonie allemande ne fut plus troublée par les excursions des sauvages.

Dans la province de *Rio-Grande du Sud*, on citait, en 1830, parmi l'heureux résultat des progrès de la culture de la *colonie allemande de San-Leopoldo* (*), fondée en 1826, l'*importation du houblon*, qui alimentait déjà une fabrique de bière : utile boisson tirée jusqu'alors de l'Angleterre; et comme *produits des arts mécaniques*, l'admirable exécution de toute la boiserie d'une chapelle nouvellement construite, à *Porto-Allegre*, sous la direction et par les bienfaits de M. le vicomte de San-Leopoldo, historien littérateur distingué, et ex-ministre de l'intérieur à la cour du Brésil. (Nous en reparlerons dans le troisième volume.)

(*) Le terrain concédé à cette colonie allemande est celui d'une antique *Fazenda real* (ferme royale), dont le matériel a été transporté à la *Fazenda de Santa Cruz*, autre ferme royale, aussi très-considérable, ancienne propriété des jésuites.

PLANCHE 45.

L'exécution de la punition du fouet.

Bien que le Brésil soit assurément la partie du nouveau monde dans laquelle on traite le nègre avec le plus d'humanité, la nécessité d'y maintenir dans le devoir une nombreuse population d'esclaves, a forcé la législation portugaise d'indiquer dans son code pénal la *punition du fouet*, applicable à tout esclave nègre coupable d'une faute grave envers son maître, telle que la *désertion*, le *vol domestique*, *des blessures reçues* à la suite d'une rixe, etc.

Dans cette circonstance, le maître requiert l'application de la loi, et obtient une autorisation de l'intendant de la police, qui lui concède le droit de déterminer, selon la nature du délit, le *nombre de coups de fouet* qu'il exige, depuis cinquante jusqu'à deux cents.

Le *maximum de la peine* seulement s'administre en deux fois, en réservant un jour d'intervalle; mais le terme moyen est le plus usité.

Il est donc d'usage, à Rio-Janeiro et dans les grandes villes de cet empire, que le maître qui veut *punir son nègre*, le fasse conduire par un soldat de la police au *Calabuço* (maison d'arrêt), pour être écroué sur la présentation et le dépôt de l'autorisation légale, sur laquelle sont inscrits les *noms* du délinquant et le *nombre de coups de fouet* qu'il devra recevoir.

Aussi, presque tous les jours, entre neuf et dix heures du matin, voit-on sortir la chaîne des *nègres à corriger*, attachés deux à deux par le bras, conduits sous l'escorte de la garde de la police jusqu'au lieu désigné pour l'exécution; car il y a des *poteaux de correction* plantés dans toutes les places les plus fréquentées de la ville, pour y faire alterner cet *exemple de punition*, après lequel les *fustigés* sont reconduits à la prison.

Réincarcérés, l'exécuteur (forçat lui-même) reçoit le *droit* de *pataqua* (2 francs) par cent coups de fouet qu'il a distribués.

De retour dans sa prison, le *patient* est soumis à une seconde épreuve non moins douloureuse, c'est le *lavage de la plaie* avec du vinaigre pimenté, opération sanitaire qui empêche l'écorchure de s'envenimer. Il est encore important, si le nègre est très-nerveux, de le faire *saigner* tout de suite; précaution de rigueur, que l'on prend pour toutes les négresses.

La loi permet encore au maître de laisser son nègre en prison, moyennant une somme de 2 vintems par jour, soit pour le punir davantage, soit pour attendre le moment de le vendre. Jusqu'ici la punition est rigoureuse, mais maintenant elle devient barbare.

En effet, le tribunal criminel condamne à *mourir sous les coups de fouet, le nègre calhembor,* fugitif pris comme *chéfé de quilombo,* c'est-à-dire, *chef* d'un rassemblement de fugitifs formant un petit village caché dans les forêts vierges, et dont les habitants ne s'approvisionnent que par des vols faits pendant des excursions nocturnes.

Ce *condamné*, dont l'aspect inspire l'effroi à la populace qui l'entoure et le suit, sort de la prison, enchaîné, avec l'exécuteur; il porte un écriteau sur lequel est tracé en grandes lettres, *chéfé de quilombo*, et il est destiné à recevoir *trois cents coups de fouet* donnés en plusieurs jours et avec des intervalles. Le premier jour il en reçoit cent, donnés par trente, sur différentes places publiques, où il est successivement conduit. Mais, indubitablement, la dernière exécution, qui rouvre les plaies déjà profondes, attaque quelques grosses veines, et établit un épanchement de sang tel qu'à son retour à la prison, le *nègre* tombe en défaillance et succombe dans les attaques du tétanos.

Le code criminel indique aussi la *condamnation aux travaux forcés,* applicable aux *nègres* dont les délits sont de nature à être jugés par les tribunaux. Et, dans ce cas, le maître, frustré de toute indemnité, *perd son esclave,* qui est conduit, de droit, sur les pontons stationnés dans la baie, et dont les galériens viennent débarquer chaque jour à l'arsenal de la marine, et sont distribués, comme ouvriers, dans les travaux du gouvernement.

Explication de la planche.

Le peuple vante l'*habileté de l'exécuteur* qui, relevant le bras lorsqu'il applique le *coup de fouet,* effleure de suite l'épiderme, et met la plaie au vif au troisième coup.

Selon l'usage, il conserve son bras levé pendant un intervalle de quelques secondes entre chaque coup, autant pour en marquer le nombre, qu'il compte à haute voix, que pour conserver sa force jusqu'à la fin de l'exécution. Du reste, il a soin de fabriquer l'instrument de correction dont il se sert, de manière à le seconder dans le résultat exigé. En effet, c'est un grand martinet d'un pied de long, à sept ou huit lanières de cuir assez épaisses, bien séchées au soleil, et torses comme les mèches de tire-bouchon. Cet instrument incisif, tant qu'il est bien sec, ne manque jamais son effet; mais, au contraire, lorsqu'il commence à s'amollir par le sang qu'il fait verser, le bourreau l'échange contre cinq ou six placés à terre près de lui.

Le côté gauche de la scène est occupé par la *bande des condamnés,* rangés de front devant le *poteau* où l'*exécuteur* achève de donner les quarante ou cinquante coups de fouet ordonnés. On croira sans peine que de tous les assistants, les plus attentifs au nombre des coups qui se distribuent, sont les *deux nègres* qui forment les extrémités du groupe qui attend la correction, parce qu'ils sont ordinairement destinés l'un ou l'autre à remplacer le patient que l'on expédie au *pao de paviencia,* épithète qu'ils donnent au *poteau de correction;* aussi voit-on leur tête s'abaisser de plus en plus, à mesure que le nombre de coups s'augmente.

C'est à ce *poteau de douleur* que l'on juge le caractère du *nègre fustigé,* et les nuances d'irritabilité de son tempérament, généralement nerveux. Il y a même des exemples de *modification* dans l'exécution du nombre des coups de fouet ordonnés, en raison de l'épuisement des forces de l'individu trop impressionnable: exemple que j'ai vu reproduire sur un *jeune mulâtre,* esclave d'un riche propriétaire.

C'est là aussi, quoique strictement garrotté, comme le dessin l'indique, que sa douleur lui donne l'énergie de se hausser sur la pointe des pieds, à chaque coup qu'il reçoit; *mouvement convulsif* réitéré tant de fois, que le frottement du ventre et du haut des cuisses de la victime laisse sur le poteau une marque de sueur qui le polit à cette hauteur; *sinistre empreinte* qui se retrouve sur chacun de ces poteaux élevés dans les places publiques.

Mais quelques-uns de *ces condamnés* (et ceux-ci sont à craindre), affichent une grande force de caractère, en souffrant, en silence, jusqu'au dernier coup de fouet.

Aussitôt délié du poteau, on fait coucher à plat ventre par terre *le nègre fustigé,* afin de ne pas provoquer l'épanchement du sang; et sa plaie, cachée sous le pan de la chemise, est au moins soustraite à la piqûre des nombreux essaims de mouches qui en recherchent bientôt la hideuse pâture.

Enfin, l'*exécution achevée,* chacun des condamnés rattache son pantalon, et tous, accouplés deux à deux, retournent à la prison, sous la même escorte qui les a amenés.

Ces *exécutions publiques,* rétablies dans toute leur rigueur en 1821, furent supprimées en 1829, et se firent depuis, sur une seule place escarpée et très-peu fréquentée, la porte de la *prison du Cassel,* maison d'arrêt qui remplace celle du *Calabuço,* démolie par suite de l'accroissement de l'arsenal des armées de terre.

Nègres au tronco.

Il est à remarquer que, malgré l'influence des idées philanthropiques qui ont honoré les nations les plus célèbres du monde, les lois sur l'esclavage, elles-mêmes d'origine de la plus haute antiquité, ont transmis d'âge en âge une série de *privilèges* et de *châtiments* que l'on retrouve encore aujourd'hui, et presque sans altération, même au *Brésil*, partie la plus moderne du nouveau monde.

Il me suffira, pour établir un parallèle seulement entre les Grecs, les Romains et les *Brésiliens*, de citer *o regimento dos libertos, o açutar, et o tronco* représenté ici.

On ne doit donc pas s'étonner, en visitant le *Brésilien* propriétaire d'un bien de campagne, *chacra,* d'y retrouver le *tronco*, antique instrument de gêne, formé de deux pièces de bois longues de six à sept pieds, assemblées à l'une de leurs extrémités par une charnière de fer, et jointes à l'autre par un moraillon à cadenas, fermeture dont le *feitor* (contre-maître) conserve la clef.

L'effet de cette *entrave* est de fixer la superposition des deux demi-parties de chacun des trous ronds dont elle est percée, et à travers lesquels sont retenus les poignets ou les jambes, et quelquefois le cou des *torturés.* Cet *instrument de correction* est ordinairement placé dans une remise ou dans une soupente fermée.

C'est dans cette attitude gênante que l'on contraint le *nègre* vicieux, fugitif, d'attendre le châtiment qu'il doit recevoir plus tard. On entrave aussi chaque soir l'*esclave* subjugué par l'*amour,* qui ne cherche qu'à s'absenter la nuit; mais le *nègre* véritablement *mauvais sujet* subit constamment cette torture, jusqu'à ce qu'on le vende à un *habitant des Mines*, qui l'emploie pour ses exploitations.

Du moins, ce qu'il y a de constant, c'est que presque toujours, pendant cette correction, on voit le *nègre,* naturellement apathique ou craintif, *souffrir patiemment* la punition qu'il sait avoir méritée, se résignant sans peine à un mal qui est plutôt de l'ennui que de la douleur.

Planche 46.

Le Chirurgien nègre.

Le *chirurgien nègre*, tout aussi hâbleur à Rio-Janeiro que nos empiriques blancs en Europe, emploie son adresse à se faire respecter de ses compatriotes, qui le vénèrent comme un savant inspiré, parce qu'il a soin d'enrichir ses *ordonnances d'une espèce de merveilleux*, et, par ce sortilége, défigure ou masque le simple curatif que tous ses malades connaissent déjà par tradition.

Mais, comme il est *opérateur*, je le représente *poseur de ventouses* et levant un des appareils.

Dans chaque quartier de la ville on possède *un chirurgien africain*, dont le cabinet de consultation, renommé, est installé sans façon sur le pas de la porte d'une *venda* (boutique d'épicier). Généreux consolateur de l'humanité nègre, il donne ses consultations gratuites; mais comme les remèdes ordonnés ont toujours quelque préparation savante, il fournit les médicaments et se les fait payer. Et enfin, pour comble de ses hautes connaissances, il vend aussi des talismans curatifs, en forme d'amulettes. Je ne citerai ici que le *petit cône mystérieux*, fait de corne de bœuf, précieux bijou de six lignes de hauteur, que l'on doit suspendre à son cou pour se préserver à volonté des attaques d'hémorroïdes, ou des affections spasmodiques, etc. Mais je m'arrête, et passe sous silence mille autres propriétés de ce genre.

Quant à l'apposition des *ventouses*, science positive et d'une application extérieure, il l'exécute en pleine rue, près d'une maison, ou, plus ordinairement, sur une petite place exempte du passage des voitures.

Cependant ce ne sont guère que les personnes pauvres qui ont recours à ces *charlatans*, parce que les gens aisés font traiter leurs nègres par le chirurgien de la maison.

En jetant un coup d'œil sur les maladies qui assiégent le plus fréquemment la *race noire*, à Rio-Janeiro, on trouve les furoncles, les fluxions, les engorgements des glandes, l'érésipèle, le virus vénérien souvent uni à une vieille gale mal soignée ou entièrement négligée; cette complication, passée dans le sang, produit alors une dégénération de la lèpre, et engendre l'éléphantiasis accompagnée de l'enflure érésipélateuse du scrotum, etc.

Mais le plus incurable de tous ces fléaux, qui pèse sur les *esclaves masculins*, c'est l'usage excessif de l'eau-de-vie de canne, *cachaça*. Cette liqueur, malheureusement d'un prix trop modique, et dont ils s'enivrent toute la journée, finit par les rendre étiques, et en moissonne la plus grande partie.

En dernière analyse cependant, *le nègre*, *au Brésil*, est généralement d'une complexion débile, plus lymphatique que bilieuse, et exige naturellement l'usage des toniques.

La scène se passe près de la maison du *chirurgien*, située près d'une grande place.

La négresse, *femme du savant poseur de ventouses*, considère, avec le sang-froid de l'habitude, le nombre de malades tributaires dont elle attend le payement; ses enfants jouent sur le seuil de la porte, aux parois de laquelle sont suspendus des chapeaux de paille et des *cestos* (paniers) fabriqués par le *docteur* à ses temps perdus. *L'opérateur*, grotesquement vêtu, porte suspendu à son cou le petit cheval marin, *amulette révéré*, qui, à l'œil de ses clients superstitieux, transforme même sa casquette en un bonnet de docteur.

Boutique d'un marchand de viande de porc.

Au Brésil, comme en Italie, il se fait une grande consommation de *graisse* et de *viande de porc.* Aussi trouve-t-on dans les quartiers isolés de la ville de Rio-Janeiro plusieurs établissements de *tueries de porcs.* Mais une prévision sanitaire ordonne que l'approvisionnement des marchands de *carne de porco* se renouvelle deux fois par jour. Aussi, le premier se fait-il à huit heures du matin, et le second, de six à sept heures de l'après-midi.

On voit arriver à la ville de nombreuses troupes de porcs, amenées, en grande partie, de la *province de San Paul,* mais surtout de la *comarca de la Corityba,* district d'autant plus favorable à la nourriture de ces bestiaux, que ses vastes plaines sont entrecoupées de forêts de pins, dont les arbres gigantesques donnent des pommes colossales composées de pignons d'un pouce et demi de circonférence chacun, et fournissent abondamment une substance farineuse qui rappelle tout à la fois le goût et la saveur de la châtaigne.

Si l'on parcourt vers la fin de l'automne ces imposantes forêts, on ne peut s'empêcher d'admirer la bienfaisance de la nature, qui révèle le moment de ses libéralités à l'instinct de ces animaux, même dans leur état de domesticité; car on les voit déserter par bandes les habitations de leurs maîtres pour venir spontanément, de deux ou trois lieues à la ronde, à l'époque de la maturité des pignons, s'enfoncer dans les forêts de pins, et s'y nourrir en liberté jusqu'à l'épuisement total de ces amandes, qu'ils trouvent répandues à profusion sur le sol.

En effet, les propriétaires de ces animaux domestiques, accoutumés à cette émigration annuelle et temporaire, attendent avec sécurité le retour de leurs déserteurs, dont chacun, satisfait de son excursion, retourne volontairement à la maison de son maître, après une absence de plus d'un mois.

De toutes les boutiques de la capitale celle du *marchand de viande de porc* est la plus dégoûtante, autant par l'odeur fade qui s'en exhale, que par la graisse répandue de toutes parts, et qui salit jusqu'aux parois de la porte d'entrée.

Le *marchand* représenté ici est, comme tous ses confrères, vêtu d'une robe de chambre d'indienne (*roupaõ*), et élevé sur ses galoches; il coupe un morceau de *panne*, dont chaque petit morceau, vendu séparément, fera la base du modique repas du citadin peu aisé. Un petit négrillon (*molèké*) est sans doute chargé d'un pareil achat; mais la négresse appuyée d'une main sur le comptoir fera la somptueuse emplette d'un morceau de *lombes de porc*, régal du citoyen plus riche.

On tolère au Brésil la manière toute sauvage employée par le *nègre débitant* pour couper *le morceau de viande.* Néanmoins, pour vaincre la répugnance qu'inspire le souvenir de cette scène journalière, il faut, à Rio-Janeiro, se dévouer aveuglément aux ressources appétissantes de l'art culinaire.

Dans ces *sortes de boutiques,* les rats, pensionnaires gratuits, mangent le comptoir pendant la nuit, et passent le jour en embuscade, pour disputer les petits morceaux de viande qui tombent par terre. Cette race de rongeurs, extrêmement nombreuse au Brésil, assiége constamment toutes les maisons de la capitale.

Deux porteurs attachés à une *tuerie de porcs* sont en marche pour l'approvisionnement de ce genre de commerce, et le *nègre* qui marche le dernier est ordinairement celui qui a fermé la porte; ce qu'expliquent les deux clefs suspendues au *groin du porc* dont il est chargé. La position de l'animal laisse voir le bouchon de paille qui retient le sang dans la plaie faite par l'instrument qui l'a égorgé.

PLANCHE 47.

Carrière de Granit.

Le *granit* est la seule pierre de construction que le sol fournisse à Rio-Janeiro. Il s'emploie généralement en éclats de différentes grosseurs, et ne se taille que pour former des pilastres aux angles des grandes maisons. Cette *qualité de pierre*, peu susceptible de se lier avec le mortier de chaux dont on fait usage, nécessite une grande épaisseur dans les murs que l'on élève.

Les *carrières* exploitées, au pied de la montagne du *Corcovado,* sur les collines qui longent la droite du faubourg de *Catèté,* et celles placées à la gauche, au pied de la *montagne* de l'église de Notre-Dame de la Gloire, près de la mer, se composent, selon les naturalistes, de *gneiss porphyrique* avec *grenat veiné par des couches de quartz, de feldspath et de mica.*

D'autres collines isolées, placées même dans la ville, à droite du *Campo Santa-Anna,* et qui se prolongent jusqu'à la *Prahia formosa*, extrémité de la nouvelle ville, sont formées, plus ou moins, de *gneiss* facile à se déliter, et de *granit gris bleuâtre* plus dur, et généralement employé dans les grandes constructions.

Si le *granit* tiré de la carrière de la montagne de la Gloire est *le plus blanc* de tous, il est aussi le plus tendre, et le moins cher, comme le plus facile à exploiter.

On l'emploie de préférence dans les parties du bâtiment qui doivent être sculptées, comme balustrades, vases, etc. Mais sa belle teinte blanche se jaunit à l'air, et finit par devenir d'un roux sale. Tandis que *les plus durs, d'un gris bleu violâtre* ou *verdâtre,* prennent seulement un ton plus foncé, et peuvent se polir.

Il n'est pas étonnant que *l'exploitation* et *la taille de la pierre* se payent très-cher à Rio-Janeiro; cela est motivé par l'extrême lenteur de la main d'œuvre : abus qui ne pourra se réprimer tant que ce pénible travail, qui répugne aux blancs, sera exécuté sans abri contre l'ardeur du soleil, et uniquement par des *nègres esclaves,* qui n'ont aucun intérêt à hâter leurs travaux.

Le dessin représente l'*exploitation d'une carrière de granit* située au pied de la montagne sur laquelle est élevée l'église de Notre-Dame de la Gloire.

Sur le dernier plan, quelques bœufs d'attelage errent en liberté sur la plage de la mer, et près des hangars destinés aux tailleurs de pierre. A la partie la plus reculée de la *carrière* on voit l'exploitation d'une *mine :* les *nègres mineurs,* couchés à plat ventre, à quelque distance, se préservent ainsi de l'effet meurtrier des éclats du rocher.

Plus près, et sur le flanc de la *même montagne,* d'autres *ouvriers nègres* mineurs, armés de longues barres de fer acérées, font des trous; tantôt obliques, et tantôt perpendiculaires, destinés à recevoir une charge de poudre à canon, dont l'explosion déchirera des morceaux de la roche.

Un char de transport, placé à droite, sur le chemin, est déjà rempli d'une quantité de *pierres taillées* et calées avec des branches d'arbre garnies de leurs feuilles, pour préserver les vives arêtes d'être écornées par les secousses de la voiture pendant le transport. Les deux jougs attendent les bœufs, qui doivent être attelés à la pointe du jour suivant pour éviter l'ardeur du soleil pendant le trajet. Du côté gauche, des *nègres* chargent de *grands éclats de granit* dans un char attelé de ses quatre bœufs, destinés à marcher pendant la nuit : c'est le dernier voyage qui sortira du chantier.

Passage d'une rivière guéable.

Le passage d'une rivière est une des chances périlleuses d'un voyage dans l'intérieur du Brésil, qui provoque toute la sollicitude d'un conducteur de caravanes, surtout lorsqu'il l'effectue à travers des forêts vierges, dans lesquelles il a, de plus, à redouter une rencontre de sauvages. D'abord, obligé de parcourir des chemins toujours difficiles pour des mulets chargés, il ne peut pénétrer sur le bord d'une *rivière encaissée* au milieu des bois impraticables, que par des ravins dont les sinuosités, à chaque pas plus ou moins profondes, se trouvent encore barrées par des arbres qui y croisent leurs branches ou leurs troncs renversés. Il faut donc que ce voyageur soit parfaitement au fait de l'*endroit guéable* de chacune des *rivières* qu'il doit traverser, afin de profiter des *piquades* préparées qui y conduisent : ce sont des sentiers frayés à la faveur des abatis faits à coups de hache pour élaguer d'énormes branches, ou couper des arbustes qui gêneraient le passage d'une bête de somme chargée.

Enfin, arrivé au bas du ravin, on commence le déchargement des bagages sur la rive, tandis qu'il ordonne de faire passer l'une des plus aguerries de ses mules pour *reconnaître le gué*, et bientôt un cavalier armé prend la même direction (*). Ainsi posté en vedette, il attend, sur le bord opposé, l'arrivée des esclaves chargés du transport des bagages amoncelés sur des brancards improvisés, qu'ils portent sur la tête; des guides à cheval l'accompagnent.

Tous les effets transportés et gardés sur l'autre rive par des gens armés, on fait passer les animaux à la file les uns des autres; et les maîtres, escortés de leurs esclaves, ferment la marche. Il ne reste donc plus qu'à recharger les animaux pour continuer le voyage.

La scène se passe sur le *Jaguar-Hy Catù* (la Rivière des Tigres), dans la province de la *Corityba*.

Mais, au contraire, les *rivières* qui entrecoupent les immenses plaines de cette même province sont tellement commodes à traverser, que le cavalier *gaouche* ou *tropeiro*, chargé d'amener à une destination indiquée un certain nombre de bêtes à cornes, effectue le passage d'une de ces *rivières*, sans autre précaution que celle de marcher le premier, pour indiquer le *gué* au nombreux troupeau qui le suit.

Quant au *gaouche*, c'est un cavalier nomade, habitué à monter des chevaux à demi sauvages, et qui marche toujours environné de sa famille. Aussi le voit-on, dans cette circonstance-ci, immédiatement suivi de sa femme montée à l'écuyère et allaitant son nourrisson; tandis que les plus petits de ses autres enfants, cramponnés comme des singes à la crinière de leurs chevaux, sont escortés par leurs frères, déjà meilleurs cavaliers. Ainsi se compose l'intrépide escorte du chef de cette expédition.

Un troisième *passage de rivière*, qui peut servir de contraste au dernier des précédents, par les nombreuses mesures de prévoyance qui l'accompagnent, est le *passage* effectué sur le *rio* de *San-Gonsale*, par une colonie suisse transportée dans la province de Rio-Grande, pour cultiver un terrain bien préférable à celui qui lui avait été concédé antérieurement sur un autre point du Brésil.

(*) Chacun de ces hommes d'escorte porte un fusil, deux pistolets d'arçon, un sabre et un grand couteau.

On fit donc *passer le fleuve* à ces précieuses familles réparties sur quelques grandes barques et sur une *soumaque,* petit deux-mâts caboteur qui remonte les grandes rivières navigables du Brésil. On y voyait, à l'arrière de ce bâtiment, attachés à la remorque, les chariots et les charrettes, de forme européenne, qui surnageaient à la hauteur du moyeu de leurs roues. Plus loin, des hommes, montés sur les grandes barques, conduisaient à la longe leurs chevaux, qui les suivaient à la nage; tandis que les deux côtés du *point de passage* étaient formés par deux rangs de canots stationnaires, sur lesquels des marins, armés de grandes perches, repoussaient sans cesse les bœufs qu'entraînait le courant du fleuve, et les forçaient ainsi à suivre le *passage indiqué.*

Grâce à ces soins, on vit arriver à l'autre bord du fleuve, et sans accident, tous les individus de la traversée, qui ne s'occupèrent plus que de remettre en état tous les moyens de transport par terre, pour continuer leur route dans la *province du Rio-Grande,* et déjà encouragés par une température et un sol plus convenables à leur genre de culture.

Le chef-lieu de leur établissement est une ancienne propriété des jésuites, parfaitement située au milieu d'immenses plaines arrosées par des rivières. On y trouve aujourd'hui en pleine activité, comme en Europe, la culture du houblon et la fabrique de la bière dans toute sa perfection; heureuse innovation déjà citée dans la note de la planche 44.

PLANCHE 48.

Les Blanchisseuses à la rivière.

C'est encore de 1816 que peut dater l'innovation, à Rio-Janeiro, du *blanchissage par entreprise brésilienne,* époque aussi de l'arrivée des étrangers dans cette capitale. Cette nouvelle branche de spéculation, développée peu à peu, y avait déjà pris un accroissement assez considérable en 1822; accroissement provoqué par la présence instantanée d'une foule d'individus attirés dans la capitale par la solennité du sacre de l'empereur.

En effet, avant l'invasion de cette industrie européenne, le Brésilien de toutes les classes faisait, comme aujourd'hui encore, blanchir son linge par son esclave.

Une famille riche, donc, a toujours ses négresses blanchisseuses, et la *mocamba* (femme de chambre) est chargée spécialement du repassage des pièces ornées de garnitures; ce qui l'occupe au moins deux jours par semaine : car une dame ne porte rien que de fraîchement repassé, et renouvelle même sa toilette pour sortir une seconde fois dans la matinée.

Le plus pauvre ménage brésilien, au contraire, qui ne possède qu'*un nègre*, l'envoie laver le linge aux fontaines publiques de la ville, et particulièrement à celles de la *Carioca* ou du *Campo Santa-Anna*, parce que toutes deux sont environnées de vastes bassins destinés à cet usage. Aussi trouve-t-on jour et nuit des *laveuses,* dont les battoirs retentissent au loin.

Ainsi les *entreprises de blanchissage* ne doivent leurs succès, et très-lucratifs, qu'à la présence non-seulement des étrangers domiciliés à Rio-Janeiro, mais encore des hôtels garnis français et anglais, presque toujours pleins de voyageurs.

Cette spéculation, importée d'Europe, est devenue une nouvelle ressource pour quelques familles brésiliennes de la classe peu aisée, telles que *la veuve d'un employé* restée avec plusieurs enfants, et réduite à une modique pension, insuffisante pour alimenter sa nombreuse famille; *une mulâtresse, veuve d'un artisan,* et qui ne peut conserver son établissement avec d'inhabiles ouvriers; *une célibataire un peu âgée,* etc. Et comme les individus qui composent cette série possèdent ordinairement un certain nombre d'esclaves des deux sexes, il est avantageux alors de louer une *chacra* (maison de campagne) située près d'une petite rivière, afin d'y utiliser leurs négresses *comme blanchisseuses;* une ou deux des plus intelligentes sont réservées au repassage; et enfin la plus digne de confiance va porter le linge en ville, et rapporte en échange le payement du blanchissage.

Aussi voit-on tous les jours, dans ces établissements, grâce à la beauté de cet heureux climat, les négresses, réunies au bord du même ruisseau limpide, occupées à couler la lessive en plein air près de celles qui savonnent le linge, mais d'une manière infiniment économique, ne se servant pour cela que de végétaux savonneux, tels que *la feuille de l'aloès,* celle de l'arbre nommé au Brésil *timboubà,* et de beaucoup d'autres. Ainsi favorisées par le site, les *blanchisseuses spéculatrices* laissent aux citadins à payer l'impôt assez onéreux de l'achat du savon étranger; car le seul qui se fabrique au Brésil est de couleur brun foncé, et peu propre à blanchir le linge fin. Quant aux mousselines, qui ne pourraient souffrir le frottement d'une feuille sans s'élimer, on les blanchit en les étendant sur l'herbe au soleil, et en les arrosant à plusieurs reprises, à mesure qu'elles sèchent. Cette manière, généralement adoptée, est très-expéditive, et ménage singulièrement le linge.

On ne néglige pas non plus, dans le blanchissage, l'emploi du crottin de cheval, ni le jus de citron, pour fixer les couleurs des toiles imprimées.

Les *blanchisseuses brésiliennes,* du reste infiniment plus soigneuses que les nôtres, tiennent à honneur de renvoyer le linge non-seulement bien repassé et arrangé avec ordre dans une corbeille, mais encore parfumé de fleurs odoriférantes, telles que la *rose des quatre saisons* (seule à Rio-Janeiro), le *jasmin,* et la *sponga,* petite fleur jaune dont l'odeur forte deviendrait nuisible en grande quantité. Spécialement destinée à cet usage, on la vend dans les rues par petits rameaux formés d'une quarantaine de ces fleurs liées autour d'une petite baguette. La *sponga*, fleur fosculeuse et en boule, de la grosseur du doigt, se recueille sur un arbre de la *famille des mimoses*, que l'on cultive dans toutes les *chacras* (*).

(*) Ce qui est plus appréciable encore pour l'étranger, à Rio-Janeiro, c'est que son linge lui est rendu non-seulement d'un blanc éblouissant, mais encore tout raccommodé par la blanchisseuse, dont le travail, d'ailleurs, se fait payer assez cher, surtout à cause du repassage, toujours très-soigné. Aussi cette ressource n'a-t-elle pas été négligée, et quelques Françaises mères de famille, femmes d'artisans, en ont profité avec avantage.

Planche 49.

Maquignons paulistes.

Le *Pauliste* et le *Mineiro* sont, comme nous l'avons déjà dit, les maquignons brésiliens par excellence. Spéculateurs, ils vont annuellement acheter des *chevaux neufs* et des *mules*, principalement dans les plaines de la *Corytiba*, et les amènent dans leurs provinces, où ils les dressent pour les aller vendre ensuite dans la capitale.

On estime aussi les *chevaux* de la *province des Mines*, d'origine *barbe* plutôt qu'*arabe :* généralement courageux, ils s'animent en gravissant les chemins montueux. Mais les *chevaux de Campos* et des *plaines de Rio-Grande*, *plus andaloux*, se distinguent dans les courses, amusement fréquent dans l'*intérieur du Brésil.* On retrouve sur les confins du *Paraguay* le *grand cheval espagnol* parfaitement membré, mais délicat et difficile à conserver plus de quatre à six ans, à *Rio-Janeiro.*

Le *cheval* le plus robuste est le *noir* ou *alezan brûlé*, dont la croupe est émaillée, vers l'attache de la queue, d'un grand nombre de très-petites taches blanches. Ils se font tous remarquer par leur crinière touffue et leur queue excessivement longue, leur œil vif et leurs naseaux dilatés.

Il existe *une race croisée* dont le produit bizarre, appelé en portugais *cavallo petisso*, a tout le haut du corps de grande proportion, tandis que les membres, au contraire, sont proportionnellement trop courts de moitié; aussi ont-ils le pas très-lourd. Cette monstrueuse singularité se retrouve dans les mules.

Dans ces mêmes plaines aussi se propage la *race des chevaux nains*, qui se retrouve en Corse et à Oissan, appelés par les Anglais et les Français *poneys*, et par les Brésiliens *pequiros*. Bien faits dans leur très-petite taille, pleins de courage, ils soutiennent une longue marche, en suivant le pas d'un cheval ordinaire; assez capricieux, ils cherchent souvent à désarçonner leur cavalier, dont, heureusement, les pieds touchent toujours à terre.

On conservait à Rio-Janeiro, dans les écuries du roi et dans celles des seigneurs de la cour, *deux races de chevaux portugais* d'un extérieur charmant; l'une, *soupe de lait* à crins noirs, et l'autre, *isabelle* à crins blancs.

Quant au prix des chevaux à Rio-Janeiro, il est de 30 à 40,000 reis (180 à 240 fr., monnaie de France), pour un de moyenne taille; et de 80 à 100,000 reis (480 à 600 fr.), pour la plus grande taille, où l'on choisit les chevaux de luxe, dont le prix devient idéal.

Les *maquignons brésiliens* ont l'habitude de garnir les mains du cheval qu'ils dressent d'un bracelet de boules de bois assez pesantes, pour lui rendre ensuite le pas plus prompt, relevé, et le sabot porté en dehors, de manière à le faire *timbaler* (terme du pays, allure extrêmement recherchée au Brésil.

La selle française de manége appelée chez nous *selle à piquet*, faite pour monter le sauteur en liberté, est absolument semblable à *celle du maquignon*, ou du postillon brésilien, conducteur de mules attelées.

La selle en usage par les propriétaires de l'intérieur est la *selle rase* européenne, à la différence près de la nature de la *housse*, quelquefois de *peau de tigre*, de *loutre*, ou de *pluche de laine* teinte en bleu ou cramoisi, ou simplement blanche. Les *fontes de pistolets* sont couvertes aux selles bourgeoises par des *peaux de singe*, de *tigre*, ou de *serpent* (*souroucou*).

La selle du simple *Mineiro*, dans le système de celle du Cosaque, est composée de *cinq pièces différentes* (voir la pl. 14 du 1er vol.).

Enfin, la selle anglaise est adoptée par tous les particuliers, et même les militaires.

On reconnaît aussi au Brésil les *diverses formes d'étriers* anciennement apportées du Portugal. L'étrier d'apparat, nommé *cassamba*, est un sabot en bois, garni d'ornements en fer ou en cuivre. L'étrier militaire est en fer ou en bronze, avec une garniture qui accompagne deux ou quatre petits pieds de même métal; et le plus simple, celui de *Saint-Paul*, est en fer.

Quant à la ferrure des chevaux, lorsque les *maquignons brésiliens* amènent des chevaux de l'intérieur, ils les font *ferrer à crampons* aux quatre pieds; précaution basée sur l'avantage d'affermir le pas d'un cheval engagé dans un long trajet à travers des montagnes rapides qu'il faut successivement monter et descendre. En effet, cheminant toujours sur un plan incliné, l'élévation du *crampon* rend d'abord plus horizontale la position des pieds de derrière chargés de tout le poids du corps du cheval lorsqu'il monte; tandis qu'au contraire, lorsqu'il descend, ses *quatre crampons* l'empêchent de glisser.

Mais arrivés et vendus, on les ferre à l'anglaise; et deux jours après, ils marchent très-facilement sur un terrain plat. Les muletiers de *Saint-Paul*, conducteurs de caravanes dirigées sur *Rio-Janeiro*, ne *ferrent* leurs mules qu'au bas de la montée de *Quaratinguetta*, opération qui ne se fait qu'aux pieds de devant; d'autres même négligent cette précaution.

RÉSUMÉ SUCCINCT

DE L'INFLUENCE DE L'AGRICULTURE ET DE L'INDUSTRIE SUR LE COMMERCE BRÉSILIEN, BASE DE LA PROSPÉRITÉ DE CETTE BELLE PARTIE DE L'AMÉRIQUE MÉRIDIONALE.

On ne doit attribuer l'état stationnaire du génie industriel et commercial, chez les Brésiliens, pendant plus de trois siècles, qu'à l'asservissement de cette fertile colonie au pouvoir portugais, qui en défendit constamment l'entrée à tous les étrangers jusqu'en 1808, époque de l'établissement de la cour du Portugal au Brésil. Alors tout y changea de face, et Jean VI, prince régent, conclut avec les grandes puissances maritimes des traités de commerce qui favorisèrent l'accroissement successif des spéculations sur l'importation et l'exportation commerciales.

Dans ces premières dispositions, l'Angleterre fut beaucoup mieux partagée que la France; car, d'après un traité conclu au Brésil, en 1810, et qui ne devait expirer qu'en 1825, les Anglais, seuls privilégiés, ne payaient que 15 pour 100 de droit sur leurs marchandises, avec l'avantage d'en faire estimer les factures par leur consul; tandis qu'au contraire, toutes les autres nations payaient un droit de 24 pour 100 sur l'estimation de leurs factures, faite par les officiers de la douane brésilienne. Il arrivait donc que, par l'abus de l'arbitraire, souvent les marchandises françaises payaient jusqu'à 80 pour 100 de droits; abus qui entraînait la ruine du commerce français, souvent basé sur des objets de luxe.

Mais heureusement une juste représentation, faite en 1824 par les négociants français résidant à Rio-Janeiro, et présidés par M. le comte de Gestas, alors consul général de la cour de France au Brésil, amena un rapprochement qui rétablit l'équilibre des droits d'importation française avec ceux de nos alliés d'outre-mer. Tels étaient les obstacles opposés au développement du commerce; ceux qui entravent l'agriculture ne sont pas moins graves, et durent encore.

Le premier de tous est l'inégalité inouïe établie entre les deux classes de cultivateurs dans cette colonie.

On y voit en effet, même aujourd'hui, la *première classe*, toute féodale, composée de riches propriétaires, *senhores d'ingenhios,* appelés *morgados,* la plupart descendants des premiers colons, qui leur ont transmis, avec d'immenses terrains choisis dans les endroits les plus fertiles, le privilége révoltant d'être inattaquables par voie judiciaire de la part de leurs créanciers.

La *seconde classe*, au contraire, formée des pauvres cultivateurs locataires, est soumise à l'oppression arbitraire des *senhores d'ingenhios,* et est réduite à arroser de ses sueurs le défrichement et la culture d'une petite partie de terrain qui lui est concédée moyennant une rétribution de 50 à 60 francs, et sans autre garantie de la durée de la concession, qu'une simple permission, non écrite, du grand propriétaire, toujours en droit de rentrer dans son domaine lorsqu'il le trouve convenablement amélioré, et facile désormais à faire exploiter par ses propres nègres.

Ainsi découragés, privés d'avenir, frustrés de l'appui de la justice, ces esclaves blancs, véritables cultivateurs cependant, et seuls artisans de toute amélioration de l'agriculture au Brésil, végètent, retirés dans de petites chaumières entourées de bananiers, et se bornent, avec raison parfois, à cultiver, pour l'existence de leur famille, quelques champs de *manioc* ou de *canne à sucre,* réduits, par une loi inique, à une position bien plus précaire que celle du sauvage brésilien qui conserve, du moins, le droit imprescriptible de disputer par la force l'envahissement de sa terre natale.

Il est, sans doute, très-naturel de retrouver ici des propriétés colossales, parce que le gouvernement portugais, dans le principe de la colonisation brésilienne, a dû étendre et simplifier, le plus possible, le mode de concession envers les premiers cultivateurs disposés à défricher des terres incultes.

Aussi rapporte-t-on, et M. *Aug. de Saint-Hilaire* le répète, que jadis on accordait une exemption d'impôts à quiconque voulait défricher, et que plus d'une fois il a suffi à l'ancien colon brésilien de monter sur une colline, et de s'écrier : *La terre que je découvre m'appartient,* pour se fonder et se limiter une propriété, dont l'hérédité, depuis, a presque toujours été consacrée par le temps.

Mais c'est à l'année 1808 que se reporte l'époque moderne des nombreuses concessions faites au Brésil par Jean VI, alors prince régent, et tenu, dans cette circonstance, de créer de nouvelles fortunes aux courtisans dévoués qui avaient abandonné leurs possessions portugaises pour suivre la famille royale, et se fixer auprès d'elle à Rio-Janeiro.

Néanmoins, depuis l'affluence des Portugais au Brésil, la rareté des terrains, spécialement dans la province de Rio-Janeiro, força le gouvernement à restreindre les limites de ses concessions; et, notamment sous l'empire, on ne concédait, au plus, qu'une lieue de terrain, à charge de défricher, et toutefois avec l'obligation de le faire dans le délai de trois années, sous peine de l'expropriation des parties négligées par le cultivateur.

Quant aux parties de terrains non bâties dans la ville, la nouvelle législation, sous le roi, força tout propriétaire de faire disposer des baies de portes et fenêtres à ses murs, lorsqu'ils bordaient les rues; lui concédant, toutefois, la permission de n'achever que plus tard les bâtisses, et tolérant le remplissage provisoire des ouvertures de ces commencements de rez-de-chaussée. (Voir le troisième volume.)

Cependant le départ du roi, et plus tard l'émancipation du Brésil, ayant favorisé le retour en Europe de tous les nobles portugais de la cour, on vit, en très-peu de temps, leurs propriétés brésiliennes repasser, par des transactions volontaires, dans les mains des naturels du pays.

Il est probable que l'assemblée législative brésilienne, appréciant l'utilité du droit de fermage tel qu'il existe chez nous, le consacrera à l'encouragement de l'agriculture, source féconde d'industrie et de commerce.

Un autre abus, non moins nuisible à la prospérité du pays, est l'établissement d'anciens priviléges exclusifs accordés à des compagnies, tels qu'autrefois le monopole sur la vente du sel, denrée si précieuse au Brésil, non-seulement pour la nourriture des bestiaux, mais encore pour le commerce d'importation des cuirs de l'intérieur, et la préparation de la viande séchée, base de la nourriture de la population du Brésil et du Chili.

Mais déjà depuis sept ans la législation moderne a délivré de ce fléau cette branche d'industrie, et le sel, ainsi que plusieurs autres denrées de première nécessité livrées maintenant au commerce, ne paye qu'un impôt supportable.

Disons-le cependant avec conviction, le Brésil, pays presque entièrement privé d'industrie, du moins jusqu'à présent, doit concentrer tous ses efforts sur le perfectionnement de l'agriculture; revenu d'autant plus clair, qu'il a été, par un rachat, affranchi de la dîme du clergé, et que certains impôts autrefois considérables, qui alimentaient les besoins de l'État, sont de nature à en voir diminuer, chaque jour, le rapport. Le *quinto,* par exemple, cinquième prélevé sur l'or exploité des mines, est de ce nombre. En effet, l'épuisement de ce métal est déjà à redouter, si l'on ne découvre pas de nouvelles mines dans les provinces de *Mato-*

Grosso et de Goyaz (*). Tout récemment, il est vrai, quatre *mines* abondantes viennent d'être découvertes dans *la partie sud du Brésil,* et l'on peut espérer encore de riches trésors, mais toujours temporaires.

Ainsi, et tout en appréciant, à leur juste valeur, les ressources immenses que le Brésil possède dans ses mines et ses forêts, néanmoins il ne faut que jeter un coup d'œil sur le sol varié de chacune de ses capitaineries, pour se convaincre que les seuls progrès de l'agriculture suffiront à sa plus grande prospérité future.

Je reproduis sur les provinces brésiliennes les renseignements parfaitement semblables à ceux de nos savants voyageurs, dont la fidélité me dispense d'aucune addition. La province de *Rio-Grande* (*S.-Pedro*), disent-ils, située dans la partie la plus tempérée, vers le sud, fournit à la consommation intérieure, et même à l'exportation, une grande quantité de cuirs; c'est elle encore qui expédie la plus grande partie des viandes sèches et salées, dites du *sertão*, aliment de toute la population noire ou indigente.

Celles du *Parannà* et de l'*Uraguay* cultivent avec succès le riz, le blé, et des arbres fruitiers, pommiers et pêchers en plein vent.

Dans la province de *Saint-Paul,* patrie des *courageux Brésiliens* qui ont découvert les *mines,* on voit réussir le seigle, le froment, le maïs, le manioc, le patata; et la vigne elle-même commence à y donner de plus avantageux résultats que dans les autres parties de l'empire. Non moins industriels qu'agricoles, les habitants fabriquent aussi des tissus de coton, grossiers à la vérité, mais faciles à perfectionner.

Sainte-Catherine, plus rapprochée du tropique, produit le riz et le café d'une qualité supérieure; l'indigo, le poivre, la vanille, le baume de copahu, n'y réussissent pas moins. On en tire, pour la capitale, les plus belles espèces de bois de construction, et depuis peu d'années, on y fabrique des fromages estimés : nouvelle branche de commerce considérable.

Rio-Janeiro, territoire fertile, admirable position, point central des notions de l'industrie qui éclaireront le reste du Brésil, territoire surtout propre à la culture du café, et dont les progrès y furent d'une rapidité étonnante, voit prospérer aussi les arbres à épices dans le jardin botanique voisin de la capitale; et une plantation de thé, formée avec tant de succès dans le même établissement, présage la transplantation future des productions les plus variées du globe.

Des trois provinces de l'intérieur, *Minas Geraës* fournit l'or, le diamant, les pierres précieuses, et voit réussir la plupart des productions communes aux provinces méridionales de l'Espagne et du Portugal ; ses habitants se nourrissent de maïs et de froment. Près de là, les *mines* de *Monté-Rorigo* abondent en salpêtre.

Les parties peuplées de *Mato-Grosso* (**) et de *Goyaz,* immenses provinces où l'or s'exploitait naguère en si grande quantité, ne fournissent aujourd'hui que des bois de construction tirés de leurs forêts, et de précieux pâturages dans leurs immenses plaines.

En se reportant vers la *côte orientale,* on parcourt les plus belles forêts du monde; tous les bois d'ébénisterie et de construction y croissent en abondance dans les provinces d'*Espirito-Santo* et de *Porto Segouro.* On y rencontre même l'*ibirabitanga* (brésillet), qui commence à manquer dans le *Pernambuco,* et qu'on y regrette comme un arbre indispensable aux manufactures d'Europe.

Ilheos et les territoires adjacents fournissent au delà des besoins la farine de manioc, tandis que le cocotier y vient sans culture.

(*) En 1822, une compagnie anglaise obtint le privilége d'exploiter une mine d'or, et l'énergie du travail de cette petite population étrangère produisit au gouvernement, par le résultat d'un mois d'exploitation, une somme d'impôt équivalente à celle de neuf mois d'extraction par les procédés brésiliens.

(**) Mato-Grosso voit prospérer la plupart des arbres et des plantes de première utilité au Pérou.

Bahia s'occupe particulièrement de la culture des cannes à sucre, et tous les jours de nouvelles machines s'établissent pour faciliter leur exploitation; le tabac y prospère, et sa récolte donne des résultats très-lucratifs; quoique sa culture soit, il faut le dire, susceptible de grande amélioration, le *manioc* fournit abondamment à la subsistance des habitants de la province, et pourra former plus tard une branche d'exportation. Maintenant même, d'après le grand nombre d'ouvriers qui se trouvent à *Bahia,* il est probable que, si le gouvernement distribuait des encouragements, on verrait s'y établir d'intéressantes manufactures.

Pernambuco, ainsi que les provinces adjacentes, récolte les plus beaux cotons de l'*Amérique méridionale;* et des filatures pourraient y être établies d'autant plus rapidement que la classe ouvrière compte beaucoup d'individus libres capables d'apprécier tous les avantages du perfectionnement de l'industrie; et plus que partout ailleurs, le *bois du Brésil* réussit dans cette contrée. Mais, comme il commence à manquer, le commerce ne trouvera bientôt qu'une faible ressource dans cette exportation autrefois si lucative. Au reste, cet appauvrissement est imputable aux *Brésiliens seuls,* qui comptent trop sur la fertilité du sol pour multiplier les arbres utiles, et se persuadent trop souvent que l'art ne peut seconder la nature; ce qui leur fait négliger l'établissement des pépinières, ce grand bienfait de l'agriculture perfectionnée.

Siarà, Parahybà, Piauhy, sont moins fertiles que les capitaineries dont nous venons de parler; mais les nombreux troupeaux y forment une branche de commerce capable d'y accroître l'industrie.

Les richesses végétales que renferment le *Maranhao* et le *Parà* sont incalculables, et doivent y attirer, un jour, une nombreuse population. Le coton y vient dans une perfection remarquable; le cacaotier couvre le rivage de certains fleuves; des arbres à épices, particuliers au climat, croissent spontanément dans les forêts. On distingue parmi les bois d'ébénisterie le fameux *bois citrin,* réservé pour les meubles les plus somptueux. Une foule de végétaux, dont on ne fait que soupçonner l'utilité, contribueront à rendre ces capitaineries les plus florissantes de l'empire, quand la population sera en rapport avec leurs ressources naturelles. Sans parler de ces utiles végétaux qui sont d'un avantage local dans chaque capitainerie où ils naissent, et y assurent la prospérité, je ferai seulement mention du *bananier* et de ses étonnants résultats en Amérique. Cet arbre prospère sur presque toute l'étendue des côtes, et son fruit est la nourriture habituelle des habitants des campagnes. M. *de Humboldt* s'est assuré qu'*un arpent de terre,* couvert de ce précieux végétal, rapportait vingt fois plus de substance alimentaire que le *même espace* semé de céréales; et un autre *célèbre voyageur* assure qu'une plantation de cannes, *de sept lieues carrées* de terrain, peut donner chaque année une quantité de sucre suffisante à la consommation annuelle de la France. En un mot, pour donner une idée de l'importance de cette culture, il suffira d'annoncer que, dans certaines contrées du Brésil, le *sucre brut* forme la nourriture habituelle de la population; et si l'on perfectionne les moyens de distillation du tafia (*cachaça*), on parviendra à en produire une bien plus grande quantité dans le commerce.

Le *Brésil* possède d'immenses ressources alimentaires, surtout pour ses habitants, d'une extrême sobriété. La classe du peuple se contente de viande sèche, de farine de manioc, de bananes, et de différents fruits que le sol produit en grande quantité; elle trouve donc sa nourriture assurée à peu de frais; et si les besoins s'accroissent, la nature, par sa fécondité, peut non-seulement y suffire au nécessaire, mais encore aux superfluités du luxe, même des tables d'Europe.

Les *Brésiliens,* doués naturellement d'une grande perspicacité, sentent vivement les vices de l'administration intérieure; mais ils doivent se procurer des améliorations par leur propre énergie, et exiger l'exploitation de certains terrains fertiles, restés trop souvent incultes dans les parties peuplées; résultat inévitable des trop vastes propriétés.

Qu'ils propagent dans les provinces qui leur sont convenables ces utiles végétaux qui prospèrent dans le jardin botanique comme objets de curiosité; qu'on transporte dans les *provinces du nord* le cannellier : le giroflier, le muscadier; que l'on réserve pour *celles du sud* le thé et les végétaux qui exigent une chaleur moins forte, et l'Amérique méridionale remplacera bientôt, pour l'Europe, l'Inde et la Chine.

Bien que dans les premiers temps les produits soient probablement d'une qualité inférieure, néanmoins une culture dirigée avec soin amènera un perfectionnement infaillible. Loin d'attiédir l'empressement des cultivateurs pour les végétaux indigènes, utiles au commerce, j'observe avec regret que l'*anil*, qui croît spontanément dans certaines capitaineries, y est négligé et ne produit que très-peu d'*indigo;* de même que le *cactus* propre à la *cochenille,* qui vient parfaitement et fut autrefois utilisé à Rio-Janeiro, y est presque inconnu maintenant. Je pense que si enfin on parcourait les forêts du Brésil avec des savants du pays, et même avec des étrangers, on y trouverait mille ressources inconnues, et que le commerce s'enrichirait de ce que dédaigne l'ignorance; sentiment que je partage avec plusieurs voyageurs admirateurs du Brésil.

Quant à l'*industrie manufacturière,* autrefois si nulle au Brésil, on ne peut en dater les immenses progrès que de dix à douze années; progrès couronnés par la création d'une *Société d'encouragement pour l'industrie*, fondée à *Rio-Janeiro,* en 1831. Jusqu'à présent cependant presque tous les produits chimiques viennent de l'Europe.

Malgré la récolte abondante du coton, il ne se fabrique dans quelques provinces que des tissus grossiers, encore indignes d'être comparés aux nôtres, quoique les matières premières soient d'une excellente qualité.

Un jeune Français, assez habile *teinturier*, vint s'établir à Rio-Janeiro en 1821, et y cultiva avec succès un art encore dans l'enfance même dans les principales villes du Brésil; deux autres de mes compatriotes y exerçaient la même industrie en 1831.

Les *cuirs bruts*, si estimés en Europe, ne donnent au Brésil que des résultats imparfaits, attribués non-seulement au remplacement du *tan* d'Europe par l'*écorce du manglier,* mais encore au défaut de stagnation assez prolongée dans les fosses. Un *tanneur* français, établi dans les plaines de *Saint-Christophe*, en 1822, a prouvé le mauvais effet de cette imprévoyance.

Le *charronnage* et la *carrosserie* n'ont point acquis de perfection. *Rio-Janeiro* possède une fonderie, principalement pour les cloches; une assez bonne *manufacture d'armes,* située dans la forteresse de la *Conceição*, qui occupe plus de 200 ouvriers. On a fait jusqu'à présent d'infructueuses tentatives pour l'établissement de *verreries* et de *faïenceries,* fâcheux résultat, mais fort encourageant pour l'exportation européenne. Ce sont cependant les *indigènes* qui fabriquent la *poterie*. Les *briques* et les *tuiles* sont, en général, d'une assez bonne qualité. La *chaux* se fait presque partout avec des coquillages calcinés. Le *petit charbon* de bois, très-susceptible de perfectionnement, se fait de préférence avec le *boapeba,* l'*arco de pipa,* le *tapinhoà,* et le *graunà;* ce charbon léger s'emploie avec succès dans une fort bonne *fabrique de poudre à canon,* située aux environs de *Rio-Janeiro*. Mais le *gros charbon* employé pour les forges se fabrique comme en France, et se vend 30 pour 100 de plus que le *petit*.

On doit toutefois avouer que les *chaudronniers*, les *serruriers* et les *taillandiers brésiliens* rivalisent avec ceux d'Europe; mais leurs produits cependant se payent beaucoup plus cher.

Il y a quelques années, on n'aurait pas trouvé au *Brésil* un *miroitier* capable de mettre une *glace au tain*, même à Rio-Janeiro, à Bahia, ni à Pernambuco.

A *Rio-Janeiro* on taille le *diamant,* mais on s'occupe peu de la taille des pierres de couleur, parce que généralement on les envoie dans leur état brut en Europe, où elles ont singulièrement diminué de valeur. On trouve dans les grandes villes un certain nombre d'*orfèvres* et de *bijoutiers* habiles, ainsi que quelques *horlogers*, que leurs rapports avec des ouvriers français et anglais ont beaucoup perfectionnés dans leur *art*. On doit citer l'habileté des *brodeurs* et des *passementiers*. *L'ébénisterie*, très-limitée dans son application, est exécutée avec un soin extrême. Les *luthiers* ne fabriquent que des guitares à cordes métalliques. Les nombreux pianos viennent tous de France et d'Angleterre. L'art du *parfumeur*, encore peu avancé à Rio-Janeiro et à Bahia, ne produit qu'une *eau de fleur d'orange* assez estimée. La *fabrication des confitures* renommées dans le pays appartient spécialement aux couvents de femmes; produits industriels dont l'exportation pourra devenir un jour très-considérable. C'est encore dans les couvents de femmes (ceux de Bahia) que se fabriquent les *fleurs en plumes*, parure des Brésiliennes.

Si nous passons aux *ingenhios d'assucar* (sucreries), nous voyons dans les progrès de la culture de la canne à sucre, l'accroissement considérable du nombre des *moulins à sucre;* richesse incalculable, lorsqu'on sait qu'en 1819 seulement quelques-uns de ces établissements produisaient annuellement jusqu'à 5,000 *arrobas** de sucre, indépendamment de l'eau-de-vie extraite de ce végétal. Récemment, dans divers districts du littoral, on commençait à adopter dans les *ingenhios d'assucar*, le système des machines à vapeur. Mais il reste encore à l'industrie croissante d'apporter quelques perfectionnements dans la fabrication du sucre. On commence aussi à apercevoir quelques améliorations dans la distillation du rhum grossier appelé *cachaça au Brésil*, heureux effet du contact plus habituel avec des étrangers difficiles.

Les plus belles *caféières* sont celles de la province de Rio-Janeiro, et qui produisent le meilleur café. L'on s'étonne, d'après le chiffre élevé des exportations de café de cette province, que ce genre de culture n'y ait été introduit que depuis environ soixante ans; elle le fut par un magistrat dont on ignore le nom, mais qui existait sous le gouvernement du comte de *Bobadella*. En général, il est malheureux qu'on récolte et qu'on sèche le café d'une manière vicieuse; ce qui lui fait perdre sa couleur, faute de soins: de plus, on se sert de pilons et de mortiers, au lieu de machines propres à le dépouiller de ses enveloppes; ce qui casse une grande partie des grains, avec laquelle on forme la seconde qualité.

De toutes les *machines à pilon*, la plus simple, sans contredit, est la *manjola* ou *preguiça*, (paresse), d'autant plus commune au Brésil que sa construction est peu dispendieuse(**): un balancier mis en mouvement par une chute d'eau compose toute cette machine qui sert communément à séparer le *maïs* de ses enveloppes. On peut placer au même rang de simplicité le *batedor*, autre machine qui sert à égrener les épis de maïs(***). Il existe plusieurs moulins à eau, non loin de Rio-Janeiro; mais l'imperfection de leur mouture tient au manque de savoir piquer les pierres des meules. Une autre imperfection aussi préjudiciable est celle que l'on remarque dans la construction d'une machine dont on se sert pour séparer le coton de ses graines; la lenteur de son débit ne pourra se tolérer longtemps encore. C'est une petite machine portative composée de deux montants, sur lesquels sont appuyés autant de cylindres; ces deux cylindres, cannelés, ont environ un pied de long, sont gros comme le doigt et très-rapprochés l'un de l'autre; les semences enveloppées de leur coton étant présentées d'un côté des cylindres, on fait tourner ceux-ci en sens contraire par leur frottement, au moyen d'une manivelle. Le coton seul se trouvant pincé par les cylindres, et entraîné par la rotation, abandonne tout à fait la graine, qui ne peut passer avec lui. On se sert ensuite d'un *petit arc* pour carder le coton; procédé plus expéditif que les peignes employés chez nous, mais dont le résultat est plus imparfait. On doit espérer aussi de nombreux perfectionnements dans les *presses* en usage pour comprimer les masses de

(*) L'arroba pèse 32 livres.

(**) Voir la pl. 28.

(***) Note de la pl. 20.

coton, et en faciliter l'emballage dans les *surrões*, espèce de caisses de cuir destinées à ce genre d'exportation.

Le *sol du Brésil* fournit à l'industrie de ses habitants une énorme quantité de bois propres à la *construction* et à l'*ébénisterie*. J'ai vu plusieurs beaux navires construits au Brésil avec des bois indigènes, et remarquables par leur solidité, tels que le *João* VI, le *Pedro* Ier, les frégates la *Pauliste* et la *Campiste*, etc. On admire aussi l'étonnante longueur des *canots* qui servent à la navigation des fleuves ou à la pêche le long des côtes, en songeant que chacune de ces embarcations gigantesques a été creusée dans un seul arbre, proportion qui porte à croire qu'effectivement les anciens Brésiliens en possédaient qui contenaient jusqu'à cent cinquante guerriers.

Une qualité précieuse des *bois du Brésil* employés comme bois de charpente, c'est d'être à la fois très-compactes, très-durs, et en même temps presque incombustibles, observation souvent reproduite dans les commencements d'incendie.

En s'avançant, à quelques lieues dans l'intérieur, le long des côtes orientales, on ne peut que déplorer la perte immense de *bois de construction* et d'*ébénisterie* qui se fait annuellement dans les terrains, lors du défrichement, parce que cette opération commence en effet par l'*incendie de tous les bois* qui couvrent le terrain.

Enfin, l'*activité commerciale,* soutenue au Brésil par l'agriculture et l'industrie, alimente à son tour le revenu de l'État. Aussi, à Rio-Janeiro, les *droits* perçus par la douane servent-ils entièrement à payer les employés du gouvernement(*).

Le *commerce du cabotage,* très-actif le long des côtes du Brésil, se fait en grande partie par les *sumacas* (petites embarcations à deux mâts, qui remontent les grands fleuves de l'intérieur). Il consiste en *manioc, maïs,* riz, haricots, viande salée, poisson sec, eau-de-vie de canne, bois de charpente et de teinture, etc., et s'étend aussi sur les marchandises européennes, qu'il transporte des grands ports dans les bourgades du littoral.

Mais loin des grands fleuves, le *commerce de l'intérieur* devient très-difficile avec le littoral, attendu le peu de communications par terre; car il ne peut se faire qu'en remontant les fleuves, souvent entrecoupés de cataractes, ou par des caravanes de mulets aguerris à ces chemins périlleux, seuls moyens de faire parvenir quelques objets d'utilité ou de luxe dans les provinces de Minas, Goyaz et de Mato-Grosso, d'où le rapport, en retour, se fait en or, pierres précieuses et coton.

On croira facilement que le *commerce* fait entre les *Brésiliens civilisés et les sauvages* ne peut être que très-borné; il ne consiste effectivement qu'en *échanges* faits avec eux, et naturellement variés, selon les contrées. On en tire cependant quelques hamacs fabriqués avec des fils de coton, un peu de cire, de l'ipécacuanha et quelques animaux vivants; et chez les *Indiens civilisés*, d'excellente poterie.

Quant au *commerce interlope*, ce sont les navires anglais ou américains qui le font plus particulièrement le long des côtes du Brésil; ils opèrent sur les bois de teinture ou de charpente. Mais le *commerce extérieur* s'est constamment accru depuis 1816(**); et l'on y conserve

(*) Les droits perçus par la douane en 1816 se sont montés à 6,670,878 fr. 63 c., et à 6,842,557 fr. 82 c. en 1817. En 1819, le nombre total des navires portugais et brésiliens entrés à Rio-Janeiro se montait à 1,313, et le nombre de ceux qui étaient sortis était de 1,250. En 1820, la progression de ces deux chiffres ne fut que jusqu'à 1,311, et 1,287. Au moment où j'écris, des documents brésiliens m'assurent que ce chiffre, pour 1834, a dépassé 9,000.

Il y a, en outre, le droit de *baldeação*, ou de transbordement, qui est de deux et demi, et quelquefois de quatre pour cent, sur les marchandises dont l'introduction est prohibée, et qui doivent être réexportées.

Enfin, le droit d'ancrage pour les navires étrangers mouillés sur la rade extérieure de Rio-Janeiro est de 1,000 reis (6 fr. 25 c.) par jour.

(**) Dans l'intérêt du commerce extérieur, nous consignerons ici, comme objets d'importation pour Rio-Janeiro et diverses autres capitales du Brésil, les suivants : fer en barres et acier (articles dont l'importation cessera sous

encore aujourd'hui l'usage des *poids* et des *mesures* employés à Lisbonne; conséquence de son ancien titre de colonie portugaise.

Le *commerce d'exportation du Brésil* consiste en productions indigènes(*), et il a déjà éprouvé, depuis 1816, une progression soutenue dans la quantité de sucre et de café exportée chaque année en Europe.

Le *système financier* nous offre la *Banque de Rio-Janeiro* fondée sous le *règne de Jean* VI (**), et placée depuis sous la protection de l'empereur.

En 1820, cet établissement jouissait d'un capital de 7,500,000 francs. La banque prête au gouvernement des fonds à 6 pour cent. Néanmoins, on sait que ce désintéressement apparent est bien récompensé par des faveurs clandestines.

La *capitale* offre le *secours de plusieurs Compagnies d'assurances,* consenti par le gouvernement(***).

Quoique l'*intérêt légal de l'argent* soit à 5 pour cent, *celui du commerce* est quelquefois de 12 à 18 pour cent; bien qu'énorme et indéterminé, *la loi* tolère *cet intérêt,* en raison des grands risques attachés aux spéculations pour la côte de Mozambique, de l'Inde et de la Chine(****).

La *typographie* comptait à peine au Brésil quelques *imprimeries,* et dont les caractères qu'elles contenaient étaient peu variés; en 1816 aussi, il n'y avait, à Rio-Janeiro, que l'*imprimerie royale,* d'où sortait une feuille périodique, intitulée *Gazetta de Rio-Janeiro.* Mais depuis, cette branche d'industrie s'est tellement améliorée que, vers le commencement de 1831, on comptait dans la capitale de l'empire, indépendamment des *presses* particulières au service de différentes feuilles périodiques, *celles* de trois libraires français. A cette époque, le nombre des journaux se montait à quinze, parmi lesquels se distinguaient l'*Aurora,* écrite en portugais, le *Courrier du Brésil,* écrit en français, et le *Roi Hérold,* écrit en anglais.

peu, attendu l'exploitation toujours croissante des mines du Brésil), cuivre, étain, armes de guerre et de chasse, quincaillerie, plomb sous diverses formes, étoffes de laine commune, draps et casimirs, tissus de coton (énorme quantité fournie par les Anglais), toiles de lin (de France et de Hollande), étoffes de soie, chapeaux, bottes, souliers d'hommes et de femmes, bonneterie en soie et coton, objets de modes et de fantaisie (généralement préférés de fabrique française), vêtements de matelots, faïence fine et commune, verrerie et cristaux, vaisselle d'étain, ustensiles de cuisine en cuivre, tôle et fer-blanc, viandes et poissons secs et salés, vins et vinaigre, eau-de-vie, bière en bouteilles (d'Angleterre), cidre aussi en bouteilles (de France), beurre et fromage (beurre d'Irlande), grains, farine et biscuits, huiles et cire, sel (du Cap-Vert, néanmoins on en fabrique dans le pays), meubles, miroirs, parasols, médicaments, couleurs pour la peinture, térébenthine, gommes, acides, plaqué en argent et ornements d'église, montres, lunettes, mortiers en marbre, selleries communes, cuirs (ceux d'Europe infiniment préférés à ceux du pays), livres et papier (les ouvrages français préférés au Brésil à ceux des autres littératures : les listes des ouvrages demandés varient peu, et se fixent sur la plupart des auteurs du dix-huitième siècle, ainsi que sur les traités scientifiques les plus récents), quelques munitions navales, mâtures et espares, cordages, toiles et fil à voile, goudron et résine sèche.

(*) Les objets exportés du Brésil sont : le sucre brut, le café, le cacao, le coton, le bois de teinture et d'ébénisterie, l'ipécacuanha, le faux quinquina, la salsepareille, le baume de copahu et du Pérou, le tabac, faible quantité d'indigo à 320 reis la livre (2 fr.), les cocos, des diamants bruts, des pierres précieuses (les belles topazes et les émeraudes sont devenues rares, et les autres pierres précieuses sont à bas prix), des cuirs bruts, des peaux, des cornes de bœuf, du suif, de la cochenille, etc.; et il est probable que ces articles s'accroîtront avec l'industrie.

(**) Le dividende de la Banque, pour l'année 1816, fut de vingt pour cent.

(***) Les assurances pour l'Angleterre, la France et l'Espagne, en temps de paix, sont à quatre, cinq et six pour cent. Cependant, il y a quelques années, le payement des sinistres était sujet à de fréquentes et longues discussions.

(****) On calcule ordinairement sur un bénéfice de dix-huit à vingt-quatre pour cent pour la côte de Mozambique, et sur un de dix-huit à vingt pour cent pour l'Inde et la Chine.

Néanmoins, avec les avantages d'une amélioration moderne, un *séjour de vingt-quatre heures* à *Rio-Janeiro* suffit pour y reconnaître l'entière analogie conservée des mœurs et des habitudes de l'*antique Lisbonne*. Aussi y trouve-t-on les pratiques religieuses entremêlées aux plaisirs de la société, la spéculation revêtue des dehors de la bonhomie, et l'ostentation jouant à l'humilité dans l'exercice des devoirs de la charité.

Aussi, chaque jour, est-on réveillé à *cinq heures et demie du matin* par le coup de canon des forts, qui sert également de signal à *l'activité de la marine* et au *tintement de l'Ave Maria,* signal religieux répété par la plus grosse cloche de chacune des églises de la ville, et auquel se joint souvent la première détonation matinale de bouquets de fusées volantes et de pétards partis du porche d'une église dans laquelle on doit solenniser la fête de son patron. A *six heures,* les quêteurs de diverses confréries religieuses, répandus dans les rues, vous importunent par leurs demandes réitérées, ou par le frappement de leur bâton qui retentit dans toutes les allées ou sur le devant des boutiques, offrandes presque forcées, mais dont se dégagent facilement les étrangers. Paraissent ensuite les porteurs d'eau, de lait, et les marchandes de *pandelos* (biscuits de Savoie consacrés au déjeuner). De *sept à huit heures* s'acheminent paisiblement vers le centre de la ville, les nègres de *ganho* (commissionnaires); les uns préparent, tout en marchant, des tresses de feuilles de palmier, destinées à confectionner des chapeaux (communément appelés de paille); d'autres camarades, moins travailleurs, règlent nonchalamment leur pas au son du *marimba* (instrument africain. Voir la pl. 41). A la même heure aussi, c'est-à-dire de *six à huit,* les marchés situés sur les plages de débarquement, et déjà approvisionnés par les embarcations arrivées à la pointe du jour, offrent le mouvement général des *quitandeiras* (revendeuses de fruits et légumes), que l'on retrouve, pendant le reste de la journée, errant dans les rues, ou installées dans les marchés de l'intérieur de la ville. De *huit heures à midi,* les cafés des grandes places ou des environs de la douane sont le rendez-vous des spéculateurs venus de l'intérieur à Rio-Janeiro pour conclure des marchés ou faire des acquisitions. De *huit à onze,* on voit les caravanes de mulets, amenées de *Saint-Paul* et de *Minas,* et déjà déchargés de leurs fardeaux, stationner dans la rue Droite, à la hauteur de l'église de la *Crux,* et se reposer ainsi de leur dernière marche nocturne. De *dix à deux heures après midi,* le grand mouvement des affaires. A *deux heures,* la fermeture de la douane et des bureaux des autres administrations; dernier mouvement précurseur du calme sensible qui règne dans la ville jusqu'à *quatre heures de l'après-dîner, moment* où reparaissent dans les rues les marchandes de *pandelos,* qui viennent à cette heure fournir la provision de biscuits destinée au thé, collation servie à huit heures dans toutes les maisons de la ville. *A la même heure* aussi sortent les marchandes de chandelles; d'autres vendent des sucreries, des sonhos, etc.; ces dernières se dirigent vers la place du Palais, où se réunissent, *depuis quatre jusqu'à sept,* les rentiers et les négociants. A *sept heures,* le coup de canon annonce la fermeture des ports, et s'unit au tintement de l'Ave Maria. De *sept à dix,* on entend dans les rues le cri des marchandes de *mondobi torrado,* de *milho assado,* de *pastës quintos*, *pastës de palmito,* de *pudin quinto, manoà,* etc., régal d'un grand débit. A ces crieurs répandus de toutes parts se mêle la détonation de quelques feux d'artifice, accessoires de l'office du soir de la fête commencée à six heures du matin. A quelques pas de là, le carillon assez singulier d'une autre église vous annonce l'arrivée du convoi funèbre d'un *anginho* (petit enfant au-dessous de sept ans); heureux si votre curiosité ne vous expose pas à être du cortége; car, pendant sa marche lente et silencieuse, des préposés, munis d'un paquet d'énormes cierges, vous en présentent un tout allumé, et vous invitent à vous joindre à l'une des deux immenses files d'assistants qui garnissent les côtés d'une rue entière : vous vous acheminez donc ainsi jusqu'à l'église désignée, où vous attend une excellente musique, espèce d'opéra ou plutôt d'apothéose, exécuté à grand orchestre, et orné d'une brillante illumination. C'est surtout au milieu du chœur que des groupes de cierges allumés, et placés avec profusion sur un élégant piédestal, font briller les clinquants et les fleurs, parmi lesquels se distingue à peine le petit embryon travesti en ange, et couché sur un petit lit de taffetas blanc, rose ou bleu de ciel, garni de dentelles d'argent. Son visage découvert est fardé des plus vives couleurs, et sa coiffure est une petite perruque blonde bien pommadée et poudrée à blanc, que surmonte une énorme auréole faite de clinquant d'or et d'argent. La musique finie, on vous reprend votre cierge, et tout s'éteint dans l'église; mais presque toujours un plus grand piédestal, noir et or, placé à peu de distance du précédent, et entouré de huit à dix cierges seulement, attend un autre défunt, mais qui n'est plus un ange; et quelques minutes plus tard, la sonnerie, prenant alors un caractère vraiment lugubre, annonce le second convoi funèbre. Les invités-nés sont seuls présents, rangés sur deux files, se tenant debout et à la main le grand cierge allumé, dont l'extrémité inférieure porte à terre. Après le *Libera* et le *De profundis*, ils accompagnent le corps jusqu'aux catacombes, toujours attenantes à l'église; ensuite tout le monde se retire. Enfin, de *sept à dix*, on voit circuler dans les rues des files de cierges allumés, et souvent interrompues dans leur marche par la vidange qui se fait à charge d'hommes; double obstacle surmonté cependant par les familles brésiliennes qui vont visiter, à cette heure, les plus beaux magasins de modes et de nouveautés françaises, pour y faire des emplettes (*). A *huit heures* commence le spectacle, et à *minuit* se terminent les brillantes fonctions du théâtre et de l'église. Effectivement, *à minuit*, voit-on recommencer instantanément, dans les rues de la ville, le roulement des voitures et la circulation de nombreuses files de personnes à pied, élégamment vêtues, et encore tout animées des souvenirs séduisants de ces réunions d'apparat.

Ainsi finit à Rio-Janeiro, comme à Paris, une journée favorable à l'industrie par la provocation d'un luxe également prodigué aux vanités mondaines et religieuses, apanage de toutes les capitales du monde, mais bien préférable encore sous la douce influence du beau climat du Brésil.

ADDITION DE DOCUMENTS MODERNES, DUS AUX RELATIONS BRÉSILIENNES.

Tel était *l'état du Brésil* lors de mon départ pour la France; mais dévoué au but de mon ouvrage, je me fais un devoir de consigner ici *diverses améliorations récentes* faites à Rio-Janeiro.

Ainsi, parmi ces innovations, qui datent à peine de cinq années, il existe déjà des reconstructions louables sous tous les rapports, élevées à la place de certains édifices dont la forme, à jamais perdue pour le voyageur de 1836, se trouve fidèlement tracée dans les dessins que j'offre à mes lecteurs : tels sont l'ancienne fontaine de la *Carioca*, le marché au poisson, etc.

Bien assuré du zèle et de l'exactitude de mes habiles correspondants, j'espère, à la fin de mon troisième volume, donner les dessins, signés de leurs auteurs, de quelques édifices modernes.

(*) Usage européen introduit depuis quelques années seulement.

Comme on le verra aussi dans le troisième volume, lors de l'avénement de Don Pedro II au trône impérial, on fixa à l'année 1835 la réduction du nombre des membres du conseil de la régence provisoire (*); et à l'année 1835 encore se rattachait la mise à exécution du nouveau système constitutionnel fédératif des provinces-unies de l'empire brésilien, qui constitue maintenant la ville de *Rio-Janeiro* toujours *capitale de l'empire,* et le *chef-lieu* de la réunion des gouverneurs de province, ou, en d'autres termes, celui du *congrès brésilien.* Par cette même détermination, la ville de *Prahia-Grande,* située dans la baie de Rio-Janeiro, prend, sous le nom de Nithéroy, le titre de capitale de la province de Rio-Janeiro.

Cette nouvelle ville, déjà riche de sa superbe position et de l'importance de son avenir décrété depuis 1831, devint, dès ce moment, un but de spéculation pour les capitalistes, auxquels elle doit aujourd'hui ses accroissements et ses jolies constructions modernes, dignes de son nouveau titre. De nombreuses plantations d'arbres, bien distribuées, y facilitent, pendant l'ardeur du soleil, la circulation des habitants, qui y trouvent tous les établissements nécessaires à la vie. Elle possède aussi un théâtre, etc.

Quant à Rio-Janeiro, une pénurie d'eau, ressentie dans cette ville vers l'année 1830, provoqua sur la place de l'insuffisante fontaine de la *Carioca*, la construction provisoire d'un réservoir de bois, dont les cent robinets facilitent la répartition de l'eau si nécessaire à une population chaque jour plus nombreuse. Et par suite de cette prévoyance, il existe aujourd'hui, sur cette même place, une grande fontaine jaillissante, construite en granit, et dont les vastes bassins peuvent contenir tout le volume d'eau qui s'écoule pendant la nuit.

On cite encore la reconstruction en granit, et d'un bon goût d'architecture, du marché au poisson, anciennement composé de deux rangs de petites baraques en bois.

Un peu plus loin, et sur la plage de la douane, on est agréablement surpris à la vue de la colonnade du nouveau bâtiment de la Bourse. Cet utile édifice, qui se distingue par la pureté de son exécution, fait honneur au vrai talent de notre collègue M. Grand-Jean, professeur de l'Académie impériale des Beaux-Arts, et qui cumule aujourd'hui le titre honorable d'architecte de la ville.

Il existe du même auteur un beau projet de place publique, recommandable par son utilité et sa belle disposition, et qui doit s'exécuter sur la place du *Campo Santa Anna*, pour joindre l'ancienne à la nouvelle ville; cette dernière offre déjà un meilleur goût d'architecture dans ses constructions assez nombreuses.

Une autre innovation très-importante, et pour l'exécution de laquelle les fonds sont déjà faits, est la construction, déjà commencée, du mur d'enceinte de la ville, et l'achèvement du canal, dont une partie longe depuis longtemps le nouveau chemin de Saint-Christophe, et qui doit traverser le reste de la ville en débouchant à la *Prahia de Santa Luzia*, au pied de la montagne des signaux, promontoire qui doit être abattu pour l'assainissement de la ville, privée de l'air de la barre par cet obstacle.

Enfin, on peut croire, d'après l'activité des préparatifs, que très-prochainement les rues de la ville, ainsi que la route de Saint-Christophe, vont être éclairées par le gaz.

En un mot, tout est en marche d'amélioration dans ce pays, où le progrès des lumières,

(*) On me pardonnera sans doute de sacrifier à l'importance du sujet la spécialité de ce deuxième volume, en annonçant, comme nouvelle politique, que le conseil de régence brésilien, décrété par l'assemblée constituante en 1831, et composé alors provisoirement de trois membres, dont le nombre devait se réduire à un seul à la fin de 1835, est exercé aujourd'hui par le consciencieux député le *Padre Féjò*, détail qui reparaîtra comme addition au troisième volume.

qui dicta l'émancipation du Brésil, le dota en même temps de la noble émulation de se distinguer par la science, les arts et le luxe.

Puisse ce pas rapide vers la civilisation ne jamais altérer l'antique bonhomie hospitalière brésilienne, qui caractérisa pendant plusieurs siècles ce peuple naturellement bon, et digne de figurer en première ligne parmi les nations généreuses dont peut s'honorer l'Europe!

TABLE
DES PLANCHES DU SECOND VOLUME.

ERRATA.

Texte.

Page 21 (*). Haricots noirs de farine, etc. ; *lisez :* haricots noirs, de farine, etc.

Page 25, 1re ligne. Forêts ; *lisez :* forts.

Planches.

Planche 13. Sestes ; *lisez :* Cestos.

Planche 14. Nègre ; *lisez :* Nègres.

Planche 21. Nègres vendeurs de charbon ; *lisez :* Pl. 20.

www.ingramcontent.com/pod-product-compliance
Ingram Content Group UK Ltd.
Pitfield, Milton Keynes, MK11 3LW, UK
UKHW012221240726
13966UKWH00003B/893

9 782012 873568